De primatas a astronautas

Leonard Mlodinow

De primatas a astronautas

A jornada do homem em busca do conhecimento

Tradução:
Claudio Carina

ZAHAR

A Simon Mlodinow

Título original:
The Upright Thinkers
(The Human Journey from Living in Trees
to Understanding the Cosmos)

Tradução autorizada da primeira edição americana, publicada em 2015 por Pantheon Books, uma divisão da Random House, LLC, de Nova York, Estados Unidos

Jorge Zahar Editor Ltda.
rua Marquês de S. Vicente 99 – 1º | 22451-041 Rio de Janeiro, RJ
tel (21) 2529-4750 | fax (21) 2529-4787
editora@zahar.com.br | www.zahar.com.br

Grafia atualizada respeitando o novo Acordo Ortográfico da Língua Portuguesa

Preparação: Angela Ramalho Vianna
Revisão: Eduardo Monteiro, Eduardo Farias
Indexação: Gabriella Russano | Capa: Sérgio Campante

CIP-Brasil. Catalogação na fonte
Sindicato Nacional dos Editores de Livros, RJ

Mlodinow, Leonard, 1954-
M681d De primatas a astronautas: a jornada do homem em busca do conhecimento/Leonard Mlodinow; tradução Claudio Carina. – 1.ed. – Rio de Janeiro: Zahar, 2015.
il.

Tradução de: The upright thinkers (the human journey from living in trees to understanding the cosmos)
Inclui índice
ISBN 978-85-378-1467-3

1. Evolução (Biologia). 2. Adaptação (Biologia). 3. Evolução humana. I. Título.

CDD: 599.938
15-23479 CDU: 599.89

Sumário

PARTE I

Quando nos erguemos

"A experiência mais bela e profunda que um homem pode ter é o sentido do mistério. Ele é o princípio fundamental da religião, bem como de todo esforço sério em termos de arte e ciência. Parece-me que aquele que nunca teve essa experiência, se não está morto, pelo menos está cego."

Albert Einstein, *Meu credo*, 1932

1. Nossa vontade de saber

UMA VEZ meu pai me falou sobre um esquelético companheiro, preso com ele no campo de concentração de Buchenwald, que tinha estudado matemática. Mesmo num campo de extermínio nazista é possível dizer algo sobre as pessoas a partir do que elas pensam quando ouvem o termo "pi". Para o "matemático", pi era a razão entre a circunferência de um círculo e seu diâmetro. Se eu tivesse perguntado a meu pai, que não havia passado do sétimo ano, ele teria dito que pi era a crosta externa de um círculo recheado de maçãs.* Um dia, apesar do abismo entre eles, o matemático recluso propôs a meu pai um enigma. Meu pai pensou por alguns dias, mas não conseguiu decifrá-lo. Quando voltou a encontrar o preso, ele perguntou a solução. O homem não revelou, dizendo a meu pai que descobrisse por si mesmo. Algum tempo depois, meu pai voltou a falar sobre o assunto, mas o homem manteve o segredo como se fosse uma barra de ouro. Meu pai tentou reprimir a curiosidade, mas não conseguiu. Em meio ao mau cheiro e à mortandade a seu redor, ficou obcecado pela resposta. Finalmente, outro detento propôs um acordo: revelar a solução do quebra-cabeça se meu pai desse a ele o seu pedaço de pão. Não sei quanto meu pai pesava na época, mas quando as forças americanas o libertaram ele estava com 38,5 quilos. Ainda assim, sua necessidade de saber era tão forte que ele dividiu o pão em troca da resposta.

Eu estava na adolescência quando meu pai me contou esse episódio, que teve enorme impacto sobre mim. A família de meu pai estava morta, seus

* Aqui o autor faz um trocadilho com as palavras "pi" e "pie" (torta). Em inglês, ambas tem a mesma pronúncia. (N.T.)

bens haviam sido confiscados e seu corpo estava faminto, murcho e espancado. Os nazistas o haviam despojado de tudo que fosse palpável, mas seu impulso para pensar, raciocinar e saber sobreviveu. Meu pai estava preso, mas sua mente estava livre e ele continuava a refletir. Percebi então que a busca de conhecimento é o mais humano de todos os nossos desejos, e que, por mais que nossas circunstâncias sejam diferentes, minha paixão para compreender o mundo é impulsionada pelo mesmo instinto que o de meu pai.

Quando comecei a estudar ciência na faculdade, e mesmo depois, meu pai me perguntava não tanto sobre a tecnicidade do que eu aprendia, mas sobre o significado subjacente – de onde vinham as teorias, por que eu achava tudo aquilo bonito, o que elas diziam sobre nós como seres humanos. Este livro, escrito décadas depois, é afinal minha tentativa de responder a essas perguntas.

ALGUNS MILHÕES DE ANOS ATRÁS, os seres humanos começaram a ficar de pé, alterando os músculos e o esqueleto para andar em postura ereta, o que liberou as mãos para sondar e manipular objetos à sua volta e ampliou a extensão de seu olhar para observar a distância. Contudo, quando erguemos nossa postura, também fizemos com que nossa mente se elevasse acima da de outros animais, permitindo-nos explorar o mundo não apenas com a visão, mas com o pensamento. Nós ficamos de pé, mas acima de tudo somos pensadores.

A nobreza da raça humana está no nosso impulso de saber, e nossa singularidade como espécie se reflete no sucesso que alcançamos, após milênios de esforço, em decifrar o quebra-cabeça que é a natureza. Um antepassado nosso que ganhasse um forno de micro-ondas para aquecer um naco de bisão talvez teorizasse que havia um exército de trabalhadores dentro do aparelho, deuses que construíam fogueiras em miniatura sob o alimento e depois desapareciam milagrosamente quando a porta se abria. Mas a verdade é igualmente miraculosa. Um punhado de leis abstratas, simples e invioláveis é responsável por tudo no nosso Universo, desde o funcionamento do micro-ondas até as maravilhas naturais do mundo ao nosso redor.

À medida que nossa compreensão do mundo natural evoluiu, deixamos de pensar que as marés eram regidas por uma deusa para entendê-las como resultado da força gravitacional da Lua; paramos de ver as estrelas como deuses flutuantes no céu para identificá-las como fornalhas nucleares que enviam fótons em nossa direção. Hoje entendemos o funcionamento interno do Sol, a 150 milhões de quilômetros de distância, e a estrutura de um átomo mais de 1 bilhão de vezes menor que nós. O fato de termos conseguido decodificar esses e outros fenômenos naturais não é apenas uma maravilha. É também uma história épica e emocionante.

Algum tempo atrás, passei um ano na equipe de roteiristas da série de TV *Jornada nas estrelas: a nova geração*. No primeiro encontro de criação, ao redor de uma mesa cheia de roteiristas e produtores da série, lancei a ideia para um episódio que me animou porque envolvia a verdade astrofísica do vento solar. Todos os olhos se concentraram em mim, o novato, o *físico*, enquanto eu detalhava minha ideia, todo animado, e mais a ciência por trás dela. Quando acabei – a exposição durou menos de um minuto –, olhei com grande orgulho e satisfação para meu chefe, um produtor ranzinza de meia-idade, ex-detetive da polícia de Nova York. Ele ficou me olhando por um tempo, com uma expressão enigmática, depois falou com muita convicção: "Cale a boca, seu intelectual de merda."

Quando superei meu constrangimento, percebi que o que ele me dizia de forma tão sucinta era que eu tinha sido contratado por minha habilidade para contar histórias, e não para ministrar um curso acadêmico sobre a física das estrelas. Essa era uma observação bem pertinente, que desde então passou a orientar minhas contribuições. (Outra sugestão memorável que ele me fez: se você sentir que está sendo fritado, diminua a temperatura da piscina.)

Nas mãos erradas, a ciência pode ser incrivelmente chata. Mas a história do que sabemos e de como o sabemos não é nada chata. É extremamente empolgante. É repleta de histórias e descobertas que não ficam nada a dever a um episódio de *Jornada nas estrelas* ou à primeira viagem à Lua, povoada por personagens apaixonados e peculiares como os que conhecemos na arte, na música e na literatura, por pesquisadores cuja curiosidade insaciável conduziu nossa espécie, desde suas origens na savana africana até a sociedade em que vivemos.

Como eles fizeram isso? Como deixamos de ser uma espécie que mal tinha aprendido a andar ereta e vivia de nozes, frutas e raízes colhidas com as mãos para uma espécie que pilota aviões, envia mensagens instantâneas pelo mundo e recria em enormes laboratórios as condições de nascimento do Universo? Essa é a história que eu quero contar, pois conhecê-la significa entender nossa herança como seres humanos.

Tornou-se lugar-comum dizer que hoje vivemos num mundo globalizado. Mas, enquanto as distâncias e as diferenças entre os países estão diminuindo, aumentam as diferenças entre hoje e amanhã. Quando as primeiras cidades foram construídas, por volta de 4000 a.C., a maneira mais rápida de viajar longas distâncias era numa caravana de camelos que percorria, em média, alguns quilômetros por hora. Em algum momento entre mil e 2 mil anos depois, a carroça foi inventada, elevando a velocidade máxima para cerca de 35 quilômetros por hora.[1] Só no século XIX a locomotiva a vapor tornou as viagens mais rápidas, atingindo velocidades de até 160 quilômetros, no final do século. Contudo, enquanto demorou 2 milhões de anos para o ser humano passar de uma velocidade de quinze quilômetros por hora para percorrer um país a 160 quilômetros por hora, levou apenas cinquenta anos para multiplicar essa velocidade por dez, com a invenção de um avião que podia voar a 1.600 quilômetros por hora. E nos anos 1980, os seres humanos já estavam viajando a mais de 27 mil quilômetros por hora no ônibus espacial.

A evolução de outras tecnologias mostra aceleração similar. Vamos considerar as comunicações. No século XIX, o serviço de notícias Reuters ainda usava pombos-correio para divulgar os valores das ações da bolsa entre as cidades.[2] No entanto, em meados do século XIX o telégrafo tornou-se amplamente disponível, e no século XX, o telefone. Mas enquanto o telefone fixo levou 81 anos para alcançar 75% do mercado, o telefone celular alcançou esse patamar em 28 anos, e o smartphone, em treze. Nos últimos anos, primeiro o e-mail e depois as mensagens de texto superaram de longe as chamadas telefônicas como ferramenta de comunicação, e agora, cada vez mais, o telefone não é utilizado para chamadas telefônicas, mas como computador de bolso.

"O mundo de hoje é tão diferente do mundo em que eu nasci", disse o economista Kenneth Boulding, "como aquele mundo era diferente do universo de Júlio César."[3] Boulding nasceu em 1910 e morreu em 1993. As mudanças que testemunhou – e muitas outras que ocorreram desde então – foram produto da ciência e da tecnologia. Mais do que nunca essas mudanças são parte integrante da vida humana, e nosso sucesso no trabalho e na sociedade é cada vez mais baseado tanto em nossa capacidade de assimilar a inovação quanto de criar inovações por nós mesmos. Agora, mesmo os que não trabalham em ciência e tecnologia enfrentam desafios que nos obrigam a inovar, se quisermos manter a competitividade. Por isso, a natureza da descoberta é tema importante para todos nós.

Para se ter uma perspectiva sobre onde estamos e tentar entender para onde vamos é preciso saber de onde viemos. Os maiores triunfos da história intelectual da humanidade – escrita, matemática, filosofia natural e várias ciências – em geral são apresentados de forma isolada, como se cada um não tivesse nada a ver com os outros. Contudo, essa abordagem enfatiza as árvores, e não a floresta, negligenciando, por sua própria natureza, a unidade do conhecimento humano. O desenvolvimento da ciência moderna, por exemplo – frequentemente anunciado como obra de "gênios isolados" como Galileu e Newton –, não brotou de um vácuo social ou cultural. Ele fincou raízes na abordagem do conhecimento inventada pelos gregos antigos; cresceu a partir de grandes questões formuladas pela religião; desenvolveu-se de mãos dadas com uma nova concepção da arte; foi colorido pelas lições da alquimia; e teria sido impossível sem o progresso social que evoluiu desde o desenvolvimento das grandes universidades na Europa até invenções comezinhas, como os sistemas postais que passaram a ligar cidades e países vizinhos. Da mesma forma, o "iluminismo" grego se originou das surpreendentes criações intelectuais dos povos anteriores, em terras como a Mesopotâmia e o Egito.

Como resultado de tais influências e conexões, os relatos de como os seres humanos passaram a entender o cosmo não se resumem a vinhetas isoladas. Como nas melhores obras de ficção, eles compõem uma narrativa coerente, um todo unificado que começa na aurora da humanidade e cujas partes têm inúmeras interconexões. Nas próximas páginas, eu apresento um giro seletivo sobre essa odisseia de descobertas.

Nosso passeio começa com o desenvolvimento da mente humana moderna e apresenta os momentos mais cruciais e os pontos de inflexão em que essa mente adquiriu novas formas de olhar o mundo. Ao longo do caminho, também vou retratar alguns personagens fascinantes cujas características pessoais específicas e maneiras de pensar desempenharam papel importante nessas inovações.

A exemplo de muitas histórias, este será um drama em três partes. A Parte I, abrangendo milhões de anos, traça a evolução do cérebro humano e sua propensão a perguntar "Por quê?". Nossos *porquês* nos levaram às primeiras investigações e à liderança espiritual, resultando no desenvolvimento da escrita, da matemática e do próprio conceito de leis – as ferramentas necessárias para a ciência. Em última análise, esses *porquês* desembocam na invenção da filosofia, na percepção de que o mundo material funciona de acordo com rima e razão, e que pode, a princípio, ser compreendido.

A fase seguinte da nossa jornada explora o nascimento das ciências exatas. É uma história de revolucionários que tiveram o dom de ver o mundo de forma diferente e a paciência, a garra, o brilhantismo e a coragem para continuar a lutar por muitos anos, às vezes por décadas, para desenvolver suas ideias. Esses pioneiros – pensadores como Galileu, Newton, Lavoisier e Darwin – tiveram de lutar longa e arduamente contra a ortodoxia de sua época. Por isso, estas são histórias de inevitáveis batalhas pessoais, às vezes envolvendo apostas tão altas quanto a própria vida.

Finalmente, como em muitas boas histórias, nosso relato toma rumo inesperado exatamente quando seus heróis têm razões para pensar que estão perto do fim da jornada. Pois assim que a humanidade acreditou ter decifrado todas as leis da natureza, numa estranha reviravolta da trama, pensadores como Einstein, Bohr e Heisenberg descobriram uma nova região da existência, um reino invisível em que essas leis tiveram de ser reformuladas. Esse "outro" mundo – com suas leis sobrenaturais – manifesta-se numa escala muito pequena para ser apreendido diretamente: o microcosmo do átomo, regido pelas leis da física quântica. São essas leis as responsáveis pelas enormes mudanças que estamos vivendo em ritmo acelerado na sociedade atual, pois foi nossa compreensão do quantum que tornou possível a invenção de computadores, telefones celulares, televisores, lasers, internet, exames médicos por imagem, mapeamento genético e a maioria das novas tecnologias que revolucionaram a vida moderna.

Enquanto a Parte I do livro cobre milhões de anos e a Parte II centenas, a Parte III abrange poucas décadas, refletindo a aceleração exponencial no acúmulo de conhecimento humano – e o caráter desbravador de nossas incursões nesse estranho novo mundo.

A ODISSEIA DAS DESCOBERTAS da humanidade se estende ao longo de muitas eras, mas os temas da nossa busca para entender o mundo nunca variam, pois surgem a partir de nossa própria natureza humana. Um de seus aspectos é familiar a qualquer pessoa que trabalhe em algum campo dedicado à inovação e à descoberta: a dificuldade em conceber um mundo ou uma ideia diferente do mundo ou das ideias que já conhecemos.

Nos anos 1950, Isaac Asimov, um dos maiores e mais criativos autores de ficção científica de todos os tempos, escreveu a trilogia *Fundação*, série de romances que se passam daqui a muitos milhares de anos. Nesses livros, os homens vão trabalhar em escritórios todos os dias, enquanto as mulheres ficam em casa. Em apenas algumas décadas, essa visão de um futuro distante já era coisa do passado. Trago isso à tona porque ilustra uma limitação quase universal do pensamento humano: nossa criatividade é balizada pelo pensamento convencional, decorrente de crenças das quais não conseguimos nos livrar, ou que jamais sequer pensamos em questionar.

O outro lado da dificuldade de conceber uma mudança é a dificuldade de aceitação, e este é outro tema recorrente na nossa história. Os seres humanos podem considerar certas mudanças inaceitáveis. Mudanças demandam muito de nossas mentes, nos tirando da zona de conforto, rompendo nossos hábitos mentais e gerando embaraço e desorientação. Exigem que abandonemos velhas formas de pensar, e esse abandono não é uma escolha, pois nos é imposto. Além do mais, as mudanças resultantes do progresso científico com frequência derrubam paradigmas e convicções de um grande número de pessoas – às vezes afetando suas carreiras e seus meios de subsistência. Em consequência, é comum que novas ideias científicas provoquem resistência e raiva, e que sejam consideradas ridículas.

A ciência é a alma da tecnologia moderna, a base da civilização moderna. Ela apoia muitas das questões políticas, religiosas e éticas de nossos dias, e suas questões subjacentes estão transformando a sociedade em ritmo cada vez mais acelerado. Contudo, assim como a ciência desempenha papel fundamental na formação dos padrões do pensamento humano, também é verdade que os padrões do pensamento humano desempenham papel fundamental na formação de nossas teorias científicas. Porque a ciência, como observou Einstein, é "tão subjetiva e psicologicamente condicionada quanto qualquer outro ramo do empreendimento humano".[4] Este livro é uma tentativa de descrever o desenvolvimento da ciência dentro desse espírito – como um empreendimento intelectual, mas também determinado pela cultura, cujas ideias podem ser mais bem compreendidas com um exame das situações pessoais, psicológicas, históricas e sociais que o moldaram. Ver a ciência dessa forma esclarece não somente o empreendimento em si, mas a natureza da criatividade e da inovação, e, de modo mais amplo, a condição humana.

2. Curiosidade

Para entender as raízes da ciência, devemos olhar para trás, para as raízes da espécie humana. Só os homens são dotados da capacidade e do desejo de entender a si mesmos e o mundo. Essa é a característica fundamental que nos diferencia dos outros animais, e é por isso que estudamos ratos e cobaias, e não o contrário. O desejo de saber, de refletir e criar, exercido ao longo de milhares de milênios, nos forneceu as ferramentas para sobreviver, para construir um nicho ecológico único para nossa espécie. Usando mais o poder do nosso intelecto que do nosso físico, moldamos o meio ambiente segundo nossas necessidades, em vez de permitir que o ambiente nos moldasse ou nos derrotasse. Durante milhões de anos, a força e a criatividade de nossas mentes triunfaram sobre os obstáculos que desafiaram a força e a agilidade de nossos corpos.

Quando era mais novo, meu filho Nicolai gostava de capturar pequenos lagartos para manter como animais de estimação – algo possível de ser feito se você mora no sul da Califórnia. Percebemos que, quando nos aproximávamos, primeiro os animais ficavam imóveis, em seguida, quando estendíamos a mão, eles fugiam. Afinal descobrimos que, se emborcássemos uma caixa sobre o lagarto antes que ele saísse correndo, podíamos enfiar um pedaço de papelão embaixo para concluir a captura. Pessoalmente, se estou andando por uma rua deserta e escura e percebo alguma coisa suspeita, não me imobilizo; atravesso imediatamente para o outro lado. Assim, é fácil supor que, se eu visse dois predadores gigantes vindo em minha direção, com o olhar ávido e carregando uma caixa gigantesca, imaginaria o pior e sairia correndo de imediato. Lagartos, porém, não questionam a situação em que se encontram. Eles agem puramente por instinto. Sem dúvida esse instinto foi muito útil ao longo dos diversos milhões de anos que precederam Nicolai e a caixa, mas, nesse caso, não funcionou.

Os homens podem não ser a espécie mais bem desenvolvida fisicamente, mas temos a habilidade de complementar o instinto com a razão e – o mais importante para nossos propósitos – de fazer perguntas sobre nosso ambiente. Esses são os pré-requisitos do pensamento científico, e também as características cruciais da nossa espécie. E é assim que a nossa aventura começa: com o desenvolvimento do cérebro humano, com suas características exclusivas.

Nós nos chamamos de espécie "humana", mas na verdade a palavra "humana" não se refere apenas a nós – *Homo sapiens sapiens* –, mas a todo um gênero chamado *Homo*. Esse gênero inclui outras espécies, como o *Homo habilis* e o *Homo erectus*, mas esses parentes já morreram há muito tempo. No torneio eliminatório chamado evolução, todas as outras espécies humanas se revelaram inadequadas. Apenas nós, pelo poder de nossas mentes, correspondemos (até agora) a todos os desafios da sobrevivência.

Não muito tempo atrás, o homem que na época era presidente do Irã teria afirmado que os judeus descendem de macacos e de porcos. É sempre animador quando um fundamentalista de qualquer religião admite acreditar na evolução, por isso chego a hesitar antes de fazer uma crítica. Mas na verdade os judeus – assim como todos os seres humanos – não descendem de macacos e porcos, mas de macacos e ratos, ou pelo menos de criaturas semelhantes a ratos.[1] Chamado *Protungulatum donnae* na literatura científica, nossa tatara-tatara-tataravó – a progenitora de nossos ancestrais primatas e de todos os mamíferos como nós – parece ter sido uma gracinha, uma espécie com rabo peludo que não pesava mais de meio quilo.

Os cientistas acreditam que esses minúsculos animais corriam por seus hábitats por volta de 66 milhões de anos atrás, pouco depois que um asteroide de dez quilômetros de diâmetro se chocou contra a Terra. Essa catastrófica colisão levantou tantos detritos na atmosfera que isolou o planeta dos raios do Sol por um longo período – e gerou gases de efeito estufa que aumentaram muito as temperaturas quando a poeira baixou. O duplo golpe da escuridão seguida pelo calor matou cerca de 75% de todas

Concepção artística do *Protungulatum*.

as espécies de plantas e animais, mas para nós foi uma sorte, porque criou um nicho ecológico em que animais que dão à luz filhotes vivos conseguiram sobreviver e evoluir sem ser devorados por dinossauros vorazes e outros predadores. Ao longo dos 10 milhões de anos posteriores, com o surgimento e a extinção de novas espécies, um ramo da árvore genealógica *Protungulatum* evoluiu até dar origem aos nossos ancestrais símios e macacos, com novas ramificações produzindo nossos parentes vivos mais próximos, os chimpanzés e bonobos (chimpanzés-pigmeus), até chegar a você, leitor deste livro, e seus companheiros humanos.

Hoje a maioria das pessoas se sente confortável com o fato de que nossa avó tinha uma cauda e comia insetos. Eu vou além da mera aceitação: sinto-me animado e fascinado por nossa ancestralidade e pela história da nossa sobrevivência e evolução cultural. Acho que nossos avós ancestrais serem ratos e macacos é um dos aspectos mais bacanas da natureza: no nosso incrível planeta, um rato de mais de 66 milhões de anos deu origem aos cientistas que estudam o rato, descobrindo assim suas próprias raízes. Nesse longo percurso, nós desenvolvemos a cultura, a história, a religião e a ciência, e substituímos os ninhos de gravetos dos antepassados por reluzentes arranha-céus de concreto e aço.

A velocidade desse desenvolvimento intelectual vem aumentando radicalmente. A natureza precisou de mais ou menos 60 milhões de anos para produzir o "macaco" de que todos os seres humanos descendem; o resto da nossa evolução física ocorreu em poucos milhões de anos; nossa evolução cultural não precisou de mais de 10 mil anos. Mais ou menos como explicam as palavras do psicólogo Julian Jaynes: "Toda a vida evoluiu até certo ponto, e em nós fez um ângulo reto e simplesmente explodiu em nova direção."[2]

O cérebro dos animais evoluiu basicamente pela mais primitiva das razões: melhorar a capacidade de movimento. A capacidade de se locomover – para encontrar comida e abrigo, para escapar dos inimigos – é uma das características mais básicas dos animais. Observando a longa estrada da evolução de animais como nematoides, minhocas e moluscos, descobrimos que as primeiras funções cerebrais controlavam o movimento, excitando certos músculos na ordem apropriada. Mas o movimento de nada adianta sem a capacidade de perceber o ambiente, e por isso até animais simples dispõem de alguma aptidão para sentir o que está ao seu redor – células que reagem a determinados produtos químicos, por exemplo, ou a fótons de luz, enviando impulsos elétricos para os nervos que regem o controle do movimento. Quando o *Protungulatum donnae* apareceu, essas células químicas e fotossensíveis tinham evoluído para os sentidos do olfato e da visão, e o feixe de nervos que controlavam o movimento muscular transformou-se em cérebro.

Ninguém sabe exatamente como o cérebro dos nossos antepassados foi organizado em componentes funcionais, porém, até hoje, no cérebro humano moderno, mais da metade dos neurônios é dedicada ao controle motor e aos cinco sentidos. No entanto, essa parte do nosso cérebro, que nos diferencia dos animais "inferiores", é relativamente pequena e demorou a chegar.

Uma das primeiras criaturas quase humanas perambulou pela Terra entre 3 e 4 milhões de anos atrás.[3] Era desconhecida para nós até um dia quente de 1974, quando um antropólogo chamado Donald Johanson, do Instituto de Origens Humanas de Berkeley, tropeçou num minúsculo fragmento de osso de braço despontando do solo calcinado de um barranco ressecado no remoto norte da Etiópia. Johanson e um estudante logo desenterraram outros ossos da coxa e das costelas, vértebras e até parte de uma mandíbula. Ao todo, eles encontraram quase metade do esqueleto de uma fêmea. A pélvis era de uma mulher com o crânio pequeno, pernas curtas e braços longos e oscilantes. Não era alguém que você convidaria para um baile, mas acredita-se que essa senhora de 3,2 milhões de anos de idade seja um elo com o nosso passado, uma espécie de transição, talvez a ancestral da qual nosso gênero inteiro evoluiu.

Johanson nomeou a nova espécie de *Australopithecus afarensis*, que significa "macaco do sul de Afar", sendo Afar a região da Etiópia onde ele fez sua descoberta. Johanson também nomeou os ossos do esqueleto; chamou-a Lucy, em referência à canção dos Beatles "Lucy in the sky with diamonds", que estava tocando no rádio do acampamento enquanto Johanson e sua equipe comemoravam. Andy Warhol disse que todo mundo tem quinze minutos de fama; depois de milhões de anos, essa mulher finalmente teve seu momento. Ou, para ser mais exato, metade dela; a outra metade nunca foi encontrada.

É surpreendente quanto os antropólogos podem deduzir a partir da metade de um esqueleto. Os grandes dentes de Lucy, com mandíbulas adaptadas para trituração, sugerem uma dieta vegetariana consistindo em raízes duras, sementes e frutas com cascas grossas.[4] A estrutura do esqueleto indica que tinha uma barriga enorme, necessária para manter um intestino de grande extensão, a fim de digerir a quantidade de matéria vegetal de que ela precisava para sobreviver. O mais importante é que a estrutura de sua coluna vertebral e os joelhos indicam que ela andava mais ou menos na posição vertical, e o osso de um membro de sua espécie que Johanson e colegas descobriram lá perto, em 2011, revela um pé humanoide, com arcos adequados para caminhar, e não para se agarrar em galhos de árvores.[5] A espécie de Lucy tinha evoluído de uma vida em cima das árvores para a vida no chão, possibilitando que seus integrantes vagassem pela ecologia mista de floresta e pastagem e explorassem novas fontes de alimentos originários do solo, como raízes e tubérculos ricos em proteínas. Aquele era o estilo de vida que muitos acreditam ter gerado todo o gênero *Homo*.

Pense só em morar numa casa e sua mãe na casa ao lado, e a mãe dela na casa ao lado da dela, e assim por diante. Nossa herança humana não é assim tão linear, mas, complexidades à parte, é interessante se imaginar dirigindo por essa rua, recuando no tempo, passando por várias gerações de antepassados. Se você fizesse isso, teria de dirigir quase 6 mil quilômetros para chegar à casa de Lucy,[6] uma "mulher" peluda de 1,20 metro de altura e 32 quilos que pareceria mais um chimpanzé que um parente seu. Mais ou menos no meio do caminho, você passaria pela casa de um antepassado a 100 mil gerações de distância de Lucy, a primeira espécie mais semelhante às pessoas atuais – no esqueleto e, teorizam os cientistas, na mente – a ser classificada no gênero *Homo*.[7] Os cientistas chamaram essa espécie humana, de 2 milhões de anos atrás, de *Homo habilis*, ou "homem habilidoso".

O *Homo habilis* vivia nas imensas savanas da África num momento em que as florestas começavam a diminuir, em decorrência da mudança climática. Essas planícies gramíneas não eram um ambiente fácil, pois serviam de hábitat para grande número de terríveis predadores. Os menos perigosos competiam pelo jantar; os mais perigosos queriam jantar o *Homo habilis*. Uma maneira que o homem habilidoso encontrou para sobreviver foi a inteligência, pois tinha o cérebro maior, do tamanho de uma pequena toranja. Numa escala de salada de frutas, o peso do cérebro era menor que o do nosso melão, mas o dobro da laranja de Lucy.*

Ao comparar espécies diferentes, sabemos por experiência que em geral há uma correlação aproximada entre a capacidade intelectual e o peso médio do cérebro em relação ao tamanho do corpo. Assim, a partir do tamanho do cérebro, podemos concluir que o homem habilidoso representou uma melhoria intelectual em relação a Lucy e sua espécie. Felizmente, podemos medir o tamanho e a forma do cérebro de seres humanos e outros primatas mesmo que sua espécie já esteja extinta há muito tempo,

* Para os que preferem a exatidão a frutas, devo acrescentar que o cérebro do homem habilidoso tinha a metade do tamanho do nosso.

pois os cérebros se encaixam nos crânios. Em essência, isso significa que, quando encontramos o crânio de um primata, temos o molde do cérebro que ele abrigava.

Para não parecer que estou defendendo o tamanho do chapéu como referência para testes de inteligência, devo acrescentar o aviso legal de que, quando os cientistas mencionam medir a inteligência comparando o tamanho do cérebro, eles estão falando apenas de comparações entre os tamanhos médios do cérebro de *diferentes espécies*. O tamanho do cérebro varia bastante entre indivíduos da *mesma* espécie, todavia, nesse caso, o tamanho do cérebro *não* está diretamente relacionado à inteligência.[8] Por exemplo, o cérebro dos seres humanos modernos pesa cerca de três quilos em média. Mas o cérebro do poeta inglês Lord Byron pesava cerca de cinco quilos, enquanto o do escritor francês e vencedor do Prêmio Nobel Anatole France pesava um pouco mais de dois quilos, e o cérebro de Einstein pesava 2,7 quilos. Ainda há o caso de um homem chamado Daniel Lyons, que morreu em 1907, aos 41 anos. Daniel tinha peso e inteligência normais, porém, quando o cérebro foi pesado na autópsia, viu-se que o ponteiro da balança parou em meros 680 gramas. Moral da história: para uma espécie, a arquitetura do cérebro – a natureza das conexões entre neurônios e grupos de neurônios – é muito mais importante que seu tamanho.

O cérebro de Lucy era somente pouco maior que o de um chimpanzé. Mais importante, o *formato* do crânio indica que o aumento do poder do cérebro estava concentrado em regiões que lidam com o processamento sensorial, enquanto os lobos frontal, temporal e parietal – regiões do cérebro onde se situam o raciocínio abstrato e a linguagem – permanecem relativamente subdesenvolvidos. Lucy foi um passo em direção ao gênero *Homo*, mas ainda não tinha chegado lá. Isso mudou com o homem habilidoso.

Assim como Lucy, o homem habilidoso ficou de pé, liberando as mãos para carregar coisas.[9] Contudo, ao contrário de Lucy, ele usou essa liberdade para fazer experiências com o ambiente. E assim, mais ou menos 2 milhões de anos atrás, apareceu um *Homo habilis* Einstein, ou uma madame Curie, ou – talvez o mais provável – surgiram diversos gênios antigos trabalhando de forma independente um do outro, e eles fizeram as

Homo habilis.

primeiras descobertas importantes para a humanidade: se você quebrar uma pedra com outra em ângulo agudo, pode desgastar a pedra até obter uma lasca pontuda, uma faca de lâmina afiada. Aprender a bater uma pedra na outra não parece o início de uma revolução social e cultural. Produzir uma pedra lascada perde em importância quando comparada à invenção da lâmpada e da internet. Mas esse foi nosso primeiro passo infantil, aquele que nos levou ao conhecimento e à transformação da natureza para melhorar nossa existência, mostrando que podíamos contar com o poder do nosso cérebro para compensar e superar a fragilidade do nosso corpo.

Para uma criatura que nunca viu uma ferramenta de qualquer tipo, uma espécie de dente artificial tamanho jumbo que pode ser usado para cortar e aparar é uma invenção revolucionária, e isso ajudou a mudar completamente a maneira como os seres humanos viviam. Lucy e sua espécie eram vegetarianas; estudos microscópicos do desgaste dos dentes do *Homo habilis* e dos ossos descarnados encontrados perto de seus esqueletos indicam que os homens habilidosos usaram as novas facas de pedra para adicionar carne à sua dieta. [10]

O vegetarianismo expunha Lucy e sua espécie à escassez sazonal de alimentos vegetais. Ter uma dieta mista ajudou o *Homo habilis* a superar essa escassez. Como a carne é uma forma de nutriente mais concentrada que a matéria vegetal, os carnívoros precisavam de quantidade menor de comida que os vegetarianos. Por outro lado, você não precisa perseguir e matar um pé de brócolis, mas a aquisição de matéria animal pode ser muito difícil sem as armas letais que faltavam ao homem habilidoso. Por essa razão, ele obtinha a maior parte de sua carne das carcaças deixadas para trás por predadores como os tigres-dentes-de-sabre, com poderosas patas dianteiras e presas afiadas, que matavam animais muito maiores do que poderiam consumir. No entanto, mesmo a busca desse alimento pode ser difícil se você tiver de competir com outras espécies, como era o caso dos homens habilidosos.

Nessa batalha para conseguir alimento, as pedras afiadas do homem habilidoso conseguiam retirar carne dos ossos mais rápida e facilmente, equilibrando um pouco o jogo com animais que tinham ferramentas naturais equivalentes.[11] Quando apareceram, esses implementos se tornaram muito populares e passaram a ser a ferramenta humana preferida por quase 2 milhões de anos. Na verdade, foram as pedras dispersas encontradas ao lado de fósseis do *Homo habilis* que inspiraram o nome conferido a essa espécie por Louis Leakey e seus colegas no início dos anos 1960. Desde então, cutelos de pedra foram encontrados de forma tão abundante em locais de escavações que muitas vezes é preciso andar com cuidado para não pisar num deles.

Foi uma longa jornada desde as pedras afiadas até os transplantes de fígado, mas, como reflete o uso de ferramentas, a mente do *Homo habilis* já tinha avançado além da capacidade de qualquer um dos nossos parentes primatas então existentes. Por exemplo, mesmo depois de anos treinados por pesquisadores de primatas, os bonobos não conseguem se tornar competentes no uso de uma ferramenta de pedra simples do tipo empregado pelo *Homo habilis*.[12] Recentes estudos de imagens do cérebro sugerem que essa capacidade de projetar, planejar e usar ferramentas surgiu a partir do desenvolvimento evolutivo de uma rede especializada em "uso de ferramentas",[13] no lado esquerdo do cérebro. Infelizmente, há casos raros em que os seres humanos com danos nessa rede não se saem melhor que os bonobos:[14] eles conseguem identificar ferramentas, mas, como eu, antes do café, não atinam como empregar dispositivos simples como um pente ou uma escova de dentes.

Apesar da melhoria do poder cognitivo, essa espécie de homem – o *Homo habilis* – de mais de 2 milhões de anos de idade é apenas uma sombra do homem moderno: tem cérebro ainda relativamente pequeno e também é fisicamente pequeno, com braços longos e expressão facial apreciada somente por um veterinário. No entanto, depois de seu surgimento, não demorou muito – na escala de tempo geológica – até a aparição de diversas outras espécies de *Homo*. A mais importante – a que a maioria dos especialistas concorda ter sido o ancestral direto da nossa própria espécie – foi o *Homo erectus*, ou "homem ereto", que se originou na África, cerca de 1,8 milhão de anos atrás.[15] Restos de esqueletos mostram o homem ereto como uma espécie bem mais assemelhada às atuais que o homem habilidoso, e não apenas mais ereto, como também maior e mais alto – quase 1,5 metro de estatura –, com membros longos e crânio muito maior, o que permitiu a expansão dos lobos frontal, temporal e parietal do cérebro.

Esse novo crânio maior teve implicações no processo de nascimento. Um problema com que os fabricantes de automóveis não precisam lidar quando reformulam um de seus modelos é como encaixar o novo Honda na linha de montagem dos mais antigos. Mas a natureza tem de lidar com essas coisas. Assim, no caso do *Homo erectus*, o novo desenho da cabeça provocou alguns problemas. As fêmeas do *Homo erectus* deviam ser maiores que suas predecessoras para dar à luz seus bebês de cabeça e cérebro maiores. Por conseguinte, enquanto a fêmea do *Homo habilis* era somente 60% maior que sua contraparte masculina, a fêmea do *Homo erectus* pesava em média 85% mais que seu companheiro.

Os novos cérebros valeram a pena, pois o homem ereto assinalou outra mudança abrupta e magnífica na evolução humana. Eles passaram a ver o mundo e a abordar seus desafios de forma diferente da de seus antecessores. Em particular, foram os primeiros humanos a imaginar novas formas criativas e de planejamento para a produção de complexas ferramentas de pedra e madeira – machados, facas e cutelos cuidadosamente trabalhados, exigindo *outras ferramentas* para sua confecção. Hoje creditamos ao nosso cérebro a capacidade de criar ciência, tecnologia, arte e literatura, mas a capacidade do nosso cérebro para conceber ferramentas complexas foi muito mais importante para a nossa espécie, concedendo-nos uma vantagem que ajudou na nossa sobrevivência.

Com suas ferramentas avançadas, o homem ereto podia caçar, e não apenas rapinar, aumentando a disponibilidade de carne na dieta. Se as receitas de vitela nos livros modernos começassem dizendo "Cace e abata um bezerro", a maioria das pessoas se ateria às receitas de livros como *As delícias da berinjela*. Todavia, na história da evolução humana, a maior capacitação para a caça foi um grande salto adiante, possibilitando maior consumo de proteínas e menor dependência de grandes quantidades de alimentos vegetais necessários para a sobrevivência. O homem ereto deve ter sido também a primeira espécie a aprender que o atrito de materiais cria calor e a descobrir que o calor cria fogo. Com o fogo, o homem ereto pôde fazer o que nenhum outro animal conseguia: manter-se aquecido em climas que seriam frios demais para suportar a vida.

Considero reconfortante saber que, embora só faça minhas caçadas no balcão do açougue e minha ideia de uso de ferramentas seja chamar um carpinteiro, sou descendente de tipos que foram muito hábeis nessas práticas – mesmo que tivessem testas salientes e dentes capazes de roer um osso. Mais importante ainda, essas novas conquistas da mente habilitaram o *Homo erectus* a se ramificar da África para a Europa e a Ásia e a persistir como espécie por bem mais de 1 milhão de anos.

AO MESMO TEMPO que esses avanços na nossa inteligência nos permitiram empreender caçadas mais complexas e produzir ferramentas afiadas, eles também criaram novas necessidades prementes, pois encurralar e caçar um animal maior e mais veloz na savana é façanha que funciona melhor com uma equipe de caçadores. Assim, muito antes de formarmos seleções de basquete e times de futebol, houve uma pressão evolutiva para que nosso gênero desenvolvesse inteligência social e capacidade de planejamento suficientes, a fim de se reunir em bandos para perseguir antílopes e gazelas. O novo estilo de vida do homem ereto favoreceu a sobrevivência dos que conseguiam se comunicar e planejar melhor. Vemos aqui, mais uma vez, a origem da natureza humana moderna em suas raízes na savana da África.

Em algum momento perto do fim do reinado do homem ereto, talvez meio milhão de anos atrás, ele evoluiu para uma nova forma, o *Homo sapiens*, dotado de maior potência cerebral. Aqueles primeiros ou "arcaicos" *Homo sapiens* ainda não eram seres que reconheceríamos como os seres humanos atuais. Eles tinham corpos mais robustos e crânios maiores e mais pesados, mas o cérebro ainda não era tão grande como os nossos. Anatomicamente, os homens modernos são classificados como subespécie do *Homo sapiens* que provavelmente só se ramifica a partir dele por volta de 200000 a.C.

Nós quase não conseguimos chegar lá. Uma surpreendente análise recente de DNA feita por antropólogos geneticistas indica que, por volta de 140 mil anos atrás, um evento catastrófico – provavelmente relacionado a alterações climáticas – dizimou as fileiras de humanos modernos, todos vivendo na África. Durante esse período, a população total das nossas subespécies despencou para apenas algumas centenas – transformando-nos no que hoje chamaríamos de "espécies ameaçadas", como o gorila-das-montanhas ou a baleia-azul. Isaac Newton, Albert Einstein e os outros de quem você já ouviu falar, mais os bilhões que vivem no mundo hoje, são todos descendentes daquelas reles centenas sobreviventes.[16]

Essa quase extinção talvez tenha sido uma indicação de que as novas subespécies, com o cérebro maior, ainda não eram inteligentes o bastante para progredir a longo prazo. Mas aí fomos submetidos a outra transformação, que nos deu novos e surpreendentes poderes mentais. Ela não parece ser consequência de uma mudança na nossa anatomia física, nem mesmo na anatomia do nosso cérebro, mas de uma reformulação da maneira como o cérebro funciona. Seja o que for que tenha acontecido, essa metamorfose permitiu à nossa espécie produzir cientistas, artistas, teólogos e pessoas que pensam mais ou menos como pensamos.

Os antropólogos referem-se a essa última transformação mental como desenvolvimento do "comportamento humano moderno". Quando falam em "comportamento moderno" eles não estão se referindo a fazer compras ou tomar bebidas inebriantes assistindo a competições esportivas, mas do exercício de pensamento simbólico complexo, o tipo de atividade mental que acabaria desenvolvendo a cultura humana atual. Há alguma controvérsia sobre quando isso aconteceu, mas a data mais aceita situa essa transição por volta de 40000 a.C.[17]

Hoje chamamos nossa subespécie de *Homo sapiens sapiens*, ou "homem sábio sábio". (Isso é que dá escolher um nome para a própria espécie.) Mas todas essas mudanças que resultaram nos nossos grandes cérebros não saíram barato. Do ponto de vista do consumo de energia, o cérebro humano moderno é o segundo órgão mais dispendioso do corpo, depois do coração.[18]

Em vez de nos dotar de cérebros com altos custos operacionais, a natureza poderia nos ter concedido músculos mais poderosos, que, em comparação com o cérebro, consomem apenas um décimo de calorias por unidade de massa. No entanto, a natureza preferiu não tornar nossa espécie a mais apta fisicamente.[19] Os seres humanos não são particularmente fortes nem os mais ágeis. Nossos parentes mais próximos, os chimpanzés e bonobos, abriram caminho até o nicho ecológico que ocupam com uma capacidade de tração de mais de cem quilos e dentes fortes e afiados para quebrar cascas de nozes com facilidade.

No lugar de uma impressionante massa muscular, os seres humanos têm crânios de grande porte, tornando-os usuários ineficientes de alimentos energéticos – o cérebro, que responde por apenas 2% do peso corporal, consome cerca de 20% da ingestão de calorias. Assim, enquanto outros animais preferiram sobreviver na dureza da selva ou na savana, nós achamos melhor sentar numa cafeteria e bebericar um cappuccino. Essa atitude, porém, não deve ser subestimada, pois enquanto estamos na cafeteria nós pensamos e questionamos.

Em 1918, o psicólogo alemão Wolfgang Köhler publicou um livro destinado a se tornar um clássico, intitulado *A mentalidade dos macacos*. Trata-se de um relato de experiências que ele realizou com chimpanzés em Tenerife, nas ilhas Canárias, enquanto era diretor da Academia Prussiana de Ciências. Köhler estava interessado em entender a maneira como os chimpanzés resolvem problemas, como a forma de alcançar um alimento colocado fora de seu alcance. As experiências revelaram muito sobre as características mentais que compartilhamos com outros primatas. Contudo, ao comparar o comportamento dos chimpanzés com o nosso, o livro de Köhler também diz muito sobre os talentos humanos que ajudam a compensar nossas deficiências físicas.

Um dos experimentos de Köhler foi especialmente revelador. Ele pregou uma banana no teto e observou que os chimpanzés conseguem aprender a empilhar caixas e subir nelas para pegar a fruta, porém, pareciam não ter conhecimento das forças envolvidas. Por exemplo, às vezes eles tentavam empilhar uma caixa virada de quina, e também não pensavam em remover pedras no chão que ameaçavam a estabilidade das caixas.[20]

Numa versão atualizada do experimento, ensinou-se a chimpanzés e crianças humanas, entre três e cinco anos, a empilhar blocos em forma de L para obter uma recompensa. Depois, os blocos em L foram furtivamente substituídos por blocos com lastros, que tombavam quando chimpanzés e crianças tentavam empilhá-los. Os chimpanzés persistiram por algum tempo, empregando tentativa e erro em buscas fracassadas de ganhar a recompensa, mas não pararam para examinar os blocos. As crianças humanas também fracassaram na revisão da tarefa (que não era realmente possível), mas não desistiram da empreitada. Continuaram a examinar os blocos, tentando determinar qual o problema.[21] Desde tenra idade, os seres humanos buscam respostas e uma compreensão teórica do nosso ambiente. Nós formulamos a pergunta "Por quê?".

Qualquer um com alguma experiência com crianças pequenas sabe da paixão que elas sentem pela pergunta *"Por quê?"*. Nos anos 1920, o psicólogo

Frank Lorimer oficializou esse fato. Ele observou um menino de quatro anos durante quatro dias e anotou todos os *porquês* perguntados pela criança nesse período.[22] Foram formuladas quarenta perguntas do tipo: *Por que o regador tem duas alças? Por que temos sobrancelhas?*, e a minha favorita: *Mãe, por que você não tem barba?* Crianças humanas de qualquer parte do mundo fazem suas primeiras perguntas em idade precoce, quando ainda mal balbuciam algumas palavras e antes de conhecer a linguagem gramatical. O ato de questionar é tão importante para nossa espécie que temos um indicador universal para isso: todas as línguas, sejam tonais ou atonais, empregam entonação ascendente similar para perguntas.[23] Certas tradições religiosas veem o questionamento como a mais alta forma de percepção, e talvez a capacidade de fazer as perguntas certas seja o maior talento de que se pode desfrutar na ciência e na indústria. Os chimpanzés e bonobos, por sua vez, podem aprender a utilizar sinais rudimentares para se comunicar com seus treinadores e até para responder a perguntas, mas eles nunca fazem indagações. Eles são muito fortes fisicamente, mas não são pensadores.

SE NÓS SERES HUMANOS nascemos com uma motivação para compreender o meio ambiente, também parece que nascemos com uma intuição a respeito de como funcionam as leis da física – ou pelo menos a adquirimos em idade muito precoce. Parece que entendemos naturalmente que todos os eventos são causados por outros eventos, e dispomos de uma intuição rudimentar para leis que só foram descobertas por Isaac Newton depois de milênios de esforço.

No Laboratório de Cognição Infantil da Universidade de Illinois, os cientistas passaram os últimos trinta anos estudando a intuição física dos bebês reunindo mães e filhos num pequeno palco ou mesa e observando como as crianças reagem aos eventos encenados. A questão científica em pauta é: em relação ao mundo físico, o que essas crianças sabem e quando ficaram sabendo? Eles descobriram que, mesmo na infância, a posse de certa intuição relativa ao funcionamento da física é um aspecto essencial do que significa ser uma pessoa.

Numa série de estudos, crianças de seis meses eram posicionadas diante de uma pista horizontal ligada a uma rampa.[24] Na parte inferior da rampa, os pesquisadores colocaram um brinquedo em forma de inseto sobre rodas. No topo da rampa havia um cilindro. Quando o cilindro era solto, as crianças observavam animadas enquanto ele descia rolando e se chocava com o inseto, lançando-o a alguns centímetros do final da rampa. Depois veio a parte que deixava os *pesquisadores* animados: se eles reproduzissem a configuração com um cilindro de tamanho diferente no topo da rampa, as crianças conseguiriam prever que, depois da colisão, o bicho seria lançado a uma distância proporcional ao tamanho do cilindro?

A primeira pergunta que me veio à mente quando soube desse experimento foi: como se pode saber *o que* uma criança está prevendo? Pessoalmente, eu tenho dificuldade para entender o que meus filhos estão pensando, e olha que estão todos na adolescência ou têm mais de vinte anos e já sabem falar. Será que eu entendia alguma coisa quando eles ainda babavam, limitados a sorrisos e caretas? Na verdade, quando a gente fica muito tempo perto dos bebês, é fácil relacionar alguns pensamentos às suas expressões faciais, mas é difícil confirmar cientificamente se essa intuição está correta. Quando você vê a expressão de um bebê contraída como uma ameixa seca, será por fortes cólicas intestinais ou desânimo porque o rádio acabou de anunciar que o mercado de ações caiu quinhentos pontos? Sei que minha própria expressão seria a mesma em ambos os casos, e com os bebês o olhar é tudo o que temos para observar. Quando se trata de determinar o que um bebê está prevendo, no entanto, os psicólogos bolaram um esquema para isso. Eles mostram uma cadeia de eventos ao bebê e registram o tempo que ele fica olhando para a cena. Se os eventos não se desdobram da maneira esperada, o bebê mantém o olhar; quanto mais surpreendente a ocorrência, mais tempo ele ficará olhando.

Assim, no experimento da rampa, os psicólogos deram um jeito para que metade das crianças assistisse à segunda colisão, em que o cilindro era maior que antes, enquanto a outra metade observava uma segunda colisão em que o cilindro era menor. Só que, nos *dois* casos, os pesquisadores espertinhos arrumaram uma maneira de o inseto ser lançado *mais longe* que na primeira colisão – bem mais longe, aliás, até o final da pista. As crianças que assistiram ao cilindro maior lançar o bicho mais longe não tiveram nenhuma reação excepcional aos eventos. Mas as crianças que viram o inseto ser lançado mais longe ao ser atingido por um cilindro *menor* ficaram olhando para o bicho por período prolongado, dando a impressão de que estariam coçando a cabeça se soubessem como fazer isso.

Saber que o impacto maior lançaria um bicho mais longe que o impacto menor não chega a fazer de ninguém um Isaac Newton. Mas o experimento ilustra que os seres humanos parecem ter certo entendimento sensível sobre o mundo físico, um sofisticado sentimento intuitivo em relação ao ambiente que complementa nossa curiosidade natural e é muito mais desenvolvido nos seres humanos do que em outras espécies.

Nossa espécie vem evoluindo e progredindo há milhões de anos, desenvolvendo um cérebro mais poderoso, esforçando-se como indivíduos para aprender sobre o mundo. O desenvolvimento da mente humana moderna foi um processo necessário para entender a natureza, mas não o suficiente. Por isso, o próximo capítulo do nosso relato é a história de como começamos a fazer perguntas sobre nosso ambiente e juntamos nossos intelectos para respondê-las. Trata-se da história do desenvolvimento da cultura humana.

3. Cultura

Quando nos olhamos no espelho todas as manhãs, vemos algo que poucos animais são capazes de reconhecer: nós mesmos. Alguns sorriem para a imagem e sopram um beijo, outros cobrem os defeitos com maquiagem ou fazem a barba, para não parecer descuidados. De qualquer maneira, essa reação humana é única no reino animal. Nós a temos porque, em algum lugar ao longo do caminho da evolução, os seres humanos se tornaram autoconscientes. Ainda mais importante, começamos a ter uma compreensão clara de que o rosto que vemos refletido irá criar rugas com o tempo, de que brotará cabelo em lugares embaraçosos ou, ainda pior, de que o cabelo deixará de existir. Ou seja, começamos a ter os primeiros indícios da mortalidade.

Nosso cérebro é nosso equipamento mental, e foi para sobreviver que desenvolvemos um cérebro com capacidade de pensar simbolicamente, de questionar e raciocinar. Mas esse equipamento, uma vez adquirido, pode ser usado para diversas finalidades; e assim como a imaginação do nosso *Homo sapiens sapiens* produziu um salto adiante, a percepção de que todos iremos morrer ajudou a dirigir nosso cérebro para questões existenciais como "Quem está no comando do cosmo?". Essa não chega a ser uma questão científica em si, mas elucubrações como ela abriram caminho para perguntas do tipo "O que é um átomo?" e para considerações mais pessoais como "Quem sou eu?" e "Será que posso alterar o ambiente a meu favor?". Quando os seres humanos remontaram para além das nossas origens animais e começaram a fazer essas indagações, nós demos o passo seguinte como uma espécie cuja marca registrada é pensar e questionar.

A mudança nos processos do pensamento humano que nos levou a considerar essas questões deve ter aferventado devagar por dezenas de milhares de anos, tendo início por volta da época em que nossa subespécie começou a manifestar o que hoje consideramos comportamentos modernos (mais ou menos há uns 40 mil anos). Mas só entrou em ebulição cerca de 12 mil anos atrás, por volta do final da última era do gelo. Os cientistas chamam os 2 milhões de anos que antecederam esse período de era paleolítica e os 7 ou 8 mil anos seguintes de era neolítica. Os nomes vêm das palavras gregas *palaio*, que significa "antigo", *neo*, que significa "novo", e *lithos*, que significa "pedra" – em outras palavras, antiga Idade da Pedra (Paleolítico, ou Pedra Lascada) e nova Idade da Pedra (Neolítico, Pedra Polida), ambas caracterizadas pela utilização de ferramentas de pedra. Apesar de chamarmos a mudança radical que nos levou da antiga para a nova Idade da Pedra de "revolução neolítica", a questão não envolveu ferramentas de pedra, mas a nossa maneira de pensar, as perguntas que fazemos e as questões existenciais que consideramos importantes.

Os seres humanos do Paleolítico migravam frequentemente, todos em busca de comida, como meus filhos adolescentes. As mulheres colhiam plantas, sementes e ovos, enquanto os homens caçavam e recolhiam sobras de outros predadores. Esses nômades mudavam sazonalmente – ou até diariamente –, conservando consigo poucos bens, perseguindo o fluxo da generosa natureza, resistindo às dificuldades que ela impunha, vivendo sempre à mercê dela. Mesmo assim, a abundância de terras era suficiente para sustentar somente um indivíduo por quilômetro quadrado, e durante a maior parte da era paleolítica as pessoas viviam em pequenos grupos errantes, em geral com menos de cem indivíduos.[1] O termo "revolução neolítica" foi cunhado nos anos 1920 para definir a transição desse estilo de vida para uma nova existência, em que os humanos começaram a se estabelecer em pequenas aldeias constituídas por uma ou duas dezenas de habitações e a mudar da coleta para a produção de alimentos.

Essa transformação provocou um movimento no sentido de moldar ativamente o meio, em vez de apenas reagir a ele. Em vez de viver da generosidade da natureza, as pessoas que viviam nesses pequenos povoados passaram a recolher materiais sem valor intrínseco na forma bruta para transformá-los em itens de valor. Por exemplo, começaram a construir casas de madeira, tijolos de barro e pedra; a forjar ferramentas a partir da ocorrência natural do cobre metálico; a tramar galhos para fazer cestos; a retorcer fibras de linho, de outras plantas e de pelos de animais, e a tecer fios para confeccionar vestimentas mais leves, porosas e fáceis de manter limpas que as peles de animais usadas até então; e a moldar e cozinhar argila transformando-a em potes e jarros para aquecer ou armazenar produtos alimentícios excedentes.[2]

Pelo seu valor nominal, a invenção de objetos como potes de argila parece representar nada mais que a percepção da dificuldade que é transportar água dentro do bolso. De fato, até recentemente, muitos arqueólogos pensavam que a revolução neolítica foi apenas uma adaptação para tornar a vida mais fácil. A mudança climática do final da última era do gelo, de 10 a 12 mil anos atrás, resultou na extinção de muitos animais de grande porte e alterou os padrões de migração de outros, o que teria modificado o abastecimento alimentar dos humanos. Alguns também especularam que o número de humanos pode ter aumentado a ponto de a caça e a coleta não sustentarem mais a população. Nessa perspectiva, a vida sedentária e o desenvolvimento de ferramentas complexas e outros implementos foram uma reação a essas circunstâncias.

Mas há problemas com essa teoria. Por um lado, desnutrição e doenças deixam sua marca em ossos e dentes. No entanto, estudos realizados nos anos 1980 com restos de esqueletos do período anterior à revolução neolítica não revelaram essas marcas, o que sugere que as pessoas daquela época não sofreram privação nutricional. Aliás, evidências paleontológicas sugerem que os primeiros agricultores tiveram mais problemas com a coluna vertebral, dentes piores, anemia, mais deficiências de vitamina e que morriam mais jovens que as populações de humanos coletores que os precederam.[3] Ademais, a adoção da agricultura parece ter sido gradual, e não resultado de alguma catástrofe climática generalizada. Além disso, muitos dos primeiros assentamentos não mostram nenhum sinal de plantas ou animais domesticados.

Tendemos a pensar no estilo de vida coletor original da humanidade como uma luta dura pela sobrevivência, como um reality show em que os concorrentes passam fome na selva e são obrigados a comer insetos alados e guano de morcego. Será que a vida não seria melhor se esses coletores não tivessem ferramentas e comprassem sementes em algum depósito para plantar rabanetes? Não necessariamente. Segundo estudos realizados com alguns poucos caçadores e coletores remanescentes que viviam em inexploradas regiões da Austrália e da África ainda nos anos 1960, parece que as sociedades nômades de milhares de anos atrás podem ter vivido em estado de "abundância material".[4]

Normalmente, a vida nômade consiste em se estabelecer de modo temporário e continuar no local até que os recursos alimentares das imediações do acampamento se esgotem. Quando isso acontece, a busca de alimentos segue em frente. Como todos os bens precisam ser transportados, os povos nômades dão mais valor às pequenas posses que a itens maiores, vivem com poucos bens materiais e em geral têm pouco senso de propriedade ou posse. Esses aspectos da cultura nômade fizeram com que esses povos parecessem pobres e carentes para os antropólogos ocidentais que começaram a estudá-los no século XIX. No entanto, nas circunstâncias habituais, os nômades não enfrentam grandes desafios para obter alimento ou para sobreviver.

Estudos realizados com o povo San, na África (também chamados boxímanos), revelaram que suas atividades de coleta de alimentos eram mais eficientes que as dos agricultores europeus antes da Segunda Guerra Mundial.[5] Pesquisas mais amplas sobre os grupos de coletores-caçadores abrangendo do século XIX até meados do século XX mostram que, em média, o nômade trabalhava apenas de duas a quatro horas por dia. Mesmo nas calcinadas terras de Botsuana, na África, com precipitação anual de apenas 150 a 250 milímetros, foram encontrados recursos alimentares de forma "variada e abundante". A agricultura primitiva, ao contrário, exige longas horas de trabalho extenuante, com os agricultores removendo pedras e rochas, limpando o terreno e arando o solo duro com o auxílio de ferramentas rudimentares.

Tais considerações sugerem que as velhas teorias explicativas desses assentamentos humanos não contam toda a história. Agora, muitos acreditam que a revolução neolítica não foi, em sua essência, uma revolução inspirada por considerações de ordem prática, mas uma revolução mental e *cultural*, impulsionada pelo crescimento da espiritualidade humana. Esse ponto de vista se baseia no que talvez seja a descoberta arqueológica mais surpreendente dos tempos modernos, uma evidência notável sugerindo que essa nova abordagem humana da natureza não foi *decorrente* do desenvolvimento de um estilo de vida assentado, mas que o *precedeu*. Essa descoberta é um grande monumento chamado Göbekli Tepe, termo turco que definia o formato do local antes de ser escavado: "montanha barriguda".[6]

Göbekli Tepe está localizado no topo de uma colina, no que é hoje a província de Urfa, sudeste da Turquia. É uma magnífica estrutura, construída 11.500 anos atrás – 7 mil anos antes da Grande Pirâmide de Quéops –, não com os esforços hercúleos de colonos neolíticos, mas de coletores-caçadores que ainda não haviam abandonado o estilo de vida nômade. O mais surpreendente, contudo, é o uso para o qual foi construído. Datando de cerca de 10 mil anos antes da Bíblia dos hebreus, Göbekli Tepe parece ter sido um santuário religioso.

Os pilares de Göbekli Tepe foram dispostos em grandes círculos de até vinte metros de diâmetro. Cada círculo tem dois pilares adicionais em forma de T, no centro, que parecem figuras humanoides, com cabeças alongadas e corpos longos e estreitos. O mais alto se eleva a 5,5 metros de altura. A construção exigiu o transporte de pedras maciças, algumas pesando até dezesseis toneladas, e foi realizada antes da invenção de ferramentas de metal, antes da invenção da roda e antes que os povos aprendessem a domesticar animais para transporte de carga. Além do mais, ao contrário das edificações religiosas de épocas posteriores, Göbekli Tepe foi construído antes que as pessoas vivessem em cidades que pudessem fornecer um grande centro de fonte organizada de trabalho. Como definiu a revista *National Geographic*, "descobrir que coletores-caçadores construíram Göbekli Tepe foi como encontrar alguém que tivesse feito um avião 747 no porão com a ajuda de um estilete".

Os primeiros cientistas a vislumbrar o monumento foram antropólogos da Universidade de Chicago e da Universidade de Istambul que realizavam um levantamento da região nos anos 1960. Eles avistaram algumas lajes de calcário quebradas despontando da terra, mas acreditaram ser ruínas de um cemitério bizantino abandonado. A comunidade antropológica não deu a menor atenção. Três décadas se passaram, até que, em 1994, um fazendeiro local passou o arado por cima do que viria a se revelar um enorme pilar enterrado. Klaus Schmidt, arqueólogo que trabalhava na área e havia lido o relatório da Universidade de Chicago, decidiu dar uma olhada. "No minuto em que vi aquilo, eu sabia que tinha duas escolhas", ele contou depois. "Ir embora e não contar a ninguém ou passar o resto da minha vida trabalhando aqui."[7] Ele escolheu a segunda alternativa e trabalhou no local até sua morte, em 2014.

Como Göbekli Tepe é anterior à invenção da escrita, não há textos sagrados espalhados cuja decodificação poderia lançar alguma luz sobre os rituais praticados no local. Por esse motivo, a conclusão de que Göbekli Tepe era um local de culto se baseia em comparações com sítios e práticas religiosas posteriores. Por exemplo, existem vários animais esculpidos nos pilares em Göbekli Tepe, mas eles não se assemelham à caça graças à qual os construtores do local subsistiam, como no caso das pinturas rupestres da era paleolítica, nem representam qualquer ícone relacionado a caçadas ou a ações da vida diária. As esculturas retratam criaturas ameaçadoras como leões, serpentes, javalis, escorpiões e uma fera semelhante a um chacal com a caixa torácica exposta. Considera-se que eram personagens míticos ou simbólicos, os tipos de animal mais tarde associados à adoração.

Ruínas de Göbekli Tepe.

Esses povos antigos que visitavam Göbekli Tepe faziam-no por conta de um grande compromisso, pois o local foi construído longe de qualquer coisa. Aliás, ninguém descobriu evidências de que alguém tenha chegado a *viver* na área – sem recursos hídricos ou sinais de casas ou fogões. O que os arqueólogos encontraram foram ossos de milhares de gazelas e bisões que parecem ter sido trazidos de longe por caçadores a fim de servir de alimento. Para chegar a Göbekli Tepe era preciso fazer uma peregrinação, e as evidências indicam que o local atraía coletores-caçadores nômades de até cem quilômetros de distância.

Göbekli Tepe "mostra que as mudanças socioculturais vieram primeiro, a agricultura veio depois", diz o arqueólogo Ian Hodder, da Universidade Stanford. Em outras palavras, o surgimento do ritual religioso de grupo parece ter sido uma importante razão para os seres humanos começarem a estabelecer centros religiosos que atraíram nômades para órbitas mais próximas, resultando afinal no estabelecimento de aldeias baseadas em convicções e sistemas de significados comuns.[8] Göbekli Tepe foi construído numa era em que os tigres-dentes-de-sabre* ainda vagavam pela paisagem asiática e o nosso último parente não relacionado ao *Homo sapiens* – caçadores e fabricantes de ferramentas de um metro de altura chamados de *Homo floresiensis* – havia sido extinto poucos séculos antes. Mas, ao que parece, seus antigos construtores já tinham subido de patamar, passando das perguntas práticas sobre a vida para perguntas espirituais. "É possível afirmar", diz Hodder, que Göbekli Tepe "é a verdadeira origem das sociedades complexas do Neolítico."[9]

Alguns animais resolvem problemas simples para arranjar alimento; outros usam ferramentas simples. Mas uma atividade que nunca foi observada em qualquer animal não humano, nem mesmo de forma rudimentar, é a tentativa de entender sua própria existência. Assim, um dos passos mais significativos na história do intelecto humano aconteceu quando os povos do final do Paleolítico e início do Neolítico desviaram um pouco a atenção da mera sobrevivência para se concentrar em verdades "não essenciais" sobre si mesmos e o meio ambiente. Se Göbekli Tepe foi a primeira igreja da humanidade – ao menos a primeira que conhecemos –, ele deve merecer um lugar consagrado na história da religião, porém, merece também um lugar na história da ciência, pois representou um salto na nossa consciência existencial, um momento em que as pessoas começaram a empreender grandes esforços para responder a grandes questões sobre o cosmo.

A NATUREZA PRECISOU de milhões de anos para que a mente evoluísse a ponto de ser capaz de formular perguntas existenciais. Mas, quando isso aconteceu, levou uma fração infinitesimal desse tempo para nossa espécie desenvolver culturas que revolucionariam a maneira como vivemos e pensamos. Os povos do Neolítico começaram a se estabelecer em pequenas aldeias, que se transformaram em aldeias maiores depois de muito trabalho para aumentar a produção de alimento, com a densidade populacional subindo de uma pessoa por 2,5 quilômetros quadrados para cem.[10]

* O termo técnico é felinos-dentes-de-sabre.

A mais impressionante de todas as novas e gigantescas aldeias erigidas no Neolítico foi Çatalhöyük, construída por volta de 7.500 a.C. nas planícies da Turquia central, algumas centenas de quilômetros a oeste de Göbekli Tepe.[11] Análises de resquícios de plantas e animais sugerem que seus habitantes caçavam búfalos, porcos e cavalos selvagens e colhiam tubérculos silvestres, bolotas, gramíneas e pistache, mas se dedicavam pouco à agricultura doméstica. Ainda mais surpreendente, as ferramentas e os implementos encontrados nas moradias indicam que os habitantes construíam e mantinham as próprias casas e produziam sua própria arte. Parece que não havia divisão de trabalho de espécie alguma. Isso não seria estranho num pequeno assentamento de nômades, mas Çatalhöyük abrigava mais de 8 mil pessoas – mais ou menos 2 mil famílias –, com todo mundo, segundo palavras de um arqueólogo, "cuidando da própria vida".

Por essa razão, os arqueólogos não consideram que Çatalhöyük e outras aldeias do Neolítico fossem cidades. As primeiras cidades só surgiriam muitos milênios depois. A diferença entre uma aldeia e uma cidade não é só uma questão de tamanho.[12] Baseia-se nas relações sociais da população e na maneira como essas relações lidam com os meios de produção

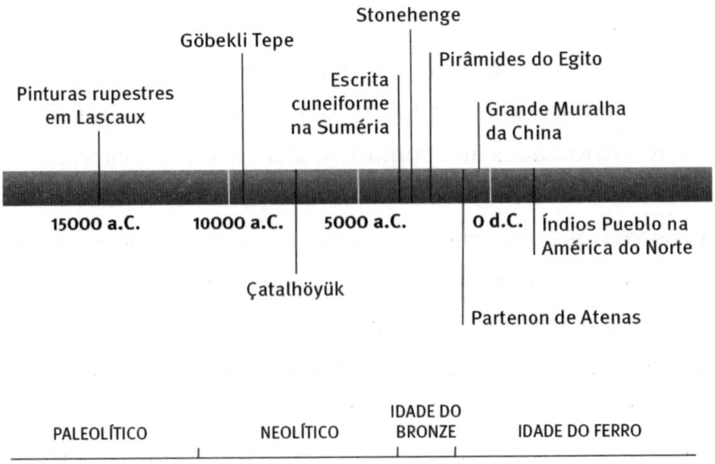

e distribuição. Nas cidades há divisão de trabalho, o que significa que indivíduos e famílias podem contar uns com os outros para obter certos bens e serviços. Ao centralizar a distribuição de diversos bens e serviços de que todos necessitam, a cidade desobriga os indivíduos e famílias de fazer tudo sozinhos, o que por sua vez possibilita que alguns se envolvam em atividades especializadas. Por exemplo, quando uma cidade se torna um centro onde o excedente agrícola colhido pelos fazendeiros que vivem nos campos ao redor pode ser distribuído entre os habitantes, pessoas que estariam concentradas em colher (ou plantar) alimentos ficam livres para exercer profissões, podendo se tornar artesãos ou sacerdotes. Mas em Çatalhöyük, embora os habitantes vivessem em casas vizinhas, os artefatos indicam que cada família se envolvia nas atividades práticas da vida de forma mais ou menos independente uma da outra.

No entanto, se cada família tinha de ser autossuficiente – se não podia comprar carne num açougue, não existia um encanador para consertar os canos e o telefone quebrado não podia ser substituído na loja Apple mais próxima (omitindo que o telefone caiu sem querer na privada) –, para que se dar ao trabalho de juntar tanta gente numa aldeia? O que juntava e unia as pessoas de assentamentos como Çatalhöyük parece ter sido a mesma cola que atraiu os seres humanos do Neolítico para Göbekli Tepe: o começo de uma cultura comum e de crenças espirituais compartilhadas.

A reflexão sobre a mortalidade humana veio a ser um dos aspectos dessas culturas emergentes. Em Çatalhöyük, por exemplo, há evidências de uma nova cultura em torno da morte e do ato de morrer que diferia radicalmente da dos nômades. Em suas longas jornadas por montanhas e rios revoltos, os nômades não podiam se dar ao luxo de carregar seus mortos ou enfermos. Por isso, era comum que as tribos nômades deixassem para trás os velhos e os mais fracos que não conseguiam seguir adiante. Os moradores de Çatalhöyük e de outras aldeias esquecidas do Oriente Próximo tinham uma prática oposta. As unidades familiares eram fisicamente próximas não só na vida, como também na morte:[13] em Çatalhöyük, eles enterravam os mortos sob o chão das casas. Crianças às vezes eram enterradas embaixo das soleiras da entrada de um cômodo. Sob uma dessas grandes edificações, uma equipe de escavação descobriu setenta corpos. Em alguns casos, um ano depois do enterro, os moradores abriam a cova e cortavam a cabeça do morto, para ser usada em cerimoniais.[14]

Além de se preocupar com a mortalidade, os habitantes de Çatalhöyük também vivenciavam uma nova sensação de superioridade humana. Na maioria das sociedades de coletores-caçadores, os animais eram tratados com muito respeito, como se caçador e caça fossem parceiros. Os caçadores não procuravam controlar sua caça, mas estabelecer uma espécie de amizade com os animais, que estariam cedendo sua vida ao caçador. Em Çatalhöyük, no entanto, os murais mostram figuras provocando e atiçando touros, javalis e ursos. As pessoas não sentiam mais uma parceria com os animais, elas os dominavam, usando-os da mesma forma que empregariam a palha para fazer cestos.[15]

Essa nova atitude acabaria levando à domesticação de animais.[16] Nos 2 mil anos seguintes, foram domesticados carneiros e cabras, depois gado e porcos. De início, a caçada passou a ser seletiva – com manadas selvagens arrebanhadas até atingir certa idade e equilíbrio de gênero e as pessoas tentando protegê-las de predadores naturais. Com o tempo, porém, os seres humanos assumiram responsabilidade por todos os aspectos da vida dos animais. Como animais domésticos não precisavam mais lutar por si próprios, eles responderam desenvolvendo novos atributos físicos e um comportamento mais dócil, cérebros menores e menos inteligência. As plantas também começaram a ser controladas pelos homens – trigo, cevada, lentilha e ervilha, entre outras – e se tornaram atividade de jardineiros, e não de coletores.

A invenção da agricultura e a domesticação de animais catalisaram novos saltos intelectuais relacionados à maximização da eficiência desses empreendimentos. Agora os humanos tinham razões para aprender e explorar as regras e regularidades da natureza. Passou a ser útil saber como os animais se reproduziam e o que ajudava uma planta a crescer. Este foi o início do que se tornaria a ciência, mas, na ausência do método científico ou de qualquer valorização das vantagens do raciocínio lógico, as ideias mágicas e religiosas se misturavam e com frequência suplantavam as observações empíricas e as teorias, com um objetivo mais prático que o da ciência pura nos dias atuais: ajudar os seres humanos a exercer poder sobre o funcionamento da natureza.

Quando os homens começaram a fazer perguntas sobre a natureza, a grande expansão dos assentamentos do Neolítico propiciou uma nova maneira de respondê-las. A busca de conhecimento deixou de ser necessariamente uma empreitada individual ou de pequenos grupos, e ele podia ser obtido com a contribuição de muitas cabeças pensantes. Assim, embora tivessem praticamente abandonado a caça e a coleta de alimentos, esses seres humanos juntavam esforços para a caça e a coleta de ideias e de conhecimento.

QUANDO EU ESTAVA na faculdade, o problema que escolhi para minha tese de doutorado foi um desafio: desenvolver um novo método a fim de encontrar soluções aproximadas para equações quânticas insolúveis que descrevem o comportamento de átomos de hidrogênio no intenso campo magnético ao redor das estrelas de nêutrons – as estrelas mais densas e menores que se sabe existir no Universo. Não faço ideia da razão de ter escolhido esse problema, e parece que tampouco o orientador de minha tese, que logo perdeu o interesse pelo assunto. Passei um ano inteiro desenvolvendo diversas técnicas inéditas de aproximação, que, uma após outra, não se mostraram melhores para a solução do problema que os métodos já existentes, e portanto não eram válidas para o meu doutorado. Então, um dia, eu estava conversando com um pesquisador de pós-doutorado na porta do meu escritório. Ele trabalhava numa nova abordagem para a compreensão de partículas elementares chamadas quarks, que vêm em três "cores". (Essa palavra, quando aplicada aos quarks, não tem nada a ver com a definição corriqueira de "cor".) A ideia era imaginar (matematicamente) um mundo em que existisse um número infinito de cores, não apenas três. Enquanto falávamos sobre quarks, que não tinham absolutamente relação com o meu trabalho, tive uma ideia: e se eu resolvesse o *meu* problema fingindo que não vivíamos num mundo tridimensional, mas num mundo de infinitas dimensões?

Essa ideia soa excêntrica e adoidada, e era mesmo. Contudo, enquanto esmiuçávamos os cálculos matemáticos, descobrimos que, de modo estranho, embora eu não conseguisse resolver meu problema no mundo real, isso seria possível se eu o reformulasse em infinitas dimensões. Quando eu tivesse a solução, "só" precisava descobrir como a resposta teria de ser modificada para se aplicar ao fato de vivermos num espaço tridimensional para obter meu diploma.

O método se mostrou eficiente – agora eu podia fazer contas no verso de um envelope e chegar a resultados mais precisos que os cálculos complexos feitos em computador utilizados pelos outros. Depois de um ano de esforços infrutíferos, em poucas semanas concluí a maior parte do que se tornaria minha tese de doutorado sobre a "grande expansão N", e no ano seguinte, no pós-doutorado, produzi uma série de textos aplicando a ideia a outras situações e outros átomos.[17] Um químico detentor do Prêmio Nobel chamado Dudley Herschbach acabou lendo sobre o nosso método num periódico com o estimulante título de *Physics Today*. Ele renomeou a técnica como "escalada dimensional" e começou a aplicá-la em seu campo de estudo.[18] Uma década depois, organizou-se uma conferência acadêmica inteiramente dedicada ao tema. Não estou contando a história para mostrar que se pode escolher um problema terrível, perder um ano chegando a becos sem saída e mesmo assim acabar com uma interessante descoberta, mas para ilustrar que a luta humana para saber e inovar não é uma série de combates isolados e pessoais, mas um empreendimento cooperativo, uma atividade social que exige que os humanos vivam em assentamentos que possibilitem a plena interação de cabeças.

Essas outras cabeças podem ser encontradas tanto no presente quanto no passado. São abundantes os mitos de gênios isolados que revolucionaram nossa compreensão do mundo, realizaram feitos milagrosos ou criaram inovações no campo da tecnologia, porém, invariavelmente, isso é uma ficção. James Watt, por exemplo, que desenvolveu o conceito de cavalo de força, em homenagem a quem a unidade de energia, o watt, foi batizada, é conhecido por ter concebido o motor a vapor a partir de uma súbita inspiração que teve ao observar o vapor liberado por uma chaleira.

Na verdade, Watt teve a ideia do seu dispositivo enquanto consertava a versão anterior de uma invenção que já era usada havia quase cinquenta anos quando ele começou a mexer nela.[19] Da mesma forma, Isaac Newton não inventou a física observando uma maçã cair da árvore. Ele passou anos reunindo informações compiladas por outros a respeito da órbita dos planetas. E se não tivesse sido inspirado por uma visita casual do astrônomo Edmond Halley (famoso pelo cometa), que lhe formulou uma questão matemática que o intrigava, Newton jamais teria escrito o *Principia*, que contém suas famosas leis do movimento e é a razão de ele ser reverenciado até hoje. Também Einstein não poderia ter concluído sua teoria da relatividade se não tivesse ido atrás de antigas teorias matemáticas a respeito da natureza do espaço curvo, auxiliado pelo amigo matemático Marcel Grossmann. Nenhum desses grandes pensadores poderia ter chegado às suas grandes realizações no vácuo. Eles contaram com outros homens e conhecimentos humanos anteriores, e foram forjados e alimentados pelas culturas em que estavam imersos. Não só a ciência e a tecnologia se desenvolvem sobre o trabalho de praticantes anteriores: as artes também. T.S. Eliot chegou a dizer: "Poetas imaturos imitam; poetas maduros roubam. ... Bons poetas transformam em algo melhor, ou pelo menos diferente."[20]

A "cultura" é definida como comportamento, conhecimento, ideias e valores que se adquirem dos que estão ao nosso redor, e ela é diferente em lugares distintos. Os homens modernos agem de acordo com a cultura em que são criados; também adquirimos muito do nosso conhecimento pela cultura, o que se aplica muito mais a nós que a qualquer outra espécie. De fato, pesquisas recentes sugerem que somos até evolutivamente adaptados para ensinar outros seres humanos.[21]

Isso não significa que outras espécies não tenham cultura. Elas têm. Por exemplo, pesquisadores estudando grupos distintos de chimpanzés descobriram que, assim como todo mundo sabe identificar um americano como uma pessoa que viaja por outros países e vai atrás de restaurantes que servem cheeseburguer e milk-shake, eles também conseguem observar um grupo de chimpanzés e identificar seu lugar de origem a partir do repertório de comportamentos.[22] Ao todo, os cientistas identificaram 38 tradições que variam entre essas comunidades de chimpanzés. Os chimpanzés de Kibale, em Uganda, os de Gombe, na Nigéria, e os de Mahale, na Tanzânia, pulam, arrastam galhos e batem no solo sob chuva forte. Chimpanzés das florestas de Tai, na Costa do Marfim, e de Bossou, na Guiné, abrem nozes quebrando-as com uma pedra achatada contra um pedaço de madeira. Outros grupos de chimpanzés podem ter transmitido culturalmente alguns usos de plantas medicinais. Em todos esses casos, a atividade cultural não é instintiva ou redescoberta a cada geração, mas algo que os jovens aprendem imitando as mães.

O exemplo mais bem documentado de transmissão cultural de conhecimento entre animais vem da pequena ilha de Kojima, no arquipélago japonês.[23] No início dos anos 1950, os tratadores de animais alimentavam símios do gênero reso todos os dias jogando batatas-doces na praia. Os macacos faziam o possível para tirar a areia antes de comer a batata. Um dia, em 1953, uma fêmea de dezoito meses chamada Imo teve a ideia de levar a batata-doce até a água e lavá-la. Isso não só removeu a aspereza da areia, como também deixou a batata mais salgada e saborosa. Os companheiros de brincadeiras de Imo logo aprenderam o truque. As mães demoraram um pouco mais, e depois foram os machos, com exceção de um casal mais velho – os macacos não estavam ensinando uns aos outros, mas observando e imitando. Em poucos anos, praticamente toda a comunidade tinha desenvolvido o hábito de lavar as batatas. Além disso, até aquele momento, os símios evitavam a água, mas agora começaram a brincar no mar. O comportamento foi transmitido pelas gerações e continuou durante décadas. Assim como acontece em comunidades litorâneas de humanos, esses símios desenvolveram uma cultura diferenciada. Ao longo dos anos, os cientistas descobriram evidências de cultura em muitas outras espécies – animais tão diferentes como orcas, corvos e, claro, outros primatas.[24]

O que nos diferencia é que os humanos parecem ser os únicos animais capazes de *criar* coisas novas baseados em conhecimentos e inovações do passado. Um dia um humano percebeu que coisas redondas rolavam e inventou a roda. A partir daí, fomos construindo carroças, moinhos, polias e, claro, a roleta. Imo, por outro lado, não desenvolveu nenhum conhecimento pregresso dos chimpanzés, tampouco outros chimpanzés aperfeiçoaram a ideia dela. Os humanos conversam entre si, ensinam uns aos outros, tentam aperfeiçoar inventos antigos e trocam ideias e inspirações. Os chimpanzés e outros animais não fazem isso. Diz o arqueólogo Christopher Henshilwood: "Chimpanzés podem mostrar a outros chimpanzés como catar cupins, mas não conseguem se aperfeiçoar, não dizem 'Vamos fazer isso com uma vareta diferente' – continuam simplesmente a fazer sempre a mesma coisa."[25]

Os antropólogos chamam o processo pelo qual a cultura se constrói sobre culturas prévias (com uma perda relativamente pequena) de "retenção cultural".[26] Ela representa uma diferença essencial entre as culturas dos humanos e de outros animais, uma ferramenta surgida nas novas sociedades assentadas, onde o desejo de estar entre os pensadores e ponderar com eles sobre as mesmas questões se tornou o nutriente sobre o qual se desenvolveria o conhecimento avançado.

Os arqueólogos às vezes comparam inovações culturais a um vírus.[27] Como um vírus, as ideias e o conhecimento exigem certas condições – nesse caso, condições sociais – para vicejar. Quando essas condições estão presentes, como em populações grandes e conectadas, os indivíduos de uma sociedade podem contagiar uns aos outros, e a cultura pode se disseminar e evoluir. Ideias que sejam úteis, ou que simplesmente proporcionem mais conforto, sobrevivem e dão surgimento à seguinte geração de ideias.

Companhias modernas, que dependem de inovações para seu sucesso, sabem bem disso. O Google, aliás, fez dessa prática uma ciência, mobiliando sua cafeteria com mesas compridas e estreitas para as pessoas se sentarem juntas, ou projetando filas para o bufê que demoram de três a quatro minutos – não tanto que os funcionários se entediem e resolvam almoçar um macarrão instantâneo, mas o suficiente para que se encontrem e conversem. Podemos citar também os Laboratórios Bell, que, entre os anos 1930 e 1970, foram a organização mais inovadora do mundo, responsável por invenções essenciais que tornaram possível a era digital – inclusive o transistor e o laser. Na Bell Labs, a pesquisa colaborativa era tão valorizada que os prédios foram projetados para maximizar a probabilidade de encontros casuais e uma das atividades dos funcionários envolvia viagens à Europa todo verão para atuar como intermediário entre ideias científicas de lá e as dos Estados Unidos.[28] O que a Bell Labs reconhecia é que quem frequenta grupos intelectuais mais numerosos tem mais chance de desenvolver novas invenções. Como enuncia o geneticista Mark Thomas, quando se trata de gerar novas ideias, "não se trata de quanto você é inteligente. Trata-se de quanto você é bem conectado".[29] A interconectividade é um mecanismo-chave na retenção cultural e um dos legados da revolução do Neolítico.

CERTA NOITE, pouco depois do aniversário de 76 anos de meu pai, nós dois saímos para uma caminhada depois do jantar. No dia seguinte ele seria internado para fazer uma cirurgia. Vinha se sentindo doente havia alguns anos depois de um derrame e um ataque cardíaco, sofrendo de pré-diabetes e, o pior de tudo – do ponto de vista dele –, de uma azia crônica que o obrigava a uma dieta que excluía praticamente tudo que ele gostava de comer. Enquanto caminhávamos lentamente naquela noite, ele apoiado numa bengala, meu pai ergueu os olhos da rua para o céu e comentou como era difícil aceitar que aquela poderia ser a última noite em que estaria vendo as estrelas. Em seguida começou a me relatar o que se passava pela sua cabeça diante da possibilidade da morte.

Aqui na Terra, ele me disse, vivemos num mundo caótico e turbulento, que na sua juventude o havia premiado com o cataclismo do Holocausto e na velhice com uma aorta que, contra todas as previsões dos especialistas, inchava perigosamente. O céu, ele continuou, sempre lhe pareceu um universo que seguia leis completamente diferentes, uma região de sóis e planetas que se moviam serenamente em órbitas antigas como o tempo e pareciam perfeitas e indestrutíveis. Esse era um assunto sobre o qual conversamos frequentemente ao longo dos anos. Quase sempre surgia quando eu falava sobre minhas mais recentes aventuras na física, quando ele me perguntava se eu realmente acreditava que os átomos que formavam os seres humanos estavam sujeitos às mesmas leis que os átomos do restante do Universo – do inanimado e dos mortos. Não importava quantas vezes eu respondia que sim, que realmente acreditava, ele não conseguia se convencer.

Tendo em mente a perspectiva da própria morte, imaginei que ele se sentiria menos inclinado a acreditar na impessoalidade das leis da natureza e que se voltaria para pensamentos sobre um Deus de amor, como às vezes acontece com as pessoas. Meu pai raramente falava de Deus, pois embora tivesse sido criado acreditando no Deus tradicional, e ainda quisesse acreditar, os horrores que havia testemunhado tornavam difícil esse tipo de proposição. Mas, ainda assim, enquanto ele contemplava as estrelas naquela noite, achei que poderia estar buscando um refúgio em Deus. No entanto, ele disse algo que me surpreendeu. Falou que esperava que eu estivesse certo a respeito das leis da física, porque agora era um consolo a possibilidade de que, apesar da turbulência da condição humana, ele ser feito da mesma substância que as estrelas, tão perfeitas e tão românticas.

Os seres humanos vêm pensando sobre esses temas pelo menos desde o tempo da revolução do Neolítico, e ainda não temos as respostas, porém, já que despertamos para essas questões existenciais, o segundo grande marco no caminho humano em direção ao conhecimento seria o desenvolvimento de ferramentas – ferramentas mentais – para nos ajudar a respondê-las.

As primeiras ferramentas não parecem grande coisa, nada que se compare ao cálculo infinitesimal ou ao método científico. São as ferramentas fundamentais da troca de ideias, que nos acompanham há tanto tempo que tendemos a esquecer que nem sempre fizeram parte da nossa formação mental. Mas, para o progresso ocorrer, tivemos de esperar pelo advento de profissões que lidassem com a procura de ideias, e não com a busca de alimentos; pela invenção da escrita, para que o conhecimento fosse preservado e intercambiado; pela criação da matemática, que se tornaria a linguagem da ciência; e, finalmente, pela invenção do conceito de lei. Tão épicos e transformadores à sua maneira quanto a chamada revolução científica do século XVII, esses desenvolvimentos surgiram não tanto como produtos de indivíduos heroicos, com grandes raciocínios, mas como produtos colaterais gradativos da vida nas primeiras cidades.

4. Civilização

Uma das pérolas mais conhecidas do pensamento de Newton é sua observação: "Se eu vi mais longe, foi por estar sobre ombros de gigantes." Ele escreveu essas palavras numa carta a Robert Hooke, em 1676, esclarecendo que havia se inspirado nos trabalhos de Hooke e também de René Descartes. (Depois Hooke se tornaria um amargurado inimigo seu.) Certamente Newton se inspirou em ideias dos que vieram antes. Aliás, parece ter se inspirado até ao compor essa frase em que dizia ter se inspirado em outras ideias: em 1621, o vigário Robert Burton escreveu: "Um anão sobre os ombros de um gigante pode enxergar mais longe que o próprio gigante." Depois, em 1651, o poeta George Herbert escreveu: "Um anão sobre os ombros de um gigante é aquele que enxerga mais longe." E em 1659 o puritano William Hicks escreveu: "Um pigmeu sobre os ombros de um gigante pode enxergar mais longe que o próprio [gigante]." Parece que no século XVII anões e pigmeus sobre os ombros de brutamontes eram básicos na imagética das elucubrações intelectuais.[1]

Os antecedentes a que Newton e os outros se referiam eram de um passado mais ou menos imediato. Por outro lado, o papel representado pelas gerações que nos precedem há muitos milhares de anos tende a ser esquecido. Embora gostemos de nos imaginar hoje como muito avançados, só chegamos a esse ponto pelas profundas inovações ocorridas nas aldeias do Neolítico, nas primeiras cidades de verdade. O conhecimento abstrato e as tecnologias mentais desenvolvidas por essas civilizações tiveram função crucial na formação das nossas ideias sobre o Universo – e na nossa capacidade de explorar essas ideias.

As PRIMEIRAS CIDADES não apareceram de um dia para outro, como se de repente os nômades resolvessem se juntar e passar a consumir coxas de frango embaladas em plástico ou celofane. A transformação de aldeias em cidades foi um desenvolvimento gradativo e natural que ocorreu quando o estilo de vida agrícola sedentário se firmou, ao longo de um período de centenas ou milhares de anos. Essa evolução lenta deixa margem para interpretações a respeito do tempo exato que uma aldeia leva a fim de ser reclassificada como cidade. Apesar dessas variações, em geral os primeiros aglomerados *definidos* como cidades surgiram no Oriente Próximo por volta de 4000 a.C.[2]

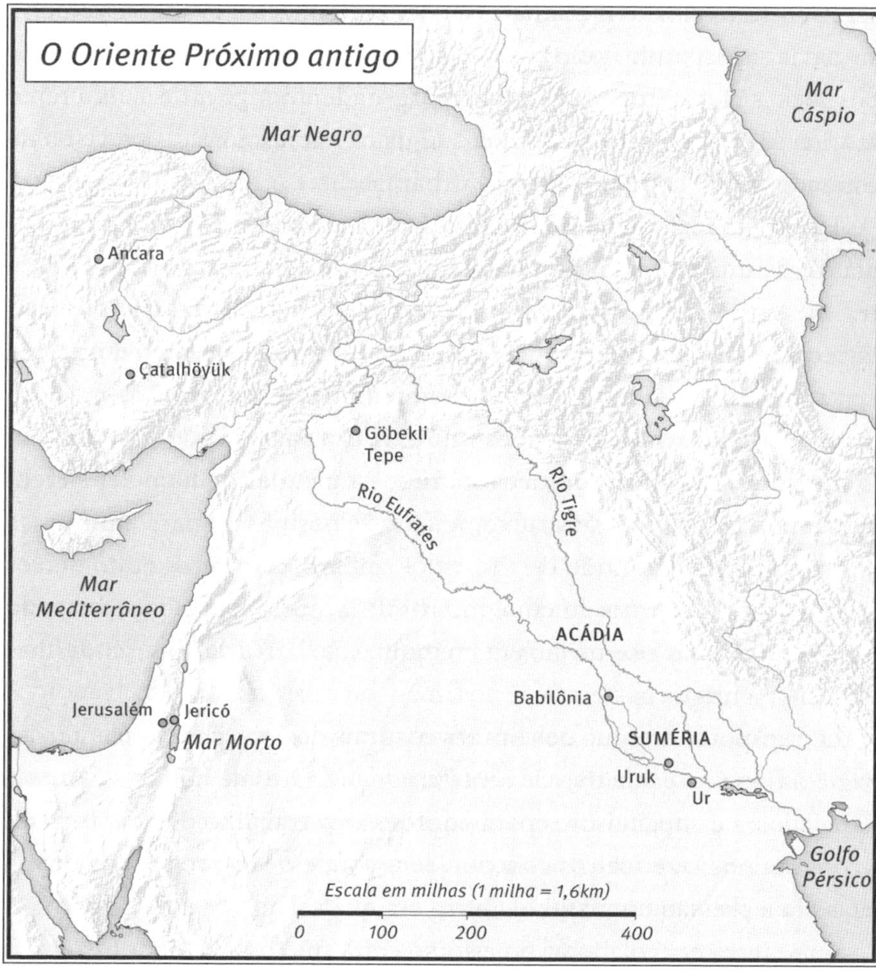

Talvez a mais destacada dessas cidades, uma força importante na tendência à urbanização, tenha sido a grande cidade murada de Uruk, no que hoje é o sudeste do Iraque, perto da cidade de Basra.[3] Embora o Oriente Próximo tenha sido a primeira região a se urbanizar, não era uma terra fácil da qual se extrair a subsistência. Os colonizadores originais vieram em busca de água. Pode parecer meio confuso, dada a grande porção de terras desertas, mas a geografia é convidativa, apesar do clima desfavorável. A região é atravessada por uma longa depressão de terra por onde passam os rios Tigre, Eufrates e seus afluentes, criando uma planície fértil. Essa planície é chamada Mesopotâmia, palavra que em grego antigo quer dizer "entre os rios". Os primeiros assentamentos eram simples aldeias limitadas em tamanho pelo curso dos rios. Depois, em algum momento após 7000 a.C., comunidades agrícolas aprenderam a cavar canais e reservatórios para ampliar o alcance das águas. O acréscimo da provisão de alimentos afinal tornou possível a urbanização.

A irrigação não era coisa fácil. Não sei se você já tentou abrir uma vala, mas eu já tentei – a fim de instalar um cano para um aspersor de jardim. A primeira parte foi bem, a parte em que comprei a pá. Depois começaram as dificuldades. Peguei a linda ferramenta e enfiei na terra com tanta autoridade que ela ricocheteou no solo duro. No final, só consegui realizar o trabalho apelando para uma autoridade superior, um sujeito com uma escavadeira mecânica. As cidades de hoje dependem de diversos tipos de escavação, e poucos de nós param para admirá-las. Mas os canais de irrigação do Oriente Próximo, de muitos quilômetros de comprimento e mais de vinte metros de largura, escavados com ferramentas primitivas e sem ajuda de máquinas, foram uma das maravilhas do mundo antigo.

O transporte de água dos limites naturais dos rios para as plantações exigia o trabalho exaustivo de centenas de milhares de homens, além de planejadores e supervisores para coordenar o trabalho. Havia diversas razões para os fazendeiros contribuírem com esse esforço grupal. Uma delas era a pressão do vizinho. Outra era que a única maneira de irrigar a própria terra era colaborar no esforço comum. Fossem quais fossem as motivações, o trabalho dos fazendeiros compensou. O superávit de alimentos e a vida sedentária possibilitaram que as famílias alimentassem e criassem mais filhos e mais bebês conseguissem sobreviver. A taxa de nascimento cresceu, diminuiu a mortalidade infantil. Por volta de 4000 a.C., a população estava aumentando depressa. Aldeias se transformaram em cidades que se tornaram cada vez maiores.[4]

Construída às margens dos pântanos ao norte do golfo Pérsico, Uruk foi a mais próspera dessas primeiras cidades. Chegou a dominar sua região, superando em tamanho todos os demais assentamentos. Embora seja difícil estimar a população dessas cidades antigas, pelas estruturas e remanescentes encontrados pelos arqueólogos, parece que Uruk teve algo entre 50 mil e 100 mil habitantes, dez vezes mais que Çatalhöyük. Isso representa uma cidade pequena nos tempos modernos, mas Uruk era a Nova York, a Londres, a São Paulo de sua época.

Os habitantes de Uruk preparavam seus campos com arados semeadores, instrumento difícil de operar, que faz a semeadura nos sulcos enquanto escava. Eles drenaram o pântano e escavaram centenas de canais interconectados. Na área irrigada, plantaram uma abundância de cereais e pomares, principalmente cevada, trigo e tâmaras. Criavam ovelhas, jumentos, gado e porcos, pescavam e capturavam aves e tartarugas perto dos charcos e dos rios. Ordenhavam leite de cabras e búfalas-d'água e tomavam muita cerveja produzida da cevada. (Testes químicos de cerâmica antiga revelam a existência de cerveja já em 5000 a.C.)

O que torna esses desenvolvimentos importantes para nós é que o surgimento de profissões especializadas exigiu uma nova compreensão acerca de materiais, substâncias químicas, ciclos de vida e necessidades de plantas e animais.[5] A produção de alimentos gerou pescadores, fazendeiros, pastores e caçadores. A fabricação de ferramentas deixou de ser uma tarefa ocasional em todos os domicílios para ser ocupação em tempo integral para uma classe de profissionais dedicada a certos ofícios. O pão tornou-se produto dos padeiros, e a cerveja, a província dos cervejeiros.[6] Surgiram as primeiras tabernas, e com elas os taberneiros, entre eles algumas mulheres. A partir de resquícios de uma oficina onde parece ter sido manipulado metal derretido, nós deduzimos que havia metalúrgicos. A cerâmica também parece ter gerado uma profissão: milhares de cuias de bordas chanfradas, que devem ter sido produzidas em massa, em número limitado, de acordo com tamanhos padronizados, sugerem, se não uma loja de R$1,99, ao menos uma fábrica central especializada em cerâmica.

Outros trabalhadores especializados se dedicaram ao vestuário. Obras de arte do período retratam tecelões, e os antropólogos descobriram fragmentos de ferramentas têxteis de madeira. Mais ainda, restos de animais mostram que já naquela época os pastores começaram a ter mais ovelhas do que cabras. Como as cabras são mais leiteiras que as ovelhas, o aumento do segundo tipo de rebanho deve refletir maior atenção dada à lã. Os ossos revelam ainda que os pastores matavam suas ovelhas já em idade avançada – o que não é uma boa ideia se o interesse for o aproveitamento da carne, mas muito sábio se você estiver conservando os animais por causa da pele.[7]

Todas essas profissões especializadas foram uma bênção para quem quisesse leite, cerveja ou cerâmica para beber esses produtos, mas também representaram um glorioso marco divisório na história do intelecto humano, pois o empenho combinado de todos esses novos especialistas gerou uma explosão de conhecimento sem precedentes. No entanto, o conhecimento ainda era adquirido por razões puramente práticas, emaranhados a mitos e rituais. E, sim, as receitas de cerveja incluíam instruções de como angariar as graças das deusas que regiam a produção e o usufruto da fermentação. Nada que pudesse ser publicado na *Nature* – mas foi o material embrionário a partir do qual o conhecimento científico começaria a evoluir por razões próprias e mais específicas.

Além do desenvolvimento de profissões cujo objetivo era a produção de coisas, por volta dessa época também surgiu um punhado de atividades que não se concentravam no trabalho físico ou na produção de alimentos e bens materiais, mas em atividades do intelecto.

Dizem que nos sentimos mais próximos de pessoas da nossa profissão que de membros de qualquer outro grupo. Eu sou ruim na maior parte das coisas práticas, como cavar valetas, e minha salvação no mundo do trabalho foi a capacidade de ficar o dia todo pensando sem me cansar, caminho que tive a sorte de conseguir trilhar. Por isso me sinto mais próximo desse pessoal de antigamente que tratava das coisas da mente. Apesar de supersticiosos e politeístas, eles pertencem à minha estirpe, à estirpe de todos os que têm o privilégio de ganhar a vida pensando e estudando.

Essas novas profissões "intelectuais" se desenvolveram porque o estilo de vida urbano estabelecido na Mesopotâmia durante o período exigiu algum tipo de organização central, o que significava criar sistemas e regras, reuniões e registros de dados.

A urbanização, por exemplo, exigiu o desenvolvimento de sistemas de troca, bem como uma atividade de supervisão para essas trocas; a produção cada vez maior de alimentos sazonais implicou a criação de sistemas comunitários de armazenamento; e o fato de fazendeiros e pessoas que deles dependiam não poderem abandonar seus assentamentos com facilidade quando fossem atacados, ao contrário das tribos nômades, tornou necessários um exército ou uma milícia. Na verdade, as cidades mesopotâmicas viviam em constante estado de guerras internas por causa de terras e do suprimento de água.

Houve também uma grande demanda pela organização de uma força de trabalho para obras públicas. Uma das razões para isso foi a necessidade de construir espessas muralhas ao redor das cidades para se defender de possíveis ataques. Estradas também precisaram ser construídas a fim de acomodar os veículos utilizando as recém-inventadas rodas, enquanto a agricultura demandava projetos de irrigação cada vez mais amplos. Claro que a própria existência de uma nova autoridade central exigiu a construção de grandes prédios para os burocratas.

Depois houve também a necessidade de uma polícia.[8] Quando a população dos assentamentos era formada apenas por dezenas ou centenas, todo mundo conhecia a todos. Mas quando esse número se expandiu para milhares isso não era mais possível, e logo as pessoas passaram a se envolver em situações nas quais interagiam com estranhos, o que mudou a natureza dos conflitos. Antropólogos, psicólogos e neurocientistas já estudaram como muda a dinâmica de grupo quando os agrupamentos aumentam em número, porém, num nível mais básico, é fácil entender o que acontece. Se eu tiver de encontrar alguém o tempo todo, mesmo que eu não goste dele, é melhor fingir que gosto. E fingir gostar de alguém costuma excluir atitudes como esmagar a cabeça do sujeito com um tijolo de barro para ficar com a cabra dele. Se eu não conheço o sujeito e acho que nunca mais vamos nos encontrar, pode ser muito difícil não ficar pensando em todo aquele delicioso queijo de cabra dando moleza. Em consequência, os conflitos não ocorrem mais entre parentes, amigos ou conhecidos, mas entre estranhos, e por isso métodos formais de resolução de conflitos – e uma força policial – tiveram de ser criados, gerando mais uma força motriz para a estruturação de um aparato de governo centralizado.

Quem eram os governantes das primeiras cidades do mundo, as pessoas que tornaram possíveis essas atividades centralizadas? Os mesopotâmicos procuraram as fontes de autoridade naqueles que faziam a mediação entre eles e os deuses, que pautavam suas obrigações e cerimônias religiosas.

Os mesopotâmicos não diferenciavam, como nós, Igreja e Estado – as duas coisas eram inseparáveis. Cada cidade era lar de um deus ou de uma deusa, e cada deus ou deusa era a deidade padroeira da cidade. Os habitantes de cada cidade acreditavam que os deuses governavam sua existência e construíam cidades como se fossem a morada da divindade.[9] Se uma cidade decaía, eles acreditavam que os deuses os haviam abandonado. Assim, a religião não apenas se tornou um sistema de crenças que amalgamava a sociedade, mas também o poder de execução que aplicava as regras. Ademais, em razão do temor aos deuses, a religião foi uma ferramenta útil na motivação da obediência. "Os bens eram recebidos pelo deus da cidade, depois distribuídos para o povo", escreveu o especialista em Oriente Próximo Marc Van De Mieroop. "O templo, a casa do deus, era a instituição central que fazia o sistema funcionar. ... O templo, localizado na cidade, era o ponto focal de tudo."[10] Em consequência, no topo da sociedade urukiana, surgiu a posição de sacerdote-rei, cuja autoridade derivava de seu papel no templo.

Autoridade é sinônimo de poder, mas, para serem eficazes, os governantes devem ser capazes de reunir dados. Por exemplo, se o establishment religioso fosse supervisionar as trocas de bens e trabalho para recolher impostos e garantir contratos, era necessário ter gente capaz de recolher, processar e armazenar informações relevantes para todas essas atividades. Hoje consideramos que a burocracia governamental tem a estatura intelectual de um time de futebol de faculdade, mas foi dessas primeiras burocracias governamentais que surgiu uma classe intelectual especializada. E foi a partir dessas necessidades burocráticas que se criaram as mais importantes tecnologias mentais já inventadas: a leitura, a escrita e a aritmética.

Hoje consideramos essas três aptidões as mais elementares técnicas que aprendemos logo depois de sairmos das fraldas e antes de comprar o primeiro smartphone. Mas elas só parecem elementares porque alguém as inventou muito tempo atrás; desde então elas nos foram transmitidas por professores que se deram ao trabalho de ensiná-las. Na antiga Mesopotâmia, qualquer um que ostentasse o título de professor seria professor de leitura, caligrafia, contagem e adição, e esses professores ensinavam e estudavam as ideias mais avançadas da época.

UMA DAS GRANDES DIFERENÇAS entre nós e os milhões de outras espécies do planeta é que o pensamento de um ser humano pode influenciar o pensamento de outro de maneira muito complexa e nuançada. A forma de controle de pensamento de que estou falando acontece por meio da linguagem. Outros animais emitem para os outros sinais de medo, perigo, fome ou afeição, e em alguns casos os emitem para nós, mas eles não têm a capacidade de aprender conceitos abstratos ou alinhar mais que umas poucas palavras de forma significativa. Com um comando, um chimpanzé pode pegar um cartão com a imagem de uma laranja e um papagaio pode aborrecer a gente com uma interminável sequência de "Louro quer bolacha". Mas a capacidade de ir além de simples pedidos, comandos, alertas ou identificações é de praticamente zero.[11]

Nos anos 1970, quando cientistas ensinaram a linguagem de sinais aos chimpanzés para investigar se eles conseguiam dominar a estrutura subjacente natural da gramática e da sintaxe, o linguista Noam Chomsky declarou: "É mais ou menos tão provável um macaco demonstrar capacidade para a linguagem quanto haver uma ilha em algum lugar onde uma espécie de pássaro que não voa espera que os homens o ensine a voar."[12] Décadas depois, parece que Chomsky tinha razão.

Assim como nenhum pássaro inventou o voo e os jovens pássaros não precisam frequentar uma escola de voo para aprender a voar, a linguagem parece natural aos seres humanos – e somente a eles. Nossa espécie teve de se envolver num complexo comportamento cooperativo para sobreviver na floresta. Apontar e grunhir só chegam até certo ponto. Em consequência, assim como a capacidade de ficar sobre dois pés e enxergar, a linguagem evoluiu como adaptação biológica, auxiliada por um gene que esteve tanto tempo presente no cromossomo humano que já foi identificado no DNA de um antigo neandertalense.

Como a capacidade para a linguagem falada é inata, seria de esperar que ela se manifestasse amplamente, e de fato parece ter sido inventada de forma independente, muitas e muitas vezes, por todo o planeta, em todos os aglomerados humanos que viveram em grupo. Antes da revolução do Neolítico, aliás, o número de línguas pode ter sido igual ao número de tribos existentes. Uma das razões para acreditarmos nisso é que, antes do início da colonização britânica na Austrália, no final do século XVIII, quinhentas tribos de povos aborígenes, com uma média de quinhentos membros em cada, vagavam pelo continente australiano vivendo ainda num estilo de vida pré-Neolítico – e cada tribo tinha sua própria linguagem.[13] Por outro lado, como observou Steven Pinker, "jamais se descobriu nenhuma tribo muda, e não há registro de que uma região tenha servido de 'berço' da linguagem, de onde ela tenha se difundido para grupos antes não dotados de fala".[14]

Enquanto a linguagem falada é uma característica importante na definição da espécie humana, a linguagem *escrita* é um traço definidor da *civilização* humana, e uma de suas ferramentas mais importantes. A fala nos possibilitou a comunicação com um pequeno grupo na nossa vizinhança imediata. A escrita nos propiciou trocar ideias com pessoas distantes no espaço e no tempo. Tornou possível um enorme acúmulo de conhecimento, uma maneira de a cultura se basear no passado. Isso nos permitiu ultrapassar os limites do nosso conhecimento individual e de nossas memórias. O telefone e a internet mudaram o mundo, porém, muito antes de começarem a existir, escrever foi a primeira e mais revolucionária tecnologia de comunicação.

A fala surgiu naturalmente – não precisou ser inventada. A escrita, contudo, teve de ser inventada. Apesar de hoje ser uma coisa comum, a escrita é uma das maiores invenções de todos os tempos, e uma das mais difíceis. A magnitude da proeza se reflete no fato de que, embora os linguistas tenham documentado mais de 3 mil idiomas falados correntemente no mundo, apenas cerca de uma centena dessas linguagens ganharam uma escrita.[15] Mais ainda, ao longo de toda a história da humanidade, a escrita só foi inventada de forma independente algumas poucas vezes, tendo se disseminado pelo mundo sobretudo por meio da difusão cultural, emprestada ou adaptada de sistemas existentes, em vez de repetitivamente reinventada.

Acreditamos que o primeiro uso da palavra escrita, em algum momento antes de 3000 a.C., aconteceu na Suméria, no sul da Mesopotâmia. Só sabemos *com certeza* de um único sistema de escrita criado de forma independente, no México antes de 900 a.C.[16] Fora este, é possível que os sistemas de escrita egípcio (3000 a.C.) e o chinês (1500 a.C.) também representem desenvolvimentos independentes. Todas as escritas que conhecemos se originam de uma dessas poucas invenções.

Ao contrário da maioria das pessoas, tive a experiência pessoal de tentar "inventar" uma linguagem escrita quando tinha oito ou nove anos, era escoteiro, e nosso chefe nos designou a tarefa de tentar criar um sistema próprio de comunicação. Quando o sr. Peters devolveu nossos trabalhos, deu para notar que ficou impressionado com o meu. O que eu tinha produzido não parecia nada com o trabalho dos outros garotos. Eles tinham feito pequenas variações nas letras do alfabeto. Meu sistema de escrita, por outro lado, era uma coisa completamente diferente.

Antes de me devolver o trabalho, o sr. Peters deu uma última olhada. Ele não gostava de mim, deu para notar que estava tentando encontrar defeitos, procurando uma maneira de não elogiar o gênio criativo que parecia subjacente àquele opus. "Você fez um... bom trabalho", ele murmurou. Hesitou antes de dizer a palavra "bom", como se ao fazer isso tivesse de pagar o salário de uma semana de direitos autorais ao inventor. Em seguida, quando estava me entregando a folha de papel, de repente ele a recolheu de volta. "Você frequenta a escola dominical hebraica, não é?", perguntou. Concordei com a cabeça. "E essa escrita que você inventou se baseia de alguma forma no alfabeto hebraico?" Eu não pude mentir. Sim, da mesma forma que os outros, eu simplesmente tinha pegado um alfabeto que conhecia e feito variações com as letras. Nenhum motivo para me envergonhar, mas fiquei devastado. Ele nunca tinha me visto apenas como um garoto, e sim como um garoto judeu, e agora eu tinha provado que ele estava certo.

Nossa pequena tarefa de escoteiros podia nos parecer um grande desafio, mas tínhamos uma tremenda vantagem sobre os verdadeiros inventores da linguagem, pois já havíamos aprendido como nossa linguagem escrita é codificada em sons elementares e mapeada em letras individuais. Também já aprendêramos que certos sons fundamentais, como *nha* e *ch*, não correspondem a letras simples, e conseguíamos diferenciar sons como *p* e *b*, o que seria difícil se não tivéssemos experiência anterior com algum tipo de sistema de escrita.

Você pode ter uma amostra da dificuldade envolvida se tentar identificar os componentes fundamentais dos sons que ouve quando as pessoas falam uma língua estrangeira. Quanto mais diferente for a língua – por exemplo, ouvir chinês se você fala uma língua indo-europeia –, maior a dificuldade. Você vai perceber como é difícil identificar muitos dos sons individuais, e mais ainda diferenciar sutilezas similares à diferença entre *p* e *b*. No entanto, de alguma forma, a antiga civilização da Suméria superou essas dificuldades e criou uma linguagem escrita.

Quando novas tecnologias são inventadas, sua aplicação inicial costuma ser bem diferente do papel que elas acabam tendo na sociedade. De fato, para quem trabalha em atividades impulsionadas pela inovação e a descoberta, é importante perceber que os inventores de novas tecnologias – como veremos adiante, a exemplo dos inventores de teorias científicas – em geral não entendem o significado das conclusões a que chegaram.

Quando se considera a escrita tecnologia – o registro em barro (e depois em outros substratos, como o papel) das palavras faladas –, parece natural comparar sua evolução com o desenvolvimento da tecnologia da gravação de som. Quando criou essa técnica, Thomas Edison não tinha ideia de que as pessoas acabariam utilizando-a para gravar música.[17] Achou que aquilo tinha pouco valor comercial, a não ser talvez para registrar murmúrios de pessoas no leito de morte ou em alguma máquina de ditar nos escritórios. Da mesma forma, o papel inicial da escrita foi bem diferente da função que acabaria cumprindo na sociedade. No começo, ela foi usada simplesmente para manter registros e elaborar listas, aplicações sem mais conteúdo literário que um arquivo em Excel.

As primeiras inscrições de que temos notícia foram grafadas em tabuletas de argila num complexo de templos em Uruk. São listas de itens como sacos de cereais e cabeças de gado. Outras tabuletas detalham uma divisão de trabalho. Por exemplo, sabemos a partir delas que a comunidade religiosa de um dos templos empregava dezoito padeiros, 31 cervejeiros, sete escravos e um ferreiro.[18] De traduções parciais, aprendemos ainda que os trabalhadores recebiam rações fixas de produtos como cevada, óleo e tecidos, que uma das profissões se chamava "líder da cidade", e que outra era designada como "o chefe do gado". Apesar de imaginarmos muitas razões para escrever, 85% das tabuletas de escrita encontradas em escavações tratam de contabilidade. A maior parte dos 15% restantes tratava de ensinar futuros contadores.[19] Havia mesmo muito a aprender, pois a contabilidade era complicada. Por exemplo, seres humanos, animais e peixe seco eram contados por meio de um sistema numérico, enquanto cereais, queijo e peixe fresco eram contados por outro.[20]

Quando foi criada, a escrita era limitada a essas funções puramente utilitárias. Não havia romances baratos nem teorias escritas sobre o Universo, somente documentos de registros burocráticos como faturas, listas de artigos e sinais pessoais, ou "assinaturas" atestando essas coisas. Parece algo mundano, mas isso teve profundas implicações: sem escrita não teria havido civilização urbana, pois as pessoas não teriam como criar e manter os tipos de relação complexos e simbióticos que constituem o principal aspecto definidor da vida nas cidades.

Numa cidade, constantemente damos aos outros e deles recebemos – compramos e vendemos, cobramos, enviamos e recebemos, emprestamos e tomamos emprestado, pagamos ou recebemos por serviços prestados e fazemos ou cobramos promessas. Se não houvesse linguagem escrita, todas essas atividades recíprocas se veriam atoladas no caos e gerando conflitos. Imagine passar uma semana de vida sem que nenhum evento, nenhuma transação, pudesse ser registrado de alguma forma – nem mesmo sua produção ou as horas de trabalho. Imagino que não conseguiríamos sequer assistir a uma partida de basquete profissional sem que os fãs dos dois times proclamassem a vitória.

Os primeiros sistemas de escrita eram tão primitivos quanto seus propósitos. Utilizavam barras genéricas representando a quantidade de algum item, fosse ele frutas, animais ou gente. Com o tempo, para facilitar a distinção entre marcas que se referiam a ovelhas e aos donos das ovelhas, as coisas foram se complicando, com pequenos pictogramas desenhados ao lado dos números; assim, os escribas começaram a usar figuras como palavras. Estudiosos identificaram o significado de mais de mil desses primeiros pictogramas. O contorno de uma cabeça de vaca, por exemplo, era usado para denotar "vaca", três semicírculos dispostos num triângulo significavam "montanhas", e um triângulo com uma marca de vulva representava "mulher". Havia também sinais compostos, como o sinal para uma escrava – literalmente, uma mulher de "além das montanhas" –, formado pelo símbolo de "mulher" seguido pelo de "montanha".[21] Afinal, os pictogramas passaram a ser usados para expressar verbos e formar sentenças. Pictogramas representando a mão e a boca eram colocados ao lado do símbolo para "pão", formando o pictograma "comer".[22]

Os primeiros escribas rabiscavam seus pictogramas em tabuletas de argila chatas usando instrumentos de pintura. Depois, os símbolos passaram a ser impressos na argila com estiletes de junco que produziam marcas em forma de cunha. Esse tipo de pictograma é chamado *cuneiforme*, das palavras em latim significando "em forma de cunha". Milhares dessas tabuletas originais foram escavadas nas ruínas de Uruk, meras listas de coisas e números, sem nenhuma gramática.

A desvantagem da linguagem escrita baseada em pictogramas é que, em vista do grande número de elementos, ela é muito difícil de ser aprendida. A complexidade exigiu a formação de uma pequena classe alfabetizada, membros do grupo de pensadores a que me referi. Esses primeiros estudiosos profissionais se tornaram uma classe privilegiada que gozava de alto status, sustentada por um templo ou palácio. No Egito, parece que era inclusive isenta de impostos.

Resquícios arqueológicos indicam que, por volta de 2500 a.C., a necessidade de escribas gerou outra grande inovação: as primeiras escolas do mundo, conhecidas na Mesopotâmia como "casas de tabuletas".[23] De início elas eram ligadas aos templos, mas depois passaram a funcionar em prédios próprios. O nome vinha das tabuletas de argila, a ferramenta de trabalho da escola – cada sala de aula devia ter prateleiras para secar as tabuletas, um forno para o preparo e baús para guardá-las. Como os sistemas de escrita ainda eram muito complexos, os aspirantes a escriba tinham de estudar muitos anos para memorizar e aprender a reproduzir os milhares de intrincados caracteres cuneiformes. É fácil subestimar a importância desse passo na marcha do progresso intelectual humano, mas a ideia de uma sociedade criando uma profissão dedicada a transmitir conhecimento, e que os estudantes passassem anos adquirindo-o, foi algo inteiramente novo – uma epifania da nossa espécie.

Com o tempo, os sumérios conseguiram simplificar sua linguagem escrita, usando-a também para comunicar ideias e pensamentos mais complexos. Eles perceberam que às vezes podiam descrever uma palavra que soasse da mesma maneira e fosse mais fácil de representar. Por exemplo, o pictograma "dos" podia ser feito a partir do pictograma da palavra "dois" modificado por um símbolo de silêncio, chamado determinativo, para indicar o significado alternativo. Assim que inventaram esse método, os sumérios começaram a criar símbolos denotando terminações gramaticais, por exemplo, utilizando um símbolo modificado para a palavra *shun* a fim de representar o sufixo "ção". Descobriram que podiam usar truque semelhante para soletrar palavras mais longas em palavras mais curtas, como escrever a palavra "amanhã" juntando os símbolos "a" e "manhã". Por volta de 2900 a.C., essas inovações fizeram com que o número de pictogramas diferentes da linguagem suméria fosse reduzido de 2 mil para cerca de quinhentos.

À medida que a linguagem escrita se transformou num instrumento mais flexível, mais fácil de manipular e capaz de conter comunicações mais complexas, as casas de tabuletas ampliaram seu escopo para incluir instruções de escrita e aritmética;[24] e, finalmente, para criar um vocabulário especializado para os então emergentes estudos de astronomia, geologia, mineralogia, biologia e medicina – no começo, não designando os princípios, mas somente listas de palavras e seus significados. As escolas também ensinavam um tipo de prática filosófica, "ditados de sabedoria", receitas para uma vida bem-sucedida coletadas entre os anciãos da cidade. Esses eram ditames diretos e pragmáticos, como: "Não se case com uma prostituta." Não chegavam a ser princípios aristotélicos, mas foram um avanço em relação à contagem de grãos e cabras, e o começo de pesquisas e instituições que mais tarde criariam o mundo da filosofia e o início da ciência.

Por volta de 2000 a.C., a cultura escrita da Mesopotâmia tinha evoluído ainda mais, agora com o desenvolvimento de uma literatura que falava dos componentes emocionais da condição humana.[25] Uma tabuleta de pedra desse período, encontrada num sítio arqueológico localizado cerca de mil quilômetros ao sul do que é hoje Bagdá, tem inscrito o mais antigo poema de amor já encontrado. Na voz de uma sacerdotisa que professa seu amor por um rei, as palavras descrevem sentimentos que se mantêm e são reconhecidos até hoje pelo que representavam quatro milênios atrás:

> Marido próximo ao meu coração,
> Divina é sua beleza, doce como o mel,
> Você me cativou, deixando-me trêmula à sua frente;
> Marido, quero ser levada para o quarto de dormir.
> Marido, você teve prazer comigo,
> Fale com minha mãe, ela lhe dará iguarias; meu pai lhe dará presentes.

Em algum momento, nos séculos seguintes a esse poema, surgiu outra inovação: a ideia de representar as vocalizações que formavam uma palavra, e não a coisa representada por ela. Isso mudou radicalmente a natureza da escrita, pois os símbolos agora representavam sílabas, não mais conceitos. Essa foi uma consequência lógica do antigo truque sumério de usar, digamos, a palavra *shun* para representar a sílaba "ção". Não sabemos exatamente como ou quando ocorreu esse avanço, mas dá para apostar que o desenvolvimento de uma escrita mais econômica teve a ver com a prosperidade do comércio cosmopolita, pois escrever cartas e registros comerciais em pictogramas devia ser meio complicado. Assim, por volta de 1200 a.C., a escrita fenícia – o primeiro grande alfabeto da história da humanidade – já havia surgido.[26] O que antes exigia memorização de centenas de símbolos intrincados podia ser conseguido utilizando somente algumas dezenas de símbolos básicos em diversas combinações. O alfabeto fenício acabou adotado e adaptado para o aramaico, o persa, o hebreu e o árabe – e, por volta de 800 a.C., para o grego. Da Grécia, acabou se difundindo por toda a Europa.[27]

Além de leitura e escrita, as primeiras cidades demandaram certos avanços na matemática. Sempre achei que a matemática ocupa um lugar especial no coração humano. *Claro*, você deve estar pensando, *assim como o colesterol*. É verdade, a matemática tem seus detratores. Sempre teve, ao longo de sua história. Já em 415 d.C., santo Agostinho escreveu: "O perigo ... é que os matemáticos fizeram um pacto com o demônio para obscurecer o espírito e confinar o homem nas cadeias do inferno."[28] Provavelmente eram os astrólogos e neurologistas que o deixavam furioso – dois dos principais usuários das obscuras artes da matemática na época. Mas acho que já ouvi meus filhos dizerem a mesma coisa em diversas ocasiões, ainda que com menos eloquência. De qualquer forma, goste-se ou não, a matemática e o pensamento lógico representam um aspecto importante da psique humana.

Ao longo dos séculos a matemática serviu a diversos propósitos, porque, como a ciência, a matemática tal como a definimos hoje é menos um empenho específico que uma abordagem do conhecimento – um método de raciocínio em que se formulam meticulosos conceitos e suposições para extrair conclusões com a aplicação de uma lógica rigorosa. O que em geral se chama "matemática elementar", contudo, não é a matemática nesse sentido, assim como a escrita nos registros sumérios não é escrita no sentido de Shakespeare.

A matemática original é como a matemática que meus filhos e outros estudantes se cansam de estudar na escola: um conjunto de regras que podem ser aplicadas, mais ou menos sem pensar, para resolver tipos de problemas específicos. Nas primeiras cidades da Mesopotâmia, esses problemas abrangiam basicamente o controle de finanças, materiais e trabalho, chegando à aritmética de pesos e medidas e ao cálculo de juros simples e compostos – as mesmas preocupações triviais que acionaram o desenvolvimento da escrita e tão essenciais quanto esta para o funcionamento da sociedade urbana.[29]

Ruínas da antiga Babilônia, vistas do que era o palácio de verão de Saddam Hussein.

Talvez a aritmética seja o ramo mais fundamental da matemática. Até os povos primitivos empregavam algum sistema de contagem, embora às vezes não contassem além dos cinco dedos da mão. Parece que as crianças também nascem com a capacidade de determinar o número de objetos de um conjunto, mas só até o quatro.[30] Contudo, para ir além da contagem, que é uma série de ferramentas de que dispomos desde que saímos do útero, precisamos dominar adição, subtração, multiplicação e divisão, habilidades que desenvolvemos gradualmente ao longo da infância.

As primeiras civilizações urbanas introduziram regras formais e elaboradas e métodos de cálculo aritmético, e também inventaram fórmulas para resolver equações que envolviam incógnitas, que é o que fazemos hoje com a álgebra. Comparada à álgebra moderna, a deles era rudimentar, na melhor das hipóteses, mas eles desenvolveram receitas, se você preferir – talvez centenas delas –, para realizar cálculos complexos que envolviam a resolução de equações quadráticas e cúbicas. E foram além das simples finalidades comerciais para aplicar suas técnicas na engenharia. Antes de abrir um canal, por exemplo, um engenheiro da Babilônia, região ao sul da Mesopotâmia, calculava o trabalho necessário computando o volume de terra que devia ser movido e dividindo pela quantidade de terra que um trabalhador podia retirar em um dia. Antes de construir um edifício, o engenheiro babilônico fazia cálculos análogos para determinar a quantidade de trabalho e o número de tijolos necessários.

Apesar de suas realizações, os matemáticos da Mesopotâmia falharam num importante aspecto prático. A prática da matemática é uma arte, e a expressão dessa arte é a linguagem simbólica. Ao contrário da linguagem comum, os símbolos e equações dos matemáticos expressam não apenas ideias, mas relações entre as ideias. Assim, se existe uma heroína não homenageada na matemática, ela é a notação. Uma boa notação torna as relações precisas e aparentes, facilitando a capacidade da mente humana de pensar sobre elas; a notação ruim torna uma análise lógica ineficiente e de difícil manejo. A matemática da Babilônia cai na segunda categoria: todos os seus cálculos e receitas eram enunciados na linguagem cotidiana daqueles dias.

Uma das tabuletas da Babilônia, por exemplo, continha o seguinte cálculo: "4 é comprimento e 5 é a diagonal. Qual a largura? O tamanho não é conhecido. 4 vezes 4 são 16. 5 vezes 5 são 25. Você tira 16 de 25 restam 9. Quais números multiplicados resultam em 9? 3 vezes 3 são 9. 3 é a largura." Na notação moderna, tudo isso seria escrito da seguinte forma: $x^2 + 4^2 = 5^2$; $x = \sqrt{(5^2 - 4^2)} = \sqrt{(25 - 16)} = \sqrt{9} = 3$. A grande desvantagem de um enunciado matemático como o da tabuleta não é apenas a falta de compactação, mas também o fato de não podermos usar regras algébricas para realizar operações em equações escritas em prosa.

A inovação notacional só surgiu na era clássica da matemática, na Índia, a partir de 500 d.C. Não é exagero elogiar o que esses matemáticos indianos fizeram. Eles adotaram o sistema de base dez e introduziram o zero como número, com a propriedade de que a multiplicação de qualquer número por zero é igual a zero, enquanto a adição de zero a qualquer número o deixa inalterado. Eles inventaram os números negativos – para representar dívidas, apesar de "as pessoas não os aprovarem", segundo observação de um matemático. E o mais importante: utilizaram símbolos para designar as incógnitas. No entanto, as primeiras abreviaturas aritméticas – *p* para "mais" e *m* para "menos" – só foram introduzidas na Europa no século XV, e o símbolo de igual só foi inventado em 1557, quando Robert Recorde, de Oxford e Cambridge, escolheu o símbolo que usamos até hoje porque achou que nada podia ser mais igual que duas linhas paralelas (e como as linhas paralelas já eram usadas como ornamentos tipográficos, os gráficos não precisaram moldar novas formas).[31]

Estou me concentrando nos números, mas os pensadores das primeiras cidades também fizeram grandes progressos na matemática das formas – não só na Mesopotâmia, mas também no Egito. Lá a vida era centrada no Nilo, que inundava o vale durante quatro meses por ano, cobrindo a terra de ricos sedimentos, mas destruindo as linhas demarcatórias entre as propriedades. Todos os anos, depois das enchentes, funcionários deviam determinar novamente os limites das terras dos fazendeiros e suas áreas de superfície, sobre as quais eram cobrados impostos.[32] Em decorrência dos altos valores envolvidos, os egípcios desenvolveram maneiras confiáveis, embora meio complicadas, de calcular a área de quadrados, retângulos, trapezoides e círculos – bem como o volume de cubos, caixas, cilindros e outras figuras relacionadas aos silos. O termo "geometria" se origina nesses cálculos – a palavra significa "medições de terra" em grego.

A geometria prática era tão avançada no Egito que no século XIII a.C. os engenheiros locais conseguiam nivelar uma viga de quinze metros nas pirâmides com margem de erro de cinco milímetros.[33] Contudo, assim como a aritmética e a álgebra elementar dos babilônicos, a geometria do Egito antigo tinha pouco em comum com o que hoje chamamos de matemática. Ela foi criada para uso prático, não para satisfazer a qualquer anseio de verdades mais profundas sobre o mundo. Por isso, antes de atingir o auge posteriormente exigido para o desenvolvimento da ciência física, a geometria teve de ser transformada, passando de esforço prático a teórico. Os gregos, em especial Euclides, conseguiram fazer isso nos séculos IV e V a.C.

O desenvolvimento da aritmética, o aperfeiçoamento da álgebra e a geometria possibilitaram o desenvolvimento das leis teóricas da ciência séculos depois. Mas, se tentarmos retratar essa cadeia de descobertas, falta um passo que talvez não seja aparente para os que vivem hoje: antes de se teorizar sobre leis específicas da natureza, era necessário inventar o conceito de lei.

Os GRANDES AVANÇOS TECNOLÓGICOS de longo alcance são facilmente identificáveis como revolucionários. No entanto, novas maneiras de pensar, novas formas de abordar o conhecimento, podem ser menos evidentes. Um dos modos de pensar cujas origens raramente são consideradas é a ideia de entender a natureza em termos de leis.

Hoje a ideia de lei científica é aceita de forma tácita, mas, assim como muitas grandes inovações, só se tornou óbvia depois de desenvolvida. Observar o funcionamento da natureza e intuir, como fez Newton, que para cada ação corresponde uma reação igual e em sentido contrário – pensar não em termos de instâncias individuais, mas de padrões abstratos de comportamento – foi um enorme avanço no desenvolvimento humano. Essa é uma maneira de pensar que evoluiu devagar, com o tempo, e tem suas raízes não na ciência, mas na sociedade.

A palavra "lei" agora tem muitos significados distintos. As leis científicas fornecem descrições de como os objetos físicos se comportam, mas não oferecem explicações sobre por que eles seguem essas leis. Nenhum incentivo à obediência, nem penalidades pela desobediência, se aplica às rochas e aos planetas. Nos campos social e religioso, ao contrário, as leis não definem como as pessoas se *comportam*, mas como *deveriam* se comportar, e apresentam as razões para obedecê-las – para serem boas pessoas ou para evitar punições. O termo "lei" é usado nos dois casos, mas hoje os dois conceitos têm pouco em comum. Quando a ideia surgiu pela primeira vez, no entanto, não havia distinções entre as leis nos campos humano e inanimado. Acreditava-se que os objetos inanimados eram sujeitos a leis da mesma forma que as pessoas eram regidas por códigos éticos ou religiosos.

A noção de lei se originou na religião.[34] Quando olhavam ao redor, os povos da Mesopotâmia viam um mundo à beira do caos, e se sentiam a salvo por favorecimento dos deuses – ainda que de forma arbitrária.[35] Tratava-se de deidades semelhantes aos seres humanos, que agiam como nós, motivadas por emoções e caprichos, e intervinham constantemente na vida dos mortais. Havia deuses para tudo – literalmente, milhares –, inclusive um deus da fermentação, deuses dos fazendeiros, dos escribas, dos mercadores e dos artesãos. Havia um deus dos cercados dos animais de corte. Havia deuses-demônios – um deles provocava epidemias; outro era uma mulher chamada Exterminadora, que matava criancinhas. Cada cidade-Estado tinha não somente seu deus principal, mas também toda uma corte de deuses subordinados que exerciam papéis tais como guardião do portão, jardineiro, embaixador e cabeleireiro.

A veneração de todos esses deuses incluía a aceitação de um código de ética formal. É difícil imaginar a vida sem as proteções de um sistema legal, todavia, antes do surgimento das cidades, os povos nômades não tinham códigos formalizados de leis. Decerto as pessoas sabiam quais comportamentos eram bem recebidos ou censurados pelos outros, mas as regras de conduta não eram abstraídas em mandamentos como "Não matarás". O comportamento era regido por uma coletânea de estatutos gerais, mas, em cada instância específica, valiam a preocupação com o que os outros iriam pensar e o temor de reprimendas por parte dos mais poderosos.

Os deuses da Mesopotâmia urbana, no entanto, faziam exigências éticas específicas, exigindo que seu rebanho seguisse regras formais que variavam de "Ajudar os outros" a "Não vomitar nos riachos". Aí se encontra o primeiro exemplo de um poder mais alto decretando o que poderíamos considerar leis formalizadas.[36] As violações não eram encaradas com leviandade – acreditava-se que elas causariam ao perpetrador problemas como enfermidades ou morte, castigos ministrados por deuses demoníacos com nomes como "Febre", "Icterícia" e "Tosse".

Os deuses também agiam por meio dos governantes terrenos da cidade, que derivavam a autoridade de suas ligações teológicas. Na época do Primeiro Império Babilônico, no século XVIII a.C., surgiu uma teoria teológica da natureza mais ou menos unificada, na qual um deus transcendente estabelecia leis que abrangiam tanto as ações das pessoas quanto o que chamaríamos de mundo inanimado.[37] Esse conjunto de leis civis e criminais se chamava Código de Hamurabi. O nome vem do rei da Babilônia na época, a quem o grande deus Marduk ordenou "trazer a regra da retidão para a Terra, a fim de destruir os malvados e malfeitores".

O Código de Hamurabi foi decretado mais ou menos um ano depois da morte de Hamurabi, em 1750 a.C. Não era exatamente um modelo de direitos democráticos: as classes altas e a realeza recebiam leniência e maiores privilégios, enquanto os escravos podiam ser comprados, vendidos ou mortos. Mas o código continha regras de justiça, como a inflexibilidade do "olho por olho" da Torá, que surgiria talvez mil anos depois. Ele decretava, por exemplo, que qualquer um apanhado cometendo roubo devia ser punido com a morte;[38] quem pilhasse enquanto estivesse ajudando a apagar um incêndio seria jogado ao fogo; qualquer "irmã de deus" que abrisse uma taberna morreria queimada numa pira; quem provocasse inundação por ser "preguiçoso demais" para manter a represa em funcionamento deveria repor todo o milho arruinado; e quem jurasse por Deus que fora roubado durante a guarda de dinheiro de outro não precisaria devolver o dinheiro.

As leis do Código de Hamurabi foram lavradas num bloco de basalto preto de 2,5 metros de altura, para ser visto e servir de referência ao público. Esse bloco foi descoberto em 1901 e hoje se encontra em exposição no Louvre. Ele não era uma grande realização material, como as pirâmides, mas foi um avanço intelectual magnífico, a tentativa de erigir uma estrutura de ordem e racionalidade abrangendo todas as interações da sociedade babilônica – comerciais, monetárias, militares, maritais, médicas, éticas etc. Até hoje, é o primeiro exemplo conhecido de governante que estabeleceu todo um corpo de leis para seu povo.

Como já disse, acreditava-se que o deus Marduk não somente governava o povo, mas também os processos físicos: ele legislava tanto para as estrelas quanto para os homens. Assim, paralelamente ao Código de Hamurabi, constava que Marduk havia criado uma espécie de código para a *natureza*. Essas leis, que regiam o que denominaríamos mundo inanimado, constituíram as primeiras leis científicas, no sentido de que descreviam o funcionamento dos fenômenos naturais.[39] Não eram leis da natureza no sentido moderno, no entanto, pois forneciam apenas uma vaga indicação de *como* a natureza se comportava. No Código de Hamurabi, as leis eram comandos e decretos que Marduk *mandava* a natureza seguir.

A noção de que a natureza "obedece" a leis no mesmo sentido que as pessoas persistiu por milênios. Anaximandro, por exemplo, um dos grandes filósofos da natureza da Grécia antiga, diz que todas as coisas se originam de uma substância primordial e retornam a ela, caso contrário teriam de "pagar multa e penalidades umas às outras por sua iniquidade em relação à ordem do tempo".[40] Heráclito, no mesmo registro, diz que "o Sol não transgredirá suas medidas; caso contrário, [a deusa da Justiça] o encontrará [e castigará]".[41] O termo "astronomia", aliás, tem sua raiz original na palavra grega *nomos*, que significa "lei", no sentido da lei humana. Só com Kepler, no início do século XVII, a palavra "lei" começou a ser usada na acepção moderna, significando uma generalização baseada em observações e descrevendo o comportamento de algum fenômeno natural, mas sem designar um propósito ou motivo. Mesmo assim, essa não foi uma transição imediata, pois embora Kepler tenha escrito algumas vezes sobre leis matemáticas, até ele acreditava que Deus ordenava que o Universo seguisse o princípio da "beleza geométrica", e explicava que o movimento dos planetas provavelmente resultava da "mente" do planeta ao perceber seu ângulo e calcular sua órbita.[42]

O HISTORIADOR EDGAR ZILSEL, que estudou a evolução da ideia de lei científica, escreveu: "O homem parece inclinado a interpretar a natureza ... seguindo o padrão da sociedade."[43] Em outras palavras, nossas tentativas de formular as leis da natureza parecem se enraizar em nossa tendência natural para buscar entender nossa existência pessoal. Nossas experiências, e a cultura de que se originaram, em outras palavras, influenciam nossa concepção de ciência.

Zilsel reconheceu que todos nós criamos histórias mentais para descrever nossas vidas, que juntamos tudo a partir do que nos ensinaram e do que vivenciamos, formando uma visão de quem somos e de qual é nosso lugar no Universo. Montamos assim um conjunto de leis descrevendo nosso mundo pessoal e todo o significado da nossa vida. Em relação à guerra, por exemplo, as leis que regiam a vida de meu pai o levaram a esperar decência da sociedade em que vivia, certa justiça de seus tribunais, produtos alimentícios no mercado – e a proteção de seu Deus. Esta era a visão de mundo dele, que se sentia tão convencido de sua validade quanto um cientista que observa sua teoria passar por todos os testes.

Mas embora as estrelas e os planetas se atraiam de forma confiável por bilhões de anos, no mundo dos homens as leis podem ser viradas de cabeça para baixo em poucas horas. Foi o que aconteceu com meu pai e outras incontáveis pessoas em setembro de 1939. Nos meses anteriores, meu pai tinha concluído um curso de design de moda em Varsóvia, comprado duas novas máquinas de costura alemãs e alugado um quartinho no apartamento de um vizinho para abrir uma alfaiataria. Mas aí os alemães invadiram a Polônia, e em 3 de setembro marcharam sobre sua cidade natal, Czestochowa. O governo de ocupação logo emitiu uma série de decretos antissemitas que resultaram no confisco de qualquer coisa de valor – joias, automóveis, rádios, mobiliário, dinheiro, apartamentos e até brinquedos infantis. As escolas judaicas foram fechadas e decretadas ilegais. Adultos foram obrigados a usar braçadeiras com a estrela de Davi. Pessoas eram arbitrariamente recolhidas na rua e obrigadas a realizar trabalhos compulsórios. Outras eram fuziladas e mortas segundo o capricho de algum louco.

O que destruiu a estrutura física do mundo de meu pai alterou também, de forma irrevogável, sua base emocional e mental. Infelizmente, o Holocausto é uma história que se reproduziu muitas vezes, em diversas escalas, antes e depois. Assim, se nossa experiência humana subsidia nossa noção de lei científica, não surpreende que durante a maior parte de sua história a humanidade tenha achado difícil imaginar que o mundo fosse regido por regularidades nítidas e absolutas, imunes a caprichos, vazias de propósito e não sujeitas à intervenção divina.

Ainda hoje, bem depois de Newton ter produzido sua monumental série de leis, muita gente continua a não acreditar que essas leis sejam universalmente aplicáveis. No entanto, séculos de progresso recompensaram os cientistas, que reconhecem que as leis físicas e as humanas seguem padrões bem diferentes.

Nove anos antes de morrer, aos 76 anos, Albert Einstein definiu sua longa vida de busca da compreensão das leis físicas do Universo da seguinte forma:

> Aí fora havia esse mundo imenso, que existe independentemente dos seres humanos, que está diante de nós como um grande e eterno enigma, pelo menos parcialmente acessível à nossa inspeção e ao pensamento. A contemplação deste mundo acena com uma libertação. ... A estrada para esse paraíso ... tem se mostrado confiável, e nunca lamentei tê-la escolhido.[44]

De certa forma, acho que meu pai, no fim da vida, encontrou um sentimento de "libertação" semelhante a esse pensamento.

Para nossa espécie, Uruk foi o começo de uma longa estrada em direção à solução desse eterno enigma. As jovens civilizações do Oriente Próximo estabeleceram os rudimentos da vida intelectual – que serviram de base para formar uma classe de pensadores que criaram a matemática, a linguagem escrita e o conceito de lei. O passo seguinte no florescimento e maturação da mente humana foi dado pelos gregos, a mais de 1.600 quilômetros de distância. O grande milagre grego deu à luz a ideia de demonstração matemática, as disciplinas da ciência e da filosofia e o conceito do que hoje chamamos "razão" – aproximadamente 2 mil anos antes de Newton.

5. Razão

Em 334 a.C., aos 22 anos de idade, Alexandre, rei do Estado grego da Macedônia, liderou um exército de experientes guerreiros-cidadãos pelo estreito de Dardanelos naquilo que foi o início de uma longa campanha para conquistar o vasto Império Persa. Por coincidência, tenho um filho de 22 anos que se chama Alexei – com a mesma raiz grega de Alexandre. Dizem que os meninos crescem mais depressa hoje, mas uma coisa que não consigo imaginar é meu Alexei liderando um exército de experientes guerreiros-cidadãos gregos para invadir a Mesopotâmia e enfrentar o Império Persa. Há vários relatos antigos de como o jovem rei macedônio obteve essa vitória, a maior parte envolvendo a ingestão de grandes quantidades de vinho. Mas Alexandre conseguiu, e sua longa marcha de conquistas o levou até o passo de Khyber e mais além. Quando ele morreu, aos 33 anos, tinha feito o suficiente em sua breve existência para que desde então passasse a ser chamado Alexandre o Grande.

Na época da invasão de Alexandre, o Oriente Próximo era pontilhado de cidades como Uruk, que existiam havia milhares de anos. Para dar uma ideia: se os Estados Unidos existissem há tanto tempo quanto Uruk, nós já estaríamos mais ou menos no seiscentésimo presidente.

Caminhar pelas ruas dessas cidades antigas conquistadas por Alexandre devia ser uma coisa deslumbrante, uma paisagem de imensos palácios, vastos jardins irrigados por canais próprios, grandes edifícios de pedra adornados de colunas encimadas por esculturas de grifos e touros. Aquelas eram sociedades complexas e vibrantes, não estavam em decadência. Mas sua cultura havia sido superada intelectualmente pelo mundo de fala grega que os conquistou, simbolizado por seu jovem rei – um homem que estudou com Aristóteles.

Com a conquista da Mesopotâmia por Alexandre, o sentimento de que todas as coisas gregas eram superiores logo se alastrou pelo Oriente Próximo.[1] As crianças, sempre na vanguarda das mudanças culturais, aprenderam a língua grega, memorizaram poesias gregas e adotaram o esporte da luta livre. A arte grega tornou-se popular na Pérsia. Beroso, sacerdote da Babilônia, o fenício Sanconíaton e o judeu Flávio Josefo escreveram as histórias de seus povos mostrando as compatibilidades com os ideais gregos. Até os impostos foram helenizados – começaram a ser grafados no alfabeto grego, relativamente novo, e em papiros, não mais em tabuletas cuneiformes. Contudo, o aspecto mais importante da cultura grega que Alexandre disseminou não tinha nada a ver com artes ou administração, mas com o que ele havia aprendido em primeira mão com Aristóteles: uma abordagem nova e racional da luta para conhecer o nosso mundo, um magnífico ponto de inflexão na história das ideias humanas. O próprio Aristóteles já se baseava nas ideias de várias gerações de cientistas e filósofos que começaram a contestar antigas verdades sobre o Universo.

NOS PRIMEIROS ANOS da Grécia antiga, a compreensão dos gregos acerca da natureza não era muito diferente da dos mesopotâmicos. O clima inclemente podia ser explicado dizendo-se que Zeus estava com indigestão, e se os fazendeiros faziam má colheita, as pessoas achavam que os deuses estavam zangados. Não houve nenhum mito de criação afirmando que a Terra era uma gotícula do espirro de um deus alérgico, mas poderia haver, pois, nos milênios desde a invenção da escrita, a coletânea de registros de palavras humanas revela uma ensandecida profusão de histórias sobre como o mundo começou e quais forças o regiam. O que todas têm em comum é a descrição de um Universo turbulento, criado por um deus inescrutável a partir de uma espécie de vácuo informe. A própria palavra "caos" vem do termo grego para o nada que teria precedido a criação do Universo.

Se antes da criação era o caos, depois de criarem o mundo os deuses da mitologia grega não parecem ter se esforçado muito para trazer ordem às coisas. Relâmpagos, tempestades de vento, secas, enchentes, terremotos, vulcões, infestações, acidentes, doenças – tudo isso e muitas outras pragas aleatórias da natureza cobravam caro em vidas e saúde humanas. Egoístas, traiçoeiros e caprichosos, os deuses eram vistos como eternos causadores de calamidades, em consequência de seus acessos de fúria ou por puro descuido, como se eles fossem touros em lojas de porcelana e nós fôssemos a louça. Essa primitiva teoria do cosmo foi passada oralmente de geração em geração na Grécia, até afinal ser escrita por Homero e Hesíodo, por volta de 700 a.C., mais ou menos um século depois da disseminação da escrita pela cultura grega. Isso representou um avanço na cultura grega, moldando uma sabedoria aceita por gerações de pensadores.[2]

Para os que vivem na sociedade moderna, beneficiários de uma longa história de pensamento científico, é difícil entender como aqueles povos antigos viam a natureza dessa forma. A noção de estrutura e ordem na natureza nos parece tão óbvia como era para eles a ideia de que os deuses controlavam tudo. Hoje, nossas atividades diárias são mapeadas quantitativamente, assinaladas em horas e minutos. Nossas terras são delimitadas por latitude e longitude, nossos endereços são marcados por números e nomes de rua. Atualmente, se a bolsa de valores cai três pontos, um sabichão logo vem nos dar uma explicação, como a de que a queda foi resultado de novas preocupações com a inflação. Na verdade, pode dizer outro especialista, ela é atribuída a eventos ocorridos na China, e um terceiro aponta a incomum atividade de manchas solares. Certas ou erradas, espera-se que nossas explicações se baseiem nas noções de causa e efeito.

Exigimos ordem e causalidade do nosso mundo porque esses conceitos estão entranhados na nossa cultura, na nossa consciência. Ao contrário de nós, contudo, os antigos não tinham uma tradição matemática e científica, e por isso teria sido difícil entender ou aceitar a estrutura conceitual da ciência moderna – a ideia de previsões numéricas precisas, a noção de que a repetição de experimentos deve gerar resultados idênticos, o emprego do tempo como um parâmetro acompanhando os eventos que se desdobram.

Para os antigos, a natureza parecia ser regida pelo aleatório e pelo tumulto, e acreditar em leis físicas de ordem seria tão estranho para eles quanto nos parecem suas histórias de deuses insanos e caprichosos. (Quem sabe como nossas queridas teorias irão ser avaliadas pelos historiadores que nos estudarem daqui a mil anos?)

Por que a natureza teria uma ordem? Por que deve ser previsível, explicável em termos de conceitos que podem ser descobertos pelo intelecto humano? Albert Einstein, um homem que não se surpreendeu ao descobrir que o continuum espaço-tempo poderia ser retorcido como uma rosquinha, declarava-se estarrecido diante do simples fato de a natureza ter uma ordem. Ele disse que "se deve esperar um mundo caótico, que não pode ser de forma alguma compreendido pela mente".[3] Mas também escreveu, contrariando suas expectativas, que "a coisa mais incompreensível sobre o Universo é o fato de ele ser compreensível".[4]

O gado não entende as forças que o mantêm no chão, nem os corvos sabem qualquer coisa sobre a aerodinâmica. Com essa afirmação, Einstein expressou uma observação importantíssima e especificamente *humana*: existe uma ordem que rege o mundo, e as regras que guiam a ordem da natureza não precisam ser explicadas por mitos. Elas são cognoscíveis, e os homens são as únicas criaturas da Terra a ter capacidade de decifrar a matriz da natureza. Essa lição tem implicações profundas porque, se decifrarmos os desígnios do Universo, podemos usar esse conhecimento para compreender o nosso lugar nele e tentar manipular a natureza para criar produtos e tecnologias que tornem nossa vida melhor.

Essa nova abordagem racional da natureza se originou durante o século VI a.C., com um grupo de pensadores revolucionários que viveu na grande Grécia, nas praias do Egeu, na grande baía do Mediterrâneo que separa as atuais Grécia e Turquia. Centenas de anos antes de Aristóteles, na época em que Buda implantava uma nova tradição filosófica na Índia e Confúcio na China, esses primeiros filósofos gregos tiveram a paradigmática revelação de que o Universo era algo ordenado, não aleatório – era um cosmo, não o caos. Nunca é demais enfatizar a profundidade dessa mudança ou o grau com que vem moldando a consciência humana desde então.

A região que deu origem a esses pensadores radicais era uma terra mágica de plantações de uvas, pomares de figos e oliveiras, com cidades prósperas e cosmopolitas.[5] Essas cidades situavam-se na foz de rios e golfos que desaguavam no mar, no final de estradas que corriam para o interior. Segundo Heródoto, aquele era um paraíso onde "o ar e o clima eram os mais lindos de todo o mundo". A região chamava-se Jônia.

Os gregos fundaram muitas cidades-Estado onde hoje está o território da Grécia e o sul da Itália, mas elas eram meras províncias – o centro da civilização grega ficava na Jônia turca, a poucas centenas de quilômetros de Göbekli Tepe e Çatalhöyük. E a vanguarda do iluminismo grego encontrava-se na cidade de Mileto, localizada nas praias do golfo de Latmos, que dava acesso aos mares Egeu e Mediterrâneo.[6]

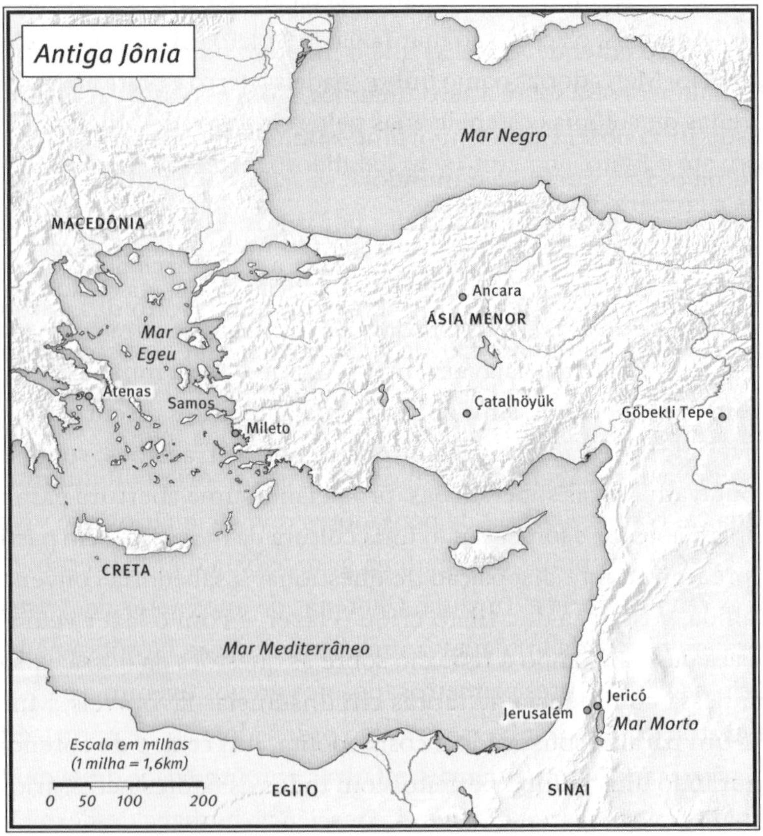

De acordo com Heródoto, na virada do primeiro milênio a.C., Mileto era um modesto assentamento habitado pelos cários, povo de descendência minoica. Então, por volta de 1000 a.C., soldados de Atenas e arredores invadiram a região. Cerca de 600 a.C., a nova Mileto tinha se tornado uma espécie de Nova York da Antiguidade, atraindo refugiados pobres e trabalhadores em busca de uma vida melhor.

Ao longo de alguns séculos, a população de Mileto chegou a 100 mil habitantes, e a cidade se transformou num centro de muito luxo e riqueza, tornando-se a mais próspera das cidades jônicas, na verdade a mais rica de todo o mundo grego. No Egeu, os pescadores de Mileto obtinham percas, tainhas vermelhas e mexilhões. Do solo rico, os agricultores colhiam milho e figos – a única fruta então conhecida que os gregos sabiam como conservar por algum tempo –, enquanto os pomares forneciam azeitonas para comer e extrair azeite – a manteiga da antiga Grécia –, sabão e combustível. Ademais, o acesso ao mar fazia de Mileto um importante centro de comércio. Mercadorias como linho, madeira, ferro e prata eram trazidas de dezenas de colônias estabelecidas pelos cidadãos de Mileto, que se estendiam até o Egito, enquanto seus habilidosos artesãos criavam cerâmica, móveis e lãs para exportação.

Mas Mileto não era apenas uma encruzilhada para o intercâmbio de mercadorias; era também um lugar para trocar ideias. Na cidade, pessoas de dezenas de culturas diversificadas encontravam-se para conversar. Os miletopolitas também viajavam muito, expondo-se a muitas linguagens e culturas diferentes. Assim, enquanto os habitantes discutiam o preço do peixe salgado, tradições encontravam outras tradições, superstições confrontavam outras superstições, propiciando uma abertura para novas maneiras de pensar e fomentando uma cultura da inovação – em particular, a sempre importante disposição de questionar a sabedoria convencional. Mais ainda, a riqueza de Mileto criou o lazer, e com o lazer veio a liberdade para dedicar tempo à reflexão sobre as questões da nossa existência. Assim, nessa confluência de tantas circunstâncias favoráveis, Mileto se tornou um paraíso sofisticado e cosmopolita, um centro de aprendizado, configurando um cadinho perfeito, com todos os fatores necessários para uma revolução do pensamento.

Nesse ambiente, em Mileto, e depois em grande parte da Jônia, surgiu um grupo de pensadores que começou a questionar as explicações religiosas e mitológicas da natureza que vinham sendo transmitidas há milhares de anos. Foram os Copérnico e Galileu de seu tempo, os pioneiros formuladores da filosofia e da ciência.

O primeiro desses estudiosos, segundo Aristóteles, foi um homem chamado Tales, nascido por volta de 624 a.C. Consta que muitos filósofos gregos viveram na pobreza. Realmente, se os tempos de antigamente eram como os de hoje, mesmo um filósofo famoso teria tido uma vida mais próspera se arranjasse um emprego de vendedor de azeitonas na beira da estrada. Diz a tradição, todavia, que Tales foi uma exceção, um mercador astuto e abastado que não teve problemas para financiar seu tempo dedicado a pensar e refletir. Consta que, certa vez, ele ganhou uma fortuna açambarcando o mercado de prensas de azeitonas e depois cobrando preços exorbitantes pelo azeite, como a Opep de um homem só. Contam também que estava muito envolvido na política da cidade e que era amigo íntimo do ditador Trasíbulo.

Tales usou sua riqueza para viajar. No Egito, achou que, embora os egípcios fossem especialistas em construir pirâmides, faltava-lhes visão para medir a altura das construções. Como vimos, no entanto, eles tinham desenvolvido um novo conjunto de regras matemáticas a fim de determinar a área de lotes de terra para propósitos de taxação. Tales adaptou essas técnicas egípcias de geometria para calcular a altura das pirâmides – e também mostrou como, usando essas técnicas, era possível conhecer a distância dos navios no mar. Isso o tornou uma celebridade e tanto no antigo Egito.

Quando voltou para a Grécia, Tales levou consigo a matemática egípcia, traduzindo-a para seu idioma nativo. No entanto, nas mãos de Tales, a geometria deixou de ser apenas um instrumento para medir e calcular, e transformou-se num conjunto de teoremas encadeados por uma dedução lógica. Tales foi o primeiro a demonstrar verdades matemáticas, em vez de simplesmente enunciar como fatos conclusões que pareciam funcionar.[7] O grande geômetra Euclides incluiria depois os teoremas de Tales em seu texto *Elementos*. Contudo, por mais impressionante que tenham sido as sacadas matemáticas de Tales, sua verdadeira fama resultou de sua abordagem e suas explicações de fenômenos do mundo físico.

Na visão de Tales, a natureza não era coisa de mitologia. Ela funcionava de acordo com princípios da ciência que podiam ser usados para explicar e prever todos os fenômenos até então atribuídos à intervenção dos deuses. Dizem que ele foi a primeira pessoa a entender a causa dos eclipses e o primeiro grego a propor que o brilho da Lua era reflexo da luz do Sol.

Mesmo quando se equivocava, Tales era notável na originalidade de seu pensamento e de suas ideias. Considere a explicação que deu para os terremotos. No tempo de Tales, acreditava-se que os sismos ocorriam quando o deus Poseidon se irritava e golpeava o mundo com seu tridente. Mas Tales propôs o que deve ter parecido uma estranha concepção: os terremotos nada tinham a ver com os deuses. Nunca ouvi meus amigos sismólogos do Instituto de Tecnologia da Califórnia (Caltech, na sigla em inglês) dar essa explicação, mas Tales acreditava que o mundo era um hemisfério flutuando numa porção de água infinita, e que os terremotos aconteciam quando a água se agitava ao seu redor. De todo modo, a análise dele é revolucionária em suas implicações, pois tentava explicar os terremotos como consequência de um processo natural, empregando argumentos lógicos e empíricos para apoiar sua ideia. Talvez o mais importante de tudo isso tenha sido formular a questão de por que os terremotos acontecem.

Em 1903, o poeta Rainer Maria Rilke deu um conselho a um aluno que vale tanto para a ciência quanto para a poesia: "Tenha paciência com tudo que for insolúvel no seu coração e tente amar as perguntas – e a viver as perguntas."[8] O aspecto mais fundamental da ciência (e quase sempre também dos negócios) é a capacidade de fazer as perguntas certas – e Tales praticamente inventou a ideia de fazer perguntas científicas. Para onde quer que olhasse, inclusive para o céu, ele via fenômenos que imploravam para ser explicados, e sua intuição o levou a ponderar sobre fenômenos que acabariam jogando luz sobre o funcionamento básico da natureza. As perguntas não eram somente sobre terremotos, mas também sobre o formato da Terra, as datas dos solstícios e a relação entre Terra, Sol e Lua – as mesmas indagações que, 2 mil anos depois, levariam Isaac Newton à sua grande descoberta da gravidade e das leis do movimento.

Em reconhecimento à radical ruptura com o passado proposta por Tales, Aristóteles se referia a ele e aos pensadores jônicos posteriores como os primeiros *physikoi*, ou físicos – o grupo ao qual tenho orgulho de pertencer e ao qual Aristóteles se julgava pertencer. A expressão vem da palavra grega *physis*, que significa "natureza", termo que Aristóteles escolheu para definir os que buscavam explicações naturais para os fenômenos, ao contrário dos *theologoi*, ou "teólogos", que buscavam explicações sobrenaturais.

No entanto, Aristóteles tinha bem menos admiração por outro grupo radical: os que usavam a matemática como modelo da natureza. O crédito por essa inovação vai para um pensador da geração seguinte à de Tales, que não viveu muito longe dele, na ilha de Samos, no mar Egeu.

ALGUNS DE NÓS PASSAMOS as horas no trabalho tentando entender como o Universo funciona. Outros não dominam a álgebra. Nos tempos de Tales, os membros do primeiro grupo pertenciam também ao segundo, pois já vimos que a álgebra que conhecemos hoje – e a maior parte da matemática – ainda não havia sido inventada.

Para os cientistas atuais, compreender a natureza sem as equações seria como tentar entender os sentimentos de um cônjuge que só diz "Tudo bem". A matemática é a linguagem da ciência, é a forma como se comunica uma ideia teórica. Os cientistas nem sempre foram bons no uso da linguagem para desvelar pensamentos pessoais íntimos, mas são adeptos de comunicar as teorias pela matemática. A linguagem da matemática possibilita à ciência se aprofundar em teorias com visão e previsão mais amplas que a linguagem comum, pois ela tem regras embutidas de raciocínio e lógica que aumentam seu significado, permitindo às vezes desdobramentos inesperados.

Os poetas descrevem suas observações pela linguagem; os físicos fazem isso com a matemática. Quando um poeta conclui um poema, seu trabalho está pronto. Mas quando os físicos estabelecem um "poema" matemático, este é só o começo. Ao aplicar as regras e os teoremas da matemática, o físico precisa depois persuadir esse poema a revelar novas lições da natureza que o próprio autor jamais teria imaginado. As equações não só dão forma às ideias, elas oferecem as consequências dessas ideias a qualquer um que tenha a capacidade e a persistência para extraí-las. Isso é o que a linguagem da matemática consegue: ela facilita a *expressão* de princípios físicos, esclarece as *relações* entre eles e guia o *raciocínio* humano em meio a essas relações.

No começo do século VI a.C., porém, ninguém sabia disso. A espécie humana ainda não fazia ideia de que a matemática podia nos ajudar a entender como a natureza funciona. Pitágoras (c.570-c.490 a.C.) – fundador da matemática grega, inventor do termo "filosofia", flagelo dos estudantes do ensino médio do mundo todo, que são obrigados a parar de mandar mensagens para aprender o significado de $a^2 + b^2 = c^2$ – é tido como o primeiro que nos ajudou a usar a matemática como linguagem das ideias científicas.

Na Antiguidade, o nome Pitágoras não somente estava associado à genialidade, como também transmitia uma aura mágica e religiosa.[9] Ele era visto como um Einstein que não fosse só cientista, mas também papa. A partir do relato de muitos escritores que vieram depois dele temos um bocado de informação sobre a vida de Pitágoras, diversas biografias suas. No entanto, durante os primeiros séculos depois de Cristo, as histórias se tornaram inconfiáveis, maculadas por motivos religiosos e políticos que faziam os narradores distorcerem as ideias e aumentarem o papel do pensador na história.

Uma coisa que parece ser verdade é que Pitágoras foi criado em Samos, do outro lado da baía de Mileto. Todos os seus biógrafos na Antiguidade também concordam que, em algum momento entre os dezoito e vinte anos de idade, Pitágoras fez uma visita a Tales, então já muito velho e perto de morrer. Ciente de que seu brilho anterior já esmaecia consideravelmente, Tales parece ter se desculpado por seu estado mental debilitado. Fosse qual fosse o tom das lições de Tales, Pitágoras saiu impressionado. Muitos anos depois, às vezes ele era visto em casa entoando canções de louvor ao ex-mestre.

Assim como Tales, Pitágoras viajou muito, provavelmente ao Egito, Babilônia e Fenícia. Saiu de Samos aos quarenta anos, considerando insuportável a vida sob o tirano da ilha, Polícrates, e foi parar em Crotona, cidade situada no sul da atual Itália, para onde atraiu grande número de seguidores. Consta que foi lá que teve sua epifania sobre a ordem matemática no mundo físico.

Ninguém sabe como a linguagem foi inventada, embora eu sempre tenha imaginado um homem das cavernas dando uma topada e soltando um gemido espontâneo: "Au!" Alguém deve ter escutado e pensado: "Que jeito novo de expressar sentimentos". E logo todo mundo estava falando. A origem da matemática como linguagem da ciência também é envolta em mistério, mas nesse caso pelo menos temos uma lenda que fala a respeito.

Segundo a lenda, um dia, ao passar caminhando pela oficina de um ferreiro, Pitágoras ouviu o som da marreta e discerniu um padrão nos tons produzidos por diferentes marretas batendo no ferro. Ele entrou correndo na forja e começou a experimentar as marretas, observando que as diferenças de tom não dependiam da força empregada pelo homem que martelava nem do formato da marreta, mas do tamanho da marreta, ou seja, de seu peso.

Pitágoras voltou para casa e continuou suas experiências, não mais com marretas, mas com cordas de diferentes comprimentos e tensões. Como qualquer jovem grego, ele tinha estudado música, principalmente flauta e lira. Os instrumentos musicais dos gregos da época eram produto de palpites, de experiências e intuição. Contudo, em seu experimento, Pitágoras parecia ter descoberto uma lei matemática que regia os instrumentos de corda e que podia ser utilizada para definir uma relação precisa entre o comprimento das cordas e o tom produzido.

Hoje enunciamos essa relação pitagórica dizendo que a frequência do tom é inversamente proporcional ao comprimento da corda. Vamos supor, por exemplo, que uma corda produza certa nota quando tocada. Se prendermos a corda no meio, entre as extremidades, ela produzirá uma nota uma oitava mais alta – isto é, com o dobro da frequência. Se a prendermos em um quarto do comprimento, o tom sobe outra oitava, para quatro vezes a frequência original.

Será que Pitágoras descobriu mesmo essa relação? Ninguém sabe até que ponto as lendas sobre ele são verdadeiras. Por exemplo, é provável que *não* tenha demonstrado o "teorema de Pitágoras" que tanto atormenta estudantes do ensino médio – acredita-se que um de seus seguidores foi o primeiro a *demonstrar* o teorema, mas que a fórmula já era conhecida havia séculos. De qualquer forma, a verdadeira contribuição de Pitágoras não foi ter deduzido qualquer lei específica, mas ter promovido a noção de cosmo estruturado de acordo com relações numéricas. Sua influência não se deve à descoberta das relações matemáticas da natureza, mas ao fato de tê-las celebrizado. Como explica o estudioso da cultura clássica Carl Huffman, Pitágoras foi importante "pela honra que conferiu ao número e por tê-lo tirado do domínio do comércio e mostrado a correspondência entre o comportamento do número e o comportamento das coisas".[10]

Onde Tales disse que a natureza segue regras ordenadas, Pitágoras foi além, afirmando que a natureza segue regras *matemáticas*. Ele apregoava que a lei matemática é a verdade fundamental sobre o Universo. Para Pitágoras, o número era a essência da realidade.

As ideias de Pitágoras exerceram grande influência sobre pensadores gregos posteriores – mais especificamente Platão – e sobre cientistas e filósofos de toda a Europa. De todos os gregos defensores da razão, de todos os estudiosos gregos que acreditavam que o Universo podia ser compreendido por meio de análises racionais, de longe, o mais influente para o futuro desenvolvimento da ciência não foi Tales, que inventou esse método, nem Pitágoras, que envolveu a matemática nesse método, mas um aluno de Platão que mais tarde se tornou o tutor de Alexandre o Grande: Aristóteles.

NASCIDO EM ESTAGIRA, cidade do nordeste da Grécia, Aristóteles (384-322 a.C.) era filho de um homem que foi médico do avô de Alexandre, o rei Amintas. Ele ficou órfão muito cedo, e aos dezessete anos foi mandado a Atenas para estudar na academia de Platão. Depois de Platão, a palavra "academia" passou a significar um local de aprendizado, mas naquela época era simplesmente o nome de um jardim público na periferia de Atenas que abrigava um bosque de árvores onde Platão e seus alunos gostavam de se reunir. Aristóteles passou ali vinte anos.

Com a morte de Platão, em 347 a.C., Aristóteles saiu da Academia e em poucos anos se tornou tutor de Alexandre. Não está claro por que o rei Felipe II o escolheu para ser tutor do filho, pois o filósofo ainda não havia construído sua reputação. Mas, para Aristóteles, ser tutor do provável herdeiro do rei da Macedônia devia parecer boa ideia. Ele era muito bem pago e obteve outros benefícios quando Alexandre partiu para conquistar a Pérsia e boa parte do resto do mundo. Quando Alexandre assumiu o trono, Aristóteles, então com quase cinquenta anos, voltou a Atenas, onde durante treze anos produziu a maior parte da obra pela qual é conhecido. Nunca mais ele voltou a ver Alexandre.

Aristóteles retratado ao lado de Platão (esquerda) em afresco de Rafael.

O tipo de ciência ensinado por Aristóteles provavelmente não era o mesmo que ele aprendera com Platão. Aristóteles era um aluno de destaque na Academia, mas nunca se sentiu confortável com a ênfase que Platão dava à matemática. Seu talento estava mais na observação detalhada da natureza, não em leis abstratas – muito diferente tanto da ciência de Platão quanto da ciência praticada hoje.

Quando eu cursava o ensino médio, adorava minhas aulas de química e física. Vendo quanto eu era apaixonado por isso, meu pai às vezes me pedia que eu lhe explicasse essas ciências. Vindo de uma pobre família judaica que só conseguiu mandá-lo para a escola religiosa local, sua educação se baseava mais em teorias do sabá que em teorias científicas, e como ele nunca passou do sétimo ano, aquele trabalho era sob medida para mim.

Comecei nossa exploração dizendo que a física é principalmente o estudo de uma coisa: a mudança. Meu pai ponderou por um momento, antes de resmungar: "Você não sabe nada de mudança. Você é jovem demais, nunca passou por isso." Protestei dizendo que já tinha passado por mudanças, mas ele replicou com uma daquelas expressões em iídiche que podem soar profundas ou idiotas, dependendo do seu nível de tolerância por velhas expressões iídiches. "Há mudanças", enunciou, "e há *mudanças*."

Descartei o aforismo dele do jeito que só os adolescentes sabem fazer. Em física, falei, não há mudança e *mudança* – só existe MUDANÇA. Aliás, pode-se dizer que a principal contribuição de Isaac Newton para a criação da física tal como a conhecemos foi a invenção de uma abordagem matemática unificada que podia ser usada para descrever toda mudança, de qualquer natureza. Mas uma espécie de protofísica – a física de Aristóteles – originou-se em Atenas no século IV a.C., 2 mil anos antes de Newton. Como tinha raízes muito mais intuitivas, com uma abordagem menos matemática da compreensão do mundo, achei que ela seria mais acessível para o meu pai. Assim, na esperança de encontrar ali algo que tornasse mais fácil lhe explicar as coisas, comecei a ler sobre o conceito de mudança de Aristóteles. Depois de muito esforço, percebi que, embora Aristóteles falasse grego e nunca tivesse pronunciado uma palavra em iídiche, ele essencialmente acreditava no seguinte: "Há mudanças e há *mudanças*."

Na versão do meu pai, a segunda invocação da palavra "mudança" soava funesta, pois carregava o significado do tipo de mudança violenta que ele tinha vivenciado durante a invasão dos nazistas. Essa distinção entre mudança normal ou natural, de um lado, e mudança violenta, de outro, é a mesma que Aristóteles fazia: ele acreditava que todas as transformações observadas na natureza podiam ser classificadas como naturais ou violentas.

Na visão de mundo de Aristóteles, mudança natural era a que se originava *dentro* do próprio objeto.[11] Em outras palavras, a causa da mudança natural é intrínseca à natureza ou composição do objeto. Por exemplo, vamos considerar o tipo de mudança que chamamos de movimento – a mudança de posição. Aristóteles acreditava que todas as coisas são feitas de várias combinações dos quatro elementos fundamentais – terra, ar, fogo e água –, cada um com sua tendência inata de se mover. As pedras caem na terra e a chuva cai nos oceanos, segundo Aristóteles, porque a terra e o mar são os locais de repouso naturais dessas substâncias. Fazer uma pedra voar para o alto exige intervenção externa, mas quando a pedra cai ela está seguindo sua tendência inata e executando um movimento "natural".

Na física moderna, não se exige uma causa para explicar por que um objeto permanece em repouso ou em movimento uniforme com velocidade e direção constantes. Da mesma forma, na física de Aristóteles, não era necessário explicar por que os objetos executam movimentos naturais – por que coisas feitas de terra e água caem ou por que o ar e o fogo sobem. Essa análise reflete o que vemos no mundo ao redor – no qual bolhas sobem da água, labaredas parecem subir pelo ar, objetos maciços caem do céu, os mares jazem na terra e a atmosfera paira sobre tudo isso.

Para Aristóteles, o movimento era apenas um dos muitos processos naturais, como crescimento, decadência e fermentação, todos regidos pelos mesmos princípios. Ele via a mudança natural, em todas as suas várias formas – a queima de um tronco, o envelhecimento de uma pessoa, o voo de um pássaro, a queda de um fruto de uma árvore –, como a realização de um potencial inerente. A mudança natural, no sistema de Aristóteles, é o que nos impele pela vida diária. É o tipo de mudança que não causa nenhuma surpresa, que tendemos a aceitar como algo dado.

Mas às vezes o curso natural dos eventos é perturbado, e o movimento, ou mudança, é imposto por alguma coisa externa. É o que acontece quando uma pedra é lançada para o ar, quando uma vinha é arrancada da terra ou se mata um frango para comer, ou quando você perde o emprego ou fascistas invadem um continente. Esses são os tipos de mudança que Aristóteles chama de "violentas".

Na mudança violenta, segundo Aristóteles, um objeto muda ou se move numa direção que viola sua natureza. Aristóteles queria entender a causa desse tipo de mudança, e escolheu um termo para isso: ele o chamou de "força".

A exemplo de seu conceito de mudança natural, a doutrina de Aristóteles sobre a mudança violenta corresponde bem ao que observamos na natureza – a matéria sólida, por exemplo, cai por conta própria, mas mantê-la em movimento em qualquer outra direção, como para cima ou para os lados, exige força, ou esforço.

A análise da mudança foi notável porque, embora Aristóteles visse os mesmos fenômenos ambientais que outros grandes pensadores de sua época, ao contrário dos demais, ele arregaçou as mangas e realizou observações sobre a mudança em detalhes enciclopédicos e sem precedentes – mudanças tanto na vida das pessoas quanto na natureza. Na tentativa de descobrir o que todos esses diferentes tipos de mudança têm em comum, ele estudou as causas de acidentes; a dinâmica da política; o movimento de bois carregando cargas pesadas; o crescimento de embriões de galinhas; a erupção de vulcões; as alterações do delta do rio Nilo; a natureza da luz do Sol; a ascensão do calor; o movimento dos planetas; a evaporação da água; a digestão de alimento pelos animais com múltiplos estômagos; a maneira como as coisas derretem e queimam. Dissecou animais de várias espécies, às vezes bem além do prazo de validade. Se alguém reclamasse do mau cheiro ele simplesmente dava risada.

Aristóteles chamou sua tentativa de criar um relato sistemático de mudança de *Physics* – associando-se assim ao legado de Tales. Sua física tinha um enorme escopo, abrangendo tanto objetos vivos quanto inanimados e fenômenos do céu e da terra. Hoje as diferentes categorias de mudança que ele estudou são temas de várias disciplinas científicas: física, astronomia, climatologia, biologia, embriologia, sociologia, e assim por diante. Aliás, Aristóteles era um escritor profícuo – uma verdadeira Wikipédia de um homem só. Suas contribuições incluem alguns dos estudos mais abrangentes já empreendidos por alguém que não tenha sido diagnosticado como superativo. No balanço geral, ele produziu – de acordo com registros antigos – 170 obras acadêmicas, sendo que cerca de um terço foi preservado até hoje: *Meteorologia*; *Metafísica*; *Ética*; *Política*; *Retórica*; *Poética*; *Sobre os céus*; *Sobre a geração e a corrupção*; *Sobre a alma*; *Sobre a memória*; *Sobre o sono e a vigília*; *Sobre os sonhos*; *Sobre a profecia*; *Sobre a longevidade e brevidade da vida*; *Sobre as partes dos animais*; e por aí vai.

Enquanto seu ex-pupilo Alexandre continuava conquistando a Ásia, Aristóteles voltou a Atenas e fundou uma escola chamada Liceu. Ali, durante caminhadas no passeio público ou andando por um jardim, ele ensinava a seus alunos o que havia aprendido ao longo dos anos.* Porém, ainda que tenha sido grande professor e brilhante e profícuo observador da natureza, a abordagem de Aristóteles do conhecimento era muito diferente do método que hoje denominamos ciência.

SEGUNDO O FILÓSOFO Bertrand Russell, Aristóteles foi "o primeiro a escrever como um professor, ... um professor profissional, não um profeta inspirado".[12] Russell disse que Aristóteles é um Platão "diluído pelo senso comum". Realmente, Aristóteles dava grande valor a essa característica. No entanto, analisando as ideias de Aristóteles em perspectiva, e sabendo o que sabemos agora, podemos argumentar que é exatamente na sua devoção pelas ideias convencionais que encontramos uma das maiores diferenças entre o método atual da ciência e o dele – e uma das maiores deficiências da física aristotélica. Pois embora o senso comum não deva ser ignorado, às vezes é necessário um "senso incomum".

* Depois, os alunos eram untados com óleo. Sempre achei que oferecer uma opção dessas seria um jeito fácil de aumentar minha popularidade com os estudantes, mas infelizmente teria o efeito contrário na administração da universidade.

Em ciência, para fazer progressos, é normal ter de desafiar o que o historiador Daniel Boorstin chama de "tirania do senso comum".[13] Trata-se de senso comum, por exemplo, o fato de você empurrar um objeto e ele deslizar, desacelerar e parar. Contudo, para perceber as leis do movimento subjacentes, é preciso olhar além do óbvio, como fez Newton, e vislumbrar como um objeto se moveria num mundo teoricamente sem atrito. Da mesma forma, para entender o mecanismo final do atrito, é preciso enxergar através da fachada do mundo material para "ver" como os objetos podem ser feitos de átomos indivisíveis, conceito proposto por Leucipo e Demócrito um século antes, mas que Aristóteles não aceitava.

Aristóteles mostrava também grande deferência pela opinião comum, pelas instituições e ideias de sua época. Ele escreveu: "O que todos acreditam é verdade." E aos que duvidavam, ele dizia: "Quem destruir esta fé terá dificuldade em encontrar outra mais crível."[14] Um exemplo vívido da confiança de Aristóteles na sabedoria convencional – e da forma como distorcia sua visão – é sua torturante argumentação de que a escravidão, que ele e a maioria de seus concidadãos aceitavam, é inerente à natureza do mundo físico. Utilizando um tipo de argumento estranhamente semelhante a seus textos sobre física, Aristóteles afirma que, "em todas as coisas que formam o todo composto e que são feitas de suas partes, ... vem à luz uma diferença entre os elementos governante e súdito. Essa dualidade existe nas criaturas vivas, mas não só nelas; origina-se na constituição do Universo".[15] Por causa dessa dualidade, argumentava Aristóteles, alguns homens são livres por natureza, outros são escravos por natureza.

Hoje, os cientistas e outros inovadores costumam ser retratados como esquisitos e anticonvencionais. Acredito que haja alguma verdade nesse estereótipo. Um professor de física que conheci escolhia o que ia almoçar todos os dias nas ofertas do balcão de condimentos da cafeteria. A maionese providenciava a gordura, o ketchup era o legume, e as bolachas, o carboidrato. Outro amigo adorava frios, mas detestava pão, e tinha discussões no restaurante para pedir de almoço uma pilha de salame, que comia com garfo e faca, como se fosse um filé.

O pensamento convencional não é uma boa atitude para os cientistas – ou para qualquer um que queira inovar –, e às vezes cobra seu preço na forma como as pessoas os encaram. Mas, como veremos ainda muitas vezes, a ciência é o inimigo natural das ideias preconcebidas e da autoridade, até a autoridade do próprio establishment científico. Rompimentos revolucionários exigem necessariamente ir contra o que todos acreditam ser a verdade, substituir velhas ideias por ideias novas e viáveis. Aliás, se existe uma barreira ao progresso que se destaca na história da ciência e do pensamento humano em geral, esta é a indevida fidelidade às ideias do passado – e do presente. Por isso, se eu estivesse selecionando um candidato para um cargo criativo, tomaria cuidado com o excesso de senso comum, situaria os aloprados na coluna positiva e manteria o balcão de condimentos bem fornido.

Outro importante conflito entre o método de Aristóteles e o da ciência posterior era o de ser qualitativo, não quantitativo. Hoje a física é uma ciência da quantidade, mesmo em sua versão simples para o ensino médio. Estudantes das versões mais elementares da física aprendem que um carro se movendo a noventa quilômetros por hora percorre 25 centímetros por segundo. Aprendem que, se você deixar cair uma maçã, a velocidade vai aumentar em 35 quilômetros por hora a cada segundo que ela cair. Fazem cálculos para conhecer a força exercida na coluna pelo assento quando a gente se joga sobre uma cadeira, que pode chegar a mais de quinhentos quilos – durante uma fração de segundo. A física de Aristóteles não tinha nada disso. Ao contrário, ele se queixava em voz alta dos filósofos que tentavam transformar a filosofia "em matemática".[16]

Qualquer tentativa de transformar a filosofia natural em busca quantitativa, nos tempos de Aristóteles, era limitada pelo estado do conhecimento na Grécia antiga. Aristóteles não dispunha de cronômetro, de relógio com ponteiro de segundos, nem conseguia pensar em termos de eventos com uma duração precisa. Os campos da álgebra e da aritmética necessários para manipular esses dados tampouco estavam mais avançados que na época de Tales. Como vimos, os sinais de mais, de menos e de igual ainda não haviam sido inventados, assim como nosso sistema numérico ou conceitos como "quilômetros por hora". No entanto, os estudiosos dos séculos XIII e posteriores fizeram progressos na física quantitativa com instrumentos e uma matemática não muito mais avançados. Por isso, essas não eram as únicas barreiras para uma ciência das equações, mensurações e previsões numéricas. Mais importante foi o fato de que Aristóteles não estava interessado em descrições quantitativas, nem os demais.

Mesmo quando estudava o movimento, a análise de Aristóteles era apenas qualitativa. Por exemplo, ele tinha somente uma vaga compreensão de velocidade – "algumas coisas vão mais longe que outras em quantidade de tempo semelhante". Isso hoje nos parece aquelas mensagens que encontramos nos biscoitos da sorte, porém, na época de Aristóteles, era o ponto mais exato em que as coisas podiam chegar. Com uma noção qualitativa da velocidade, só se poderia ter uma ideia difusa de aceleração, que é a mudança de velocidade ou direção (estudada no início do ensino médio). Em vista dessas profundas diferenças, se alguém voltasse na máquina do tempo e desse a Aristóteles um texto sobre a física de Newton, para ele isso significaria o mesmo que um livro de receitas de massas assadas em forno de micro-ondas. Aristóteles não conseguiria entender o que Newton queria dizer por *força* e *aceleração*, nem sequer teria dado importância a isso.

O que interessava a Aristóteles em suas minuciosas observações era que o movimento ou qualquer outro tipo de mudança parecia acontecer obedecendo a algum *fim*. Ele não entendia o movimento, por exemplo, como algo a ser *medido*, mas como fenômeno cujo *propósito* pudesse ser discernido. Um cavalo puxa uma carroça para percorrer uma rua; uma cabra anda para encontrar alimento; um rato corre para não ser comido; um coelhinho cruza com a coelhinha para fazer mais coelhinhos.

Aristóteles via um propósito em tudo que observava. Acreditava que o Universo era um grande ecossistema projetado para funcionar de modo harmonioso. A chuva cai porque as plantas precisam de água para crescer. As plantas crescem para que os animais possam se alimentar delas.

Sementes de uva se desenvolvem em parreiras e ovos se transformam em galinhas para realizar o potencial existente dentro desses ovos e dessas sementes. Claro que, para qualquer um criado com as visões metafísicas da ciência moderna, buscar propósito nas leis da natureza é um exercício de futilidade. Não obstante, desde tempos imemoriais, as pessoas sempre tiveram um entendimento do mundo a partir de projeções de suas próprias experiências. Por isso, na antiga Grécia, era muito mais natural analisar o propósito dos eventos no mundo físico que tentar explicá-los com leis matemáticas desenvolvidas por Pitágoras e seus seguidores.

Aqui vemos mais uma vez a importância na ciência das perguntas específicas que escolhemos fazer. Pois mesmo que tivesse aderido à noção de Pitágoras, de que a natureza segue leis quantitativas, Aristóteles não teria entendido o problema, pois estava menos interessado nas especificidades quantitativas das leis que na questão de por que os objetos obedecem a essas leis. O que *compele* a corda de um instrumento musical, ou uma pedra que cai, a se comportar com regularidade numérica? Essas eram as questões que estimulavam Aristóteles, e é aqui que percebemos a grande desconexão entre sua filosofia e a maneira como a ciência é conduzida nos dias atuais – pois a ciência de hoje não reconhece o que Aristóteles interpretava como *propósito* na natureza.

Essa característica da análise de Aristóteles – sua busca de um *propósito* – teve enorme influência no pensamento humano posterior. Tornou-o benquisto por muitos filósofos cristãos ao longo dos séculos, mas impediu o progresso científico por quase 2 mil anos, pois era totalmente incompatível com os robustos princípios da ciência que orientam nossas pesquisas atuais. Quando 2 bilhões de bolas colidem, as leis estabelecidas por Newton – sem grandes propósitos subjacentes – determinam o que acontece a seguir.

A ciência surgiu a partir do fundamental desejo humano de conhecer e encontrar sentido no nosso mundo, por isso, não surpreende que a ânsia de propósito que motivou Aristóteles continue a reverberar até hoje entre muita gente. A ideia de que "tudo acontece por uma razão" pode consolar os que procuram entender um desastre natural ou alguma outra tragédia. Para essas pessoas, a insistência dos cientistas em que o Universo não é guiado por qualquer sentido de propósito pode fazer a disciplina científica parecer fria e desalmada.

Mas há outra maneira de ver as coisas, maneira que aprendi com meu pai. Sempre que surgia a questão do propósito, meu pai nunca se referia a algo que tivesse acontecido a ele, mas a um incidente específico que minha mãe tinha vivido antes de os dois se conhecerem, quando ela tinha dezessete anos. Quando os nazistas ocuparam a cidade em que ela morava, um deles, por alguma razão que minha mãe nunca descobriu, mandou algumas dezenas de judeus, minha mãe entre eles, se ajoelharem enfileirados na neve. Depois começou a andar de uma ponta à outra, parando de vez em quando para atirar na cabeça de algum cativo. Se aquilo era parte do grande projeto de Deus ou da natureza, meu pai não queria ter nada a ver com esse Deus. Para pessoas como meu pai, não existe consolo em pensar que nossas vidas, por mais trágicas ou triunfantes que sejam, são resultado das mesmas leis indiferentes que criam as estrelas e que, bem ou mal, são um presente, um milagre que de alguma forma floresce dessas estéreis equações que regem o mundo.

EMBORA AS IDEIAS de Aristóteles tenham dominado o pensamento acerca do mundo natural até a época de Newton, ao longo dos anos houve inúmeros observadores que lançaram dúvidas sobre suas teorias. Vamos, por exemplo, considerar a ideia de que os objetos que não executam um movimento natural só se moverão quando uma força atuar sobre eles. O próprio Aristóteles percebeu que isso sugeria uma questão: o que impulsiona uma flecha, uma lança, ou qualquer outro projétil depois do ímpeto inicial? Sua explicação era que, pelo fato de a natureza "abominar" o vácuo, partículas de ar se agitavam atrás do projétil depois do ímpeto inicial e o empurravam adiante. Os japoneses parecem ter adaptado com sucesso essa ideia para espremer passageiros nos vagões do metrô de Tóquio, mas nem o próprio Aristóteles se entusiasmou muito com sua teoria. Essa fragilidade ficou ainda mais óbvia no século XIV, quando a proliferação de canhões tornou absurda a ideia de partículas de ar se agitando atrás das pesadas balas de canhão e impelindo-as adiante.

É importante observar que os soldados que disparavam aqueles canhões não queriam nem saber se eram partículas de ar ou ninfas invisíveis que impeliam as balas. Eles queriam saber a trajetória que levaria até a cabeça dos inimigos. Essa desconexão ilustra o verdadeiro abismo que separava Aristóteles dos que mais tarde se definiriam como cientistas: questões como a trajetória de um projétil – sua velocidade e posição em vários instantes – não faziam sentido para Aristóteles. No entanto, quando queremos aplicar as leis da física para fazer previsões, essas questões tornam-se cruciais. Por isso, as ciências que acabaram substituindo a física de Aristóteles, e que tornariam possível, entre outras coisas, calcular a trajetória de uma bala de canhão, tinham em vista os detalhes quantitativos dos processos dinâmicos do mundo – forças mensuráveis, velocidades e taxas de aceleração –, não o propósito ou as razões filosóficas desses processos.

Aristóteles sabia que sua física não era perfeita. Ele escreveu:

> Meu passo é o primeiro, e portanto pequeno, apesar de elaborado com muito pensamento e duro labor. Deve ser visto como um primeiro passo e julgado com indulgência. Vocês, meus leitores ou ouvintes de minhas palestras, se pensarem que fiz o tanto que se pode esperar, com justiça, de um ponto inicial, ... reconhecerão o que realizei e perdoarão o que deixei para outros realizarem.[17]

Aqui Aristóteles está expressando um sentimento que partilhava com muitos gênios posteriores da física. Nós pensamos neles, nos Newton e nos Einstein, como grandes sabichões autoconfiantes, até arrogantes a respeito de seus conhecimentos. Mas, como veremos, assim como Aristóteles, eles estavam confusos a respeito de um monte de coisas, e sabiam disso, assim como Aristóteles.

Aristóteles morreu em 322 a.C., aos 62 anos, aparentemente de uma doença estomacal. Um ano antes, ele tinha fugido de Atenas quando o governo pró-Macedônia foi deposto, depois da morte de seu ex-aluno Alexandre. Apesar de ter passado vinte anos na Academia de Platão, Aristóteles sempre se sentiu um estranho em Atenas. Sobre essa cidade, ele escreveu: "As mesmas coisas não são apropriadas para um estranho e para um cidadão; é difícil ficar aqui."[18] Com a morte de Alexandre, contudo, a questão de ficar ou não se tornou crítica, pois havia um perigoso movimento dirigido contra qualquer pessoa associada à Macedônia, e Aristóteles estava ciente de que a execução de Sócrates, por motivos políticos, estabelecera o precedente de que um copo de cicuta é uma poderosa réplica contra qualquer argumento filosófico. Sempre profundo em seus pensamentos, Aristóteles preferiu fugir a correr o risco de se tornar mártir. Apresentou inúmeras razões para sua decisão – evitar que os atenienses mais uma vez pecassem "contra a filosofia" –, mas essa opção, bem como a abordagem de Aristóteles da vida em geral, sempre foi muito prática.[19]

Com sua morte, as ideias de Aristóteles foram transmitidas pelas gerações de alunos do Liceu e por outros que escreveram comentários sobre seus trabalhos. Suas teorias se apagaram, assim como as formas gregas de aprendizado, durante a Idade das Trevas, mas voltaram a se destacar na Alta Idade Média, entre os filósofos árabes, com os quais os estudiosos ocidentais aprenderam muito, depois. Com algumas modificações, o pensamento de Aristóteles acabou se tornando a filosofia oficial da Igreja católica romana. E assim, pelos dezenove séculos seguintes, estudar a natureza significava estudar Aristóteles.

Vimos que nossa espécie desenvolveu um cérebro para fazer perguntas e a propensão a respondê-las, bem como as ferramentas – a escrita, a matemática e a noção de leis – para começar a respondê-las. Com os gregos, ao aprendermos o uso da razão para analisar o cosmo, chegamos às praias de um glorioso novo mundo da ciência. Mas este foi apenas o começo de uma aventura exploratória ainda mais grandiosa que viria a seguir.

PARTE II

As ciências

"Os dogmas do passado tranquilo são inadequados, ... por isso devemos pensar e agir de novas maneiras."

Abraham Lincoln, Segunda Mensagem Anual,
1º de dezembro de 1862

6. Uma nova maneira de pensar

Tive a enriquecedora experiência de colaborar com amigos em dois livros – o físico Stephen Hawking e o líder espiritual Deepak Chopra. As visões de mundo dos dois não poderiam ser mais distantes, nem se eles vivessem em mundos diferentes. Minha visão é bem parecida com a de Stephen – a dos cientistas. Mas é muito diferente da de Deepak, e provavelmente foi essa a razão de escolhermos como título de nosso livro *Ciência × espiritualidade*, em vez de *Não é maravilhoso como concordamos em tudo?*.

Deepak é apaixonado por suas convicções, e na época que passamos viajando juntos sempre tentava me converter e questionava minha maneira de compreender o mundo. Ele a chamava de *reducionismo*, porque eu acreditava que as leis da matemática e da física podem explicar, de modo conclusivo, tudo na natureza – inclusive os seres humanos. Especificamente, como eu já disse, tal como a maioria dos cientistas atuais, acredito que tudo – mais uma vez, inclusive nós mesmos – é feito de átomos e de partículas elementares de matéria que interagem segundo as quatro forças fundamentais da natureza; e que se entendermos como tudo isso funciona, poderemos, pelo menos de maneira geral, explicar tudo que acontece no mundo. Na prática, claro, não temos informação suficiente sobre o que nos rodeia, nem um computador poderoso o bastante para usar nossas teorias fundamentais a fim de analisar fenômenos como o comportamento humano. Por isso, deve permanecer em aberto a questão de saber se a mente de Deepak é determinada pelas leis da física.

A princípio, não me oponho a ser caracterizado como reducionista, mas ficava eriçado quando Deepak dizia isso, pois a maneira como ele dizia fazia eu me sentir constrangido e na defensiva, como se uma pessoa digna não pudesse acreditar no que acredito. Aliás, em reuniões com seguidores de Deepak, às vezes eu me sentia um rabino ortodoxo numa convenção de criadores de porcos. Eles sempre me faziam perguntas do tipo: "Suas equações dizem o que sinto quando vejo um quadro de Vermeer ou ouço uma sinfonia de Beethoven?" Ou: "Se a mente de minha mulher é feita de partículas e ondas, como você explica o amor que ela sente por mim?" Eu tinha de admitir que não sabia explicar o amor que ela sentia por ele. Mas não saberia explicar nenhum amor... usando equações. Para mim, isso não vinha ao caso. A aplicação de equações matemáticas teve sucesso sem precedentes como ferramenta para entender o mundo físico, embora não explique nossas experiências mentais (pelo menos até agora).

Até hoje não somos capazes de calcular o clima da semana que vem rastreando o movimento de cada átomo e aplicando os princípios fundamentais da física atômica e nuclear, porém, temos uma ciência meteorológica que utiliza modelos matemáticos de alto nível e não se sai tão mal em prever o tempo de amanhã. Da mesma forma, há ciências aplicadas que estudam o oceano, a luz e o eletromagnetismo, as propriedades dos materiais, doenças e dezenas de outros aspectos do nosso mundo cotidiano de uma maneira que nos permite aplicar esse conhecimento em usos práticos extraordinários, impensáveis até poucas centenas de anos atrás. Hoje, pelo menos entre os cientistas, existe um consenso praticamente universal quanto à validade da abordagem matemática na compreensão do mundo físico. Contudo, levou um longo tempo para que essa visão prevalecesse.

A aceitação da ciência moderna como sistema metafísico baseado na ideia de que a natureza se comporta de acordo com certas regularidades se originou na Grécia, mas a ciência só alcançou seus primeiros sucessos convincentes no emprego dessas leis no século XVII. Esse salto, das ideias de filósofos como Tales, Pitágoras e Aristóteles para as de Galileu e Newton, foi um grande avanço. Mesmo assim, não precisava ter demorado 2 mil anos.

O PRIMEIRO GRANDE empecilho no caminho da aceitação e do desenvolvimento da herança grega foi a conquista da Grécia pelos romanos, em

146 a.C., e da Mesopotâmia, em 64 a.C. A ascensão de Roma marcou o início de séculos de declínio do interesse pela filosofia, pela matemática e a ciência – mesmo entre a elite pensante da Grécia –, pois a mentalidade prática dos romanos dava pouca atenção a esses campos de estudo. Uma observação de Cícero expressa bem o desprezo dos romanos pelas pesquisas teóricas: "Os gregos conferiam as mais altas honras à geometria", declarou. "Por essa razão, nada progrediu de forma tão brilhante quanto a matemática. Mas nós estabelecemos como limite dessa arte sua utilidade para medir e contar."[1] Realmente, durante os quase mil anos de duração da República Romana e de seu sucessor, o Império Romano, os romanos empreenderam grandes e impressionantes projetos de engenharia que sem dúvida dependiam de medições e contagens; mas, até onde sabemos, não produziram nenhum matemático digno de destaque. Trata-se de um fato surpreendente, e ele surge como evidência do enorme efeito da cultura sobre o desenvolvimento da matemática e da ciência.

Apesar de os romanos não terem propiciado um bom ambiente para a evolução da ciência, as coisas ficaram ainda piores depois da dissolução do Império Romano do Ocidente, em 476 d.C. As cidades encolheram, o sistema feudal ganhou destaque, o cristianismo dominou a Europa, os mosteiros rurais e depois as escolas das catedrais se tornaram os centros da vida intelectual, o que fez com que os estudos acadêmicos se concentrassem em temas religiosos.[2] Qualquer especulação sobre a natureza era considerada frívola e indigna. No fim, a herança intelectual dos gregos acabou se perdendo para o mundo ocidental.

Felizmente para a ciência, os árabes e a classe dirigente do mundo muçulmano reconheceram o valor do saber grego. Isso não significa que eles buscavam o conhecimento pelo seu valor intrínseco – essa postura não era adotada nem pelo mundo islâmico nem pelo cristianismo. No entanto, ricos patronos árabes se dispuseram a financiar traduções da ciência grega para o árabe, acreditando que ela poderia ser útil. Realmente, houve um período de centenas de anos em que cientistas islâmicos medievais realizaram grandes progressos em aplicações práticas de ótica, astronomia, matemática e medicina, superando os europeus, cuja tradição intelectual continuou adormecida.[3*]

Entre os séculos XIII e XIV, período em que os europeus despertavam de um longo sono letárgico, a ciência no mundo islâmico havia entrado em séria decadência.[4] Diversos fatores estavam em jogo. Um deles é que as forças religiosas conservadoras passaram a impor uma compreensão ainda mais estrita da utilidade prática, que consideravam a única justificativa aceitável para a pesquisa científica. Além disso, para a ciência progredir, a sociedade precisa ser próspera e oferecer possibilidades de patrocínio privado ou governamental, porque a maior parte dos cientistas não dispõe de recursos para financiar seu próprio trabalho num mercado aberto. No final do período medieval, porém, o mundo árabe foi atacado por forças externas, de Gêngis Khan aos cruzados, e também foi dilacerado por facções rivais internas. Recursos que poderiam ser dedicados às artes e à ciência foram desviados para a guerra – e à luta pela sobrevivência.

Outro motivo de estagnação do estudo da ciência foi que as escolas que passaram a dominar um segmento importante da vida intelectual no mundo árabe não valorizavam o pensamento científico. Conhecidas como madraças, eram instituições de caridade sustentadas por doações religiosas, cujos fundadores e benfeitores desconfiavam da ciência. Em consequência disso, todo ensinamento devia se centrar na religião, deixando de lado a filosofia e a ciência.[5] Assim, qualquer ensinamento sobre esses temas tinha de se dar fora das escolas. Sem uma instituição que os apoiasse ou reunisse, os cientistas ficaram isolados uns dos outros, criando-se uma enorme barreira à pesquisa e à educação científica especializada.

Cientistas não podem existir num vácuo. Mesmo os mais brilhantes ganham muito com a interação com outros em seus campos de conhecimento. A falta de contato entre pares no mundo islâmico impediu a fer-

* O período medieval vai de 500 a.C. a 1500 (ou, de acordo com certas definições, até 1600). De qualquer forma, ele se estende, com alguma sobreposição, pela época entre as realizações culturais do Império Romano até o florescimento da ciência e da arte no Renascimento. Este foi um período que alguns definiram, no século XIX, como "mil anos sem tomar banho".

tilização cruzada de ideias necessária para o progresso. Sem os salutares benefícios do criticismo mútuo, tornou-se difícil controlar a proliferação de teorias sem base empírica, bem como encontrar uma massa crítica de apoio a cientistas e filósofos com visões de mundo que desafiavam a sabedoria convencional.[6]

Algo comparável a esse tipo de sufoco intelectual aconteceu na China, outra grande civilização que poderia ter desenvolvido a ciência moderna antes dos europeus.[7] A região tinha mais de 100 milhões de habitantes durante a Alta Idade Média (1200-1500), mais ou menos o dobro da população da Europa na época. No entanto, assim como o do mundo islâmico, o sistema educacional da China se mostrou muito inferior ao desenvolvido na Europa, pelo menos no tocante à ciência. Ele era rigidamente controlado e concentrado no aprendizado moral e literário, com pouco enfoque em inovações científicas e na criatividade. A situação continuou praticamente inalterada, desde o início da dinastia Ming (por volta de 1368) até o século XX. Assim como no mundo árabe, só se realizaram modestos avanços na ciência (em comparação aos avanços tecnológicos), que ocorreram a despeito do sistema educacional, sem ser fomentados pelo aprendizado. Pensadores críticos ao statu quo intelectual que tentaram desenvolver e sistematizar as ferramentas intelectuais necessárias para a evolução do saber foram desestimulados, assim como o uso de dados no avanço do conhecimento.

Também na Índia, um establishment centrado na estrutura de castas insistia na estabilidade em detrimento do avanço intelectual.[8] Em consequência, embora o mundo árabe, a China e a Índia tenham produzido grandes pensadores em outros domínios, eles não geraram cientistas equivalentes aos que criariam a ciência moderna no Ocidente.

O RENASCIMENTO DA CIÊNCIA na Europa começou no final do século XI, quando o monge beneditino Constantino o Africano começou a traduzir tratados médicos dos gregos antigos, do árabe para o latim.[9] Assim como no caso do mundo árabe, a motivação para estudar a sabedoria grega estava em sua utilidade, e essas primeiras traduções estimularam a vontade de ler outras obras práticas em medicina e astronomia. Depois, em 1085, durante a Reconquista da Espanha, bibliotecas inteiras de livros árabes caíram nas mãos dos cristãos, e durante as décadas seguintes muitas obras foram traduzidas, em parte graças ao interesse e às generosas doações de bispos locais.

É difícil imaginar o impacto das obras que se tornaram disponíveis. Foi como se um arqueólogo contemporâneo topasse com tabuletas não traduzidas da antiga Babilônia e descobrisse que continham avançadas teorias científicas, muito mais sofisticadas do que as nossas. Durante os séculos seguintes, o patrocínio das traduções tornou-se símbolo de status entre a elite social e comercial do Renascimento. Em consequência, todo aquele saber resgatado disseminou-se para além do mundo da Igreja e se tornou uma espécie de moeda corrente, colecionado da mesma forma que os ricos hoje colecionam obras de arte. Na verdade, os ricos também exibiam os livros e mapas como agora mostram uma escultura ou um quadro. Afinal, o novo valor alocado num conhecimento, de forma independente de seu valor utilitário, levou a uma apreciação da pesquisa científica.[10] Com o tempo, esse processo minou a "propriedade" da verdade detida pela Igreja. Em contraposição à verdade revelada nas Escrituras e na tradição da Igreja, agora havia uma nova proposta: a verdade revelada pela natureza.

Mas uma "revolução científica" não se faz só da tradução e leitura das obras dos gregos antigos. Foi o desenvolvimento de uma nova instituição – a universidade – que de fato transformou a Europa.[11] Essa instituição se tornaria o motor do desenvolvimento da ciência tal como a conhecemos hoje, mantendo a região na dianteira do saber durante muitos séculos e produzindo os maiores avanços científicos que o mundo já conheceu.

A revolução na educação foi alimentada pela crescente afluência e proliferação de oportunidades de carreira para os mais bem-formados.[12] Cidades como Bolonha, Paris, Pádua e Oxford ganharam reputação como centros de aprendizado, atraindo grande número de professores e estudantes. Era nesses centros que os professores estabeleciam suas bases, de forma independente ou sob os auspícios de alguma escola existente, antes de se organizarem em associações de voluntários inspiradas nas guildas de comércio. Embora as associações se denominassem "universidades", no início eram simples agremiações, sem propriedades estabelecidas ou local fixo. Universidades como as que conhecemos só vieram décadas depois – Bolonha em 1088, Paris por volta de 1200, Pádua em 1222 e Oxford por volta de 1250. Nelas, a ciência natural, e não a religião, se tornava o principal foco de conhecimento e os estudiosos se reuniam para interagir e fomentar novas ideias.[13]

Isso não quer dizer que a universidade da Europa medieval era um Jardim do Éden. Já em 1495, por exemplo, autoridades alemãs consideraram necessário promulgar um estatuto proibindo explicitamente qualquer associado à universidade de ensopar os calouros com urina. Os professores não tinham salas de aula específicas, sendo obrigados a lecionar em cômodos alugados, igrejas e até bordéis. Pior ainda, os professores costumavam ser pagos diretamente pelos alunos, que também podiam contratá-los e demiti-los. Na Universidade de Bolonha, havia outra bizarra distorção dos procedimentos atuais: os estudantes podiam multar os professores por ausência não justificada, por atraso ou se não respondessem a perguntas difíceis. Se uma aula não fosse interessante, demorasse muito ou fosse célere demais, eles vaiavam e ficavam violentos. Algumas tendências agressivas saíram tanto de controle em Leipzig que a universidade teve de estabelecer uma regra proibindo atirar pedras nos professores.

A despeito dessas dificuldades práticas, as universidades europeias foram grandes propulsoras do progresso científico, em parte pela maneira como reuniam pessoas para compartilhar e debater ideias. Cientistas conseguem aguentar coisas como estudantes bagunceiros e talvez até urina voadora, mas passar sem intermináveis seminários acadêmicos é simplesmente impensável. Hoje, os maiores avanços científicos se originam na pesquisa universitária, como deve ser, pois é para lá que flui a parte do leão dos investimentos em pesquisa básica. No entanto, também é historicamente importante o papel da universidade como local de reunião de cabeças pensantes.

A revolução científica que nos distanciaria do aristotelismo, transformando nossa visão da natureza e até da sociedade, e formando a base do que somos hoje, costuma ser marcada pelo início da teoria heliocêntrica de Copérnico e culminar na física de Newton. Mas essa é uma imagem muito simplificada. Embora eu use o termo "revolução científica" como referência conveniente, os cientistas envolvidos eram um grupo com uma ampla variedade de metas e convicções, e não uma turma unida na busca conjunta de criar um novo sistema de pensamento. Ainda mais importante, as mudanças que englobamos na expressão "revolução científica" foram na verdade graduais: os grandes estudiosos que construíram a enorme catedral de conhecimento entre 1550 e 1700, cujo pináculo foi Newton, não surgiram do nada. Suas fundações foram arduamente escavadas pelos pensadores medievais nas primeiras universidades europeias.

O mais importante desses trabalhos foi realizado por um grupo de matemáticos do Merton College, em Oxford, entre 1325 e 1359. A maioria das pessoas sabe, pelo menos vagamente, que os gregos inventaram a noção de ciência, e que foi na época de Galileu que a ciência moderna passou a existir. Contudo, a ciência medieval é pouco respeitada. Isso é uma pena, pois os estudiosos medievais realizaram surpreendentes progressos, apesar de viverem numa época em que as pessoas não costumavam identificar a verdade das afirmações de acordo com evidências empíricas, mas pelo quanto ela se encaixava em seus sistemas de convicções preexistentes, baseados na religião – uma cultura inimiga da ciência que conhecemos hoje.

O filósofo John Searle escreveu sobre um incidente que ilustra os termos fundamentalmente diferentes com que nós e os pensadores medievais vemos o mundo ao comentar sobre uma igreja gótica em Veneza chamada de Madonna dell'Orto (Madona do Horto). O plano original era chamá-la de igreja de São Cristóvão, mas uma estátua da Madona surgiu misteriosamente em um horto adjacente durante a construção. O nome foi mudado porque se acreditou que a estátua havia caído do céu, um evento considerado milagroso. Na época não houve dúvida a respeito da explicação sobrenatural, assim como não haveria dúvida atualmente sobre a interpretação natural que daríamos a tal incidente. "Mesmo se a estátua fosse encontrada nos jardins do Vaticano", escreveu Searle, "as autoridades eclesiásticas não afirmariam que ela teria caído do céu."[14]

Certa vez mencionei as realizações dos cientistas medievais numa festa. Disse que o trabalho deles me impressionava muito, dadas as dificuldades que enfrentavam. Nós, cientistas atuais, reclamamos do "tempo perdido" na requisição de subvenções, mas ao menos trabalhamos em laboratórios aquecidos e não precisamos caçar gatos para jantar quando nossa produção agrícola sofre algum revés.[15] Sem falar em ter de escapar da peste negra, que eclodiu em 1347 e matou metade da população da Europa.

A festa em que mencionei esse assunto estava cheia de cientistas, por isso, a pessoa com quem eu conversava não reagiu às minhas reflexões da maneira usual – de repente se dando conta de que precisava completar sua taça de Chardonnay. Simplesmente replicou, incrédula: "Cientistas

Biblioteca do Merton College, Oxford.

medievais? Qual é? Eles operavam os pacientes sem anestesia. Preparavam poções de cura com suco de alface, cicuta e bile de porco castrado. Até o grande Tomás de Aquino acreditava em bruxas." Aí ela me pegou. Eu não fazia ideia disso. Depois de algumas pesquisas, vi que a pessoa tinha razão. Apesar de seus aparentes conhecimentos enciclopédicos de certas práticas da medicina medieval, contudo, ela não sabia das ideias mais duradouras no domínio da ciência física da época, aquelas que me pareciam miraculosas, dado o estado de conhecimento medieval em outros campos. Por isso, ainda que tivesse de admitir que ninguém gostaria de ser tratado por um médico da Idade Média que chegasse ao presente numa máquina do tempo, mantive minha convicção relativa aos progressos feitos pelos estudiosos medievais na física.

O que fizeram esses heróis esquecidos da física? Para começar, entre todos os tipos de mudanças considerados por Aristóteles, eles destacaram a mudança de posição – ou seja, o movimento – como a mais fundamental. Essa foi uma perspectiva arguta e presciente, pois quase todas as mudanças que observamos são específicas das substâncias envolvidas – o apodrecimento da carne, a evaporação da água, a queda das folhas de uma árvore –, por conseguinte, não ofereciam muito para um cientista em busca do universal. As leis do movimento, por outro lado, são leis fundamentais que se aplicam a *toda* matéria. Existe, porém, outra razão para a particularidade das leis do movimento: no nível submicroscópico, elas são a causa das mudanças macroscópicas que experimentamos na vida. Isso porque, como sabemos agora – e como alguns atomistas da antiga Grécia já especulavam –, as muitas espécies de mudanças que vivemos no mundo cotidiano podem ser compreendidas, em essência, analisando-se as leis do movimento que operam nos blocos estruturais básicos da matéria: os átomos e moléculas.

Embora não tenham descoberto essas abrangentes leis do movimento, os estudiosos do Merton College intuíram que essas leis existiam e montaram o palco para que outros as descobrissem, séculos depois. Em especial, eles criaram uma teoria rudimentar do movimento que não tinha nada a ver com a ciência de outros tipos de mudança – e também nada a ver com a ideia de propósito, de projeto.

A TAREFA ASSUMIDA pelos acadêmicos do Merton College não foi fácil, pois a matemática exigida para as mais simples análises do movimento ainda era primitiva, na melhor das hipóteses. Mas havia outro impedimento grave, e superá-lo foi um triunfo ainda maior que trabalhar com a limitada matemática da época, pois não se tratava de uma barreira técnica, mas de uma limitação imposta pela maneira como as pessoas pensavam o mundo. Assim como Aristóteles, os estudiosos do Merton estavam restritos a uma visão de mundo na qual o tempo tinha um papel subjetivo e basicamente qualitativo.

Aprofundados como estamos na cultura do mundo desenvolvido, nós vivenciamos a passagem do tempo de uma forma que as pessoas das eras passadas não reconheceriam. Durante a maior parte da existência da humanidade, o tempo era uma estrutura altamente elástica, que se distendia ou contraía de maneira totalmente particular. Aprender a pensar o tempo como algo não inerentemente subjetivo foi um difícil passo adiante e de longo alcance, um avanço tão grande na ciência quanto o desenvolvimento da linguagem ou a percepção de que o mundo podia ser compreendido pela razão.

Por exemplo, a regularidade da duração dos eventos – imaginar que uma pedra cai da altura de cinco metros sempre em um segundo – teria sido um conceito revolucionário na época dos estudiosos do Merton College. Uma das razões disso era que ninguém tinha ideia de como medir o tempo com precisão, os conceitos de minutos ou segundos eram praticamente desconhecidos.[16] Na verdade, o primeiro relógio a registrar horas com a mesma duração só foi inventado nos anos 1330. Antes disso, a luz do dia, independentemente da duração, era dividida em doze intervalos iguais, o que significava que uma "hora" poderia ter duração duas vezes maior em junho do que em dezembro (em Londres, por exemplo, ela variava de 38 a 82 minutos atuais). O fato de isso não incomodar ninguém é uma prova de que as pessoas só necessitavam ter uma noção vaga e qualitativa da passagem do tempo. Por essa ótica, a noção de velocidade – distância percorrida por unidade de tempo – teria parecido uma coisa bem estranha.

Em vista de todos esses obstáculos, parece um milagre que os pesquisadores do Merton tenham conseguido criar uma base conceitual para o estudo do movimento. Mesmo assim, eles chegaram a estabelecer a primeira regra quantitativa do movimento de todos os tempos, a "regra de Merton": *A distância percorrida por um objeto em repouso com aceleração constante é igual à distância percorrida por um objeto que se movimenta no mesmo tempo com a metade da velocidade máxima do objeto.*[17]

Devemos admitir que é uma papagaiada. Embora muito familiarizado com ele, ao escrever o enunciado agora, tive de lê-lo duas vezes para entender o que dizia. A opacidade da formulação da regra, porém, serve a um propósito, pois ilustra quanto a ciência se tornou mais fácil quando os cientistas aprenderam a usar – e a inventar, se necessário – a matemática adequada.

Na linguagem matemática atual, *a distância percorrida por um objeto em repouso com aceleração constante* pode ser escrita como $\frac{1}{2}\, a \times t^2$. A segunda quantidade, *a distância percorrida por um objeto que se movimenta no mesmo tempo com a metade da velocidade máxima do objeto,* é simplesmente $\frac{1}{2}\,(a \times t) \times t$. Assim, o enunciado da regra de Merton traduzido em termos matemáticos se torna: $\frac{1}{2}\, a \times t^2 = \frac{1}{2}\,(a \times t) \times t$. Isso é mais compacto e também torna instantaneamente óbvia a verdade da afirmação, pelo menos para alguém que tenha estudado os fundamentos elementares da álgebra.

Se já faz tempo que você não lida com coisas desse tipo, pergunte a um aluno do sexto ano – qualquer um vai entender. Aliás, um estudante médio do sexto ano, hoje, sabe muito mais matemática que qualquer cientista avançado do século XIV. Essa é uma questão interessante, e o mesmo se pode dizer de uma criança do século XXVIII em relação aos cientistas do século XXI. Mas o poder da matemática humana vem progredindo de maneira estável há séculos.

Um exemplo cotidiano do que diz a regra de Merton é o seguinte: se você acelerar o automóvel num ritmo estável de zero a 150 quilômetros por hora, irá percorrer a mesma distância que se tivesse dirigido a 75 quilômetros o tempo todo. Parece minha mãe me repreendendo por guiar depressa demais. Embora a regra de Merton hoje seja um consenso, os estudiosos daquela época não conseguiram demonstrá-la. Mesmo assim, a regra fez furor no mundo intelectual e logo se difundiu pela França, Itália e outras partes da Europa.[18] A prova surgiu logo depois, do outro lado do canal da Mancha, com os correlatos franceses dos estudiosos do Merton College, que trabalhavam na Universidade de Paris. Seu autor foi Nicole Oresme (1320-1382), filósofo e teólogo que acabou ascendendo ao posto de bispo de Lisieux. Para chegar a essa demonstração, Oresme teve de realizar o que os físicos vêm fazendo repetidamente ao longo da história: inventar uma nova matemática.

Como a matemática é a linguagem da física, a falta da matemática adequada faz com que o físico seja incapaz de falar ou até mesmo de raciocinar sobre um assunto. A matemática complexa e desconhecida que Einstein precisou utilizar para formular a relatividade geral pode ter sido a razão de certa vez ele ter aconselhado uma jovem estudante: "Não se preocupe com suas dificuldades em matemática: garanto que as minhas são maiores."[19] Ou, como formulou Galileu:

> O livro [da natureza] só pode ser compreendido se primeiro aprendermos a compreender a linguagem e a ler as letras das quais ele se compõe. Está escrito na linguagem da matemática, e seus caracteres são triângulos, círculos e outras figuras geométricas, sem as quais é humanamente impossível entender uma única palavra; sem isso, vagamos por um labirinto escuro.[20]

Para lançar luz nesse labirinto escuro, Oresme inventou uma espécie de diagrama para representar a física envolvida na regra de Merton. Embora ele não entendesse o diagrama da mesma forma que nós hoje o fazemos, pode-se considerar que essa foi a primeira representação geométrica da física do movimento – e, portanto, o primeiro gráfico científico do mundo.

Sempre achei estranho que muitas pessoas saibam quem inventou o cálculo infinitesimal, embora poucas saibam usá-lo, enquanto poucas pessoas sabem quem inventou o gráfico, ainda que todo mundo o utilize.

Suponho que seja porque hoje a ideia de gráfico nos pareça óbvia. Nos tempos medievais, porém, a ideia de representar quantidades com linhas e formas no espaço era incrivelmente original e revolucionária, talvez até um pouco maluca.

Para ter uma ideia da dificuldade de se chegar a uma simples mudança na maneira como as pessoas pensam, gosto de relembrar a história de outra invenção maluca, que não tem nada a ver com matemática: os Post-its, esses pedacinhos de papel reutilizáveis, com uma tira de adesivo em um dos lados, que faz com que eles sejam fáceis de colar numa superfície. O Post-it foi inventado em 1974 por Art Fry, engenheiro químico da empresa 3M. Mas vamos imaginar que não tivesse sido criado naquela época, e que hoje eu chegasse a você, um investidor, com a ideia e o protótipo de um bloco de notas semelhante. Decerto você reconheceria a invenção como mina de ouro e aproveitaria de imediato a oportunidade de investir, certo?

Por incrível que pareça, a maioria das pessoas não pensaria assim. Isso fica evidente no fato de que, quando Fry apresentou sua ideia ao pessoal de marketing da 3M – empresa conhecida tanto pelos adesivos quanto por suas inovações –, ninguém ficou entusiasmado, acreditando que teria dificuldade em vender uma coisa que custaria muito quando comparada aos papéis de rascunho que pretendia substituir. Por que eles não reconheceram logo a preciosidade que Fry oferecia?[21] Porque, na era anterior ao Post-it, a ideia de que queríamos colar pedaços de papel com adesivo fraco nas superfícies estava além da imaginação. Por isso, o desafio de Art Fry não foi apenas inventar o produto, mas mudar a maneira como as pessoas pensavam. Se o Post-it representou uma árdua batalha, imagine o grau de dificuldade quando se tenta fazer a mesma coisa num contexto realmente importante.

Por sorte, Oresme não precisou de Post-it para sua demonstração. Vamos ver como nós interpretaríamos os seus argumentos. Para começar, coloque o tempo ao longo do eixo horizontal e a velocidade ao longo do eixo vertical. Agora suponha que o objeto considerado parta do tempo zero e se mova por um tempo em velocidade constante. Esse movimento é representado por uma linha horizontal. Se você preencher a área abaixo dessa linha com traços verticais, vai obter um retângulo. Uma aceleração constante, por outro lado, será representada por uma linha que ascende em certo ângulo com a progressão do tempo, assim como a velocidade. Se você preencher a região abaixo dessa linha com riscos horizontais, terá um triângulo.

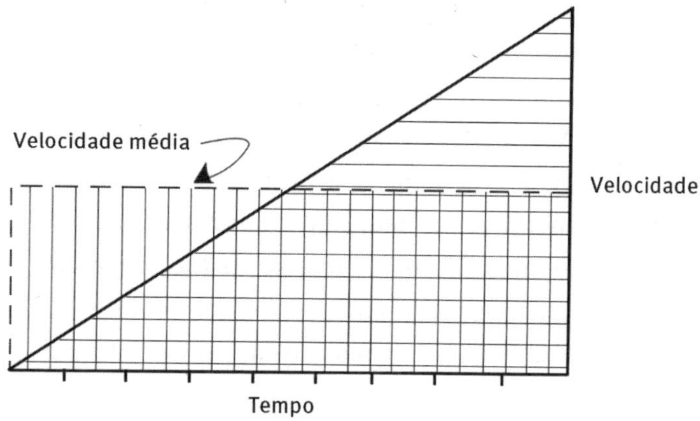

Gráfico da regra de Merton.

A área sob essas curvas – as áreas hachuradas – representa a velocidade multiplicada pelo tempo, que é a distância percorrida pelo objeto. Empregando essa análise, e sabendo como calcular as áreas de retângulos e triângulos, fica fácil demonstrar a validade da regra de Merton.

Uma das razões por que Oresme não teve os créditos merecidos foi não ter publicado boa parte de seus trabalhos. Além disso, embora eu tenha explicado como podemos interpretar sua obra hoje, a estrutura conceitual que ele de fato empregou não era nem de longe tão detalhada e quantitativa como descrevi, e totalmente diferente do nosso entendimento moderno da relação entre quantidades físicas e matemáticas. Essa nova compreensão se originaria de uma série de inovações relacionadas aos conceitos de espaço, tempo, velocidade e aceleração, uma das mais importantes contribuições do grande Galileu Galilei (1564-1642).

Embora os estudiosos medievais das universidades dos séculos XIII e XIV tenham progredido na tradição de um método científico empírico e racional, a grande explosão da ciência europeia não surgiu logo a seguir. Os responsáveis pela transformação da sociedade e da cultura na Europa foram os inventores e engenheiros do fim da era medieval, num período concomitante às primeiras agitações do Renascimento que se estendeu dos séculos XIV ao XVII.

Esses pioneiros inovadores renascentistas criaram a primeira grande civilização não movida basicamente pelo esforço dos músculos humanos. Moinhos de água e de vento, novos tipos de engrenagens mecânicas e outros dispositivos foram desenvolvidos, aperfeiçoados e incorporados à vida das aldeias. Eles movimentavam serrarias, moinhos de farinha e uma variedade de máquinas engenhosas. Suas inovações tecnológicas tiveram pouco a ver com a ciência teórica, mas estabeleceram a base para avanços posteriores, ao gerar novas riquezas e fomentar o aprendizado e a alfabetização, promovendo a ideia de que a compreensão da natureza pode ajudar a condição humana.[22]

O espírito empreendedor do início do Renascimento também propiciou a invenção de uma tecnologia que teve impacto direto sobre a ciência posterior, assim como sobre a sociedade em geral: o prelo. Apesar de os chineses já terem desenvolvido os tipos móveis séculos antes – por volta de 1040 –, esse método de impressão era impraticável com os pictogramas da escrita chinesa, que tornavam necessários milhares de caracteres diferentes. Na Europa, porém, o surgimento do prelo mecânico de tipos móveis, em 1450, mudou tudo. Em 1483, por exemplo, a Ripoli Press cobrava três vezes mais que um copista para produzir um livro, mas podia imprimir mil cópias ou mais, enquanto o escriba só gerava uma.[23] Em consequência, em poucas décadas foram impressos mais livros do que os escribas europeus haviam produzido em todos os séculos anteriores.

O prelo de tipos móveis fortaleceu a emergente classe média e revolucionou a circulação de ideias e notícias por toda a Europa. De repente, o conhecimento e a informação se tornaram disponíveis para um grupo muito maior de cidadãos. Em poucos anos foram impressos os primeiros textos matemáticos, e por volta de 1600 quase mil já tinham sido publicados.[24] Além disso, surgiu uma voga de recuperação de textos antigos. Igualmente importante: os criadores de novas ideias de repente contavam com um fórum muito mais amplo para debater seus pontos de vista; e aqueles que vicejavam no exame e desenvolvimento de ideias alheias, a exemplo dos cientistas, passaram a ter muito mais acesso ao trabalho de seus colegas.

Um dos resultados dessas mudanças na sociedade europeia foi tornar o establishment menos rígido e uniforme que o do mundo islâmico, da China ou da Índia, sociedades que se mantiveram inflexíveis ou centradas na ortodoxia restrita. Enquanto isso, a elite europeia era estimulada e moldada segundo interesses competitivos de cidades, países, Igreja, Estado, papas e imperadores, bem como pelas exigências de uma nova intelectualidade laica e de um consumo crescente. Assim, com a evolução da sociedade europeia, as artes e a ciência tiveram mais liberdade para mudar – e elas mudaram, resultando num interesse pela natureza novo e mais pragmático.[25]

Tanto nas artes quanto na ciência, a nova ênfase na realidade natural se tornou a alma da Renascença. O próprio termo significa "renascimento" em francês, e de fato o período representou um novo começo tanto para a cultura quanto para a existência física. O movimento começou na Itália, logo depois que a peste negra matou entre um terço e metade da população da Europa; depois se disseminou lentamente, só chegando ao norte da Europa no século XVI.

Na arte, os escultores renascentistas aprenderam anatomia, os pintores aprenderam geometria, focados na criação de expressões mais fiéis da realidade, baseadas em observações precisas. Agora as figuras humanas eram representadas em ambientes naturais, com precisão anatômica, sugerindo-se a tridimensionalidade com luz e sombra e a perspectiva linear. Os modelos dos pintores mostravam também emoções realistas, os rostos deixavam de apresentar aquela característica achatada e sobrenatural das primeiras obras da Idade Média. Os músicos do Renascimento estudaram acústica, enquanto os arquitetos examinavam as proporções harmônicas das construções. Os estudiosos interessados na filosofia natural – que hoje chamamos de ciência – enfatizaram a coleta de dados e as conclusões dela resultantes, em vez de empregar análises puramente lógicas, dirigidas pelo desejo de confirmar seu ponto de vista religioso.

Talvez Leonardo da Vinci (1452-1519) seja o exemplo máximo do ideal científico e humanista de um período em que não se via separação clara entre ciência e arte. Cientista, engenheiro e inventor, Leonardo era também pintor, escultor, arquiteto e músico. Em todos esses empreendimentos, ele tentou entender os mundos natural e humano por meio de observação detalhada. Seus estudos e anotações sobre ciência e engenharia chegam a mais de 10 mil páginas. Como pintor, ele não se contentava apenas em observar os modelos, também estudou anatomia e dissecou corpos humanos. Onde os acadêmicos anteriores viam a natureza em termos de aspectos qualitativos gerais, Leonardo e seus contemporâneos empenharam grande esforço para perceber as minúcias do projeto da natureza – com menos ênfase na autoridade da Igreja ou de Aristóteles.

Foi nesse clima intelectual, já no final do Renascimento, que nasceu em Pisa, em 1564, Galileu Galilei, apenas dois meses antes de outro titã, William Shakespeare. Galileu foi o primeiro dos sete filhos de Vincenzo Galilei, conhecido violinista e teórico musical.

Vincenzo era de família aristocrática – não do tipo de família da aristocracia em que pensamos hoje, gente que sai caçando raposas e beberica chá todas as tardes, mas daquele que precisava usar o nome de família para arranjar emprego.[26] É provável que preferisse ser do primeiro tipo, pois adorava violino e tocava sempre que possível – caminhando pela cidade, andando a cavalo ou à janela, deitado na cama –, mas essa era uma prática que lhe rendia pouco em dinheiro vivo.

Desejando uma vida mais lucrativa para o filho, Vincenzo mandou o jovem Galileu estudar medicina na Universidade de Pisa. Galileu, contudo, estava mais interessado em matemática do que em medicina, e começou a ter aulas particulares sobre os trabalhos de Euclides, Arquimedes e até de Aristóteles. Muitos anos depois, Galileu contou aos amigos que teria preferido abandonar a educação universitária e se dedicado ao desenho e à pintura. No entanto, Vincenzo o orientara por um caminho mais prático, baseado na teoria de um pai mais velho, de que certos compromissos valem a pena a fim de evitar uma vida comendo sementes de cânhamo e carne de entranhas.

Quando Vincenzo soube que Galileu preferia matemática a medicina, deve ter pensado que o filho pretendia viver de herança, por mais parca que ela fosse. Mas aquilo não fazia diferença. No fim, Galileu não se formou em medicina, em matemática nem em qualquer outra matéria. Abandonou a faculdade e tomou um rumo que o deixou cronicamente sem dinheiro e quase sempre cheio de dívidas.

Quando abandonou os estudos, Galileu passou a ganhar a vida dando aulas particulares de matemática. Acabou sabendo de um cargo de professor iniciante na Universidade de Bolonha. Embora tivesse 23 anos, ele se candidatou, alterando a idade para "mais ou menos 26 anos". Parece que a universidade queria alguém "mais ou menos" mais velho, e contratou um professor de 32 anos, que além do mais tinha concluído o curso. Até hoje, séculos depois, deve ser reconfortante para alguém preterido num cargo acadêmico saber que o grande Galileu passou pela mesma experiência.

Dois anos depois, Galileu acabou se tornando professor em Pisa, onde ensinou seu adorado Euclides e também ministrou cursos de astrologia cujo objetivo era ajudar estudantes de medicina a determinar quando fazer sangrias nos pacientes. Sim, o homem que tanto contribuiu para revolucionar a ciência também aconselhava aspirantes a médico quanto à posição de Aquário na aplicação de sanguessugas. Hoje a astrologia já foi desacreditada; porém, antes de conhecermos mais as leis da natureza, a ideia de que os corpos celestes afetavam nossa vida parecia razoável. Afinal, isso se aplica ao Sol e também à Lua, que havia muito se sabia terem uma misteriosa correlação com as marés.

Galileu fazia previsões astrológicas por interesse pessoal e por lucro, cobrando dos alunos doze escudos por uma aula. Com cinco aulas por ano, ele podia dobrar seu salário de sessenta escudos como professor, rendimento que mal o sustentava. Também gostava de jogar. Numa época em que ninguém sabia muito sobre a matemática das probabilidades, Galileu não só foi pioneiro no cálculo das probabilidades, como também bom de blefe.

Antes de chegar aos trinta anos, alto e forte, com a pele clara e cabelos avermelhados, Galileu era um tipo de quem as pessoas gostavam. Mas sua carreira em Pisa não durou muito. Embora em geral se mostrasse respeitoso com as autoridades, ele tendia ao sarcasmo e podia ser ferino com seus adversários intelectuais ou com os administradores que o incomodassem. O que o deixou encolerizado em Pisa foi o fato de a universidade teimosamente insistir para que os professores usassem as becas acadêmicas não apenas enquanto estivessem em aula, mas também quando andassem pela cidade.

Galileu, que gostava de escrever poesia, se vingou fazendo um poema para as autoridades universitárias. O tema eram as roupas – e sua insurreição contra elas. Argumentava que eram uma fonte de engano. Por exemplo, sem roupas, proclamavam seus versos, uma noiva poderia olhar para seu futuro cônjuge e "Ver que é pequeno demais, ou se tem doenças francesas, [e,]/ Assim informada, aceitá-lo ou deixá-lo, segundo sua vontade".[27] Aquele não era um poema elogioso para os parisienses. Também não caiu bem em Pisa, e o jovem Galileu voltou ao mercado de trabalho.

Galileu Galilei retratado pelo artista flamengo Justus Sustermans, em 1636.

Acabou que foi melhor assim. Galileu logo obteve uma nomeação para Veneza, na Universidade de Pádua, começando com 180 escudos por ano, o triplo do salário anterior. Mais tarde ele definiria o período que ali passou como os melhores dezoito anos de sua vida.

Quando chegou a Pádua, Galileu já estava desencantado com a física de Aristóteles.[28] Para o filósofo, a ciência consistia em observação e teorização. Para Galileu, faltava um estágio crucial, de experimentos. Nas mãos de Galileu, a física experimental avançou tanto quanto no aspecto teórico. Os estudiosos vinham realizando experimentos há séculos, mas em geral eles eram feitos para ilustrar ideias já aceitas. Hoje, por outro lado, os cientistas realizam experimentos para testar ideias com rigor. Os experimentos de Galileu situavam-se mais ou menos no meio-termo. Eram explorações – mais que exemplos, mas ainda não testes rigorosos.

Dois aspectos da abordagem que Galileu fez da experimentação foram especialmente importantes. Primeiro, quando obtinha resultados que o surpreendiam, ele não os rejeitava – preferia questionar seu próprio raciocínio.[29] Segundo, seus experimentos eram quantitativos, ideia bastante revolucionária na época.

Os experimentos de Galileu eram muito parecidos com os que se veem hoje nas salas de aula do ensino médio, embora, claro, seu laboratório fosse diferente dos existentes hoje nos cursos médios, pois faltavam eletricidade, gás, água e equipamentos sofisticados – e por "equipamentos sofisticados" estou me referindo, por exemplo, a um relógio. Por conseguinte, Galileu devia ser uma espécie de MacGyver do século XVI, bolando, no Renascimento, artefatos complexos equivalentes à fita-crepe ou a um desentupidor de privadas. Por exemplo, para improvisar um cronômetro, Galileu fez um furinho no fundo de um balde grande. Quando precisava cronometrar um evento, ele enchia o balde de água, recolhia e pesava o que vazava – e o peso da água era proporcional à duração do evento.

Galileu utilizou seu "relógio de água" para abordar o controverso tema da queda livre – processo pelo qual um objeto cai no solo. Para Aristóteles, a queda livre era uma espécie de movimento natural regido por certas regras básicas, como: "Se metade do peso percorrer a distância em um dado tempo, o dobro [o peso todo] levará a metade do tempo." Em outras palavras, os objetos caem a uma velocidade constante proporcional a seu peso.

Se pensarmos a esse respeito, trata-se de algo de senso comum: uma pedra cai mais depressa que uma folha. Assim, em vista da falta de instrumentos de mensuração ou registro, e do pouco que se sabia sobre o conceito de aceleração, a descrição de Aristóteles devia parecer razoável. Se pensarmos melhor, a ideia também é uma violação do senso comum. Como o astrônomo jesuíta Giovanni Riccioli demonstrou, mesmo a mitológica águia que matou Ésquilo deixando cair uma tartaruga em sua cabeça sabia instintivamente que o objeto causaria mais danos se largado mais do alto – o que implica que os objetos se aceleram enquanto caem.[30] Em consequência dessas considerações, houve uma longa tradição de idas e vindas em torno do tema, com diversos estudiosos expressando ceticismo durante séculos a respeito da teoria de Aristóteles.

Galileu conhecia essas críticas e queria fazer sua própria investigação. Mas sabia que seu relógio de água não era preciso o bastante para experimentos com objetos em queda, por isso teve de encontrar um processo mais lento, demonstrando os mesmos princípios físicos. Resolveu medir o tempo transcorrido usando esferas de bronze bem lisas rolando por planos inclinados em diferentes ângulos.

Estudar queda livre fazendo medições de bilhas que rolam em rampas é como comprar uma roupa de acordo com sua aparência na internet – sempre existe a chance de as roupas parecerem diferentes no corpo da gente que nos lindos modelos expostos. Apesar dos riscos, o raciocínio é o cerne da maneira como pensam os físicos modernos. A arte de elaborar bons experimentos em grande parte está em saber quais aspectos do problema são importantes de preservar e quais podem ser ignorados com segurança – e em como interpretar o resultado dos experimentos.

No caso da queda livre, a genialidade de Galileu foi ter projetado o experimento das bilhas tendo em mente dois critérios. Primeiro, ele devia desacelerar as coisas de forma a mensurá-las; segundo, e igualmente importante, procurou minimizar os efeitos da resistência do ar e do atrito. Embora o atrito e a resistência do ar façam parte da experiência cotidiana,

Galileu achou que poderiam escamotear a simplicidade das leis fundamentais que regem a natureza. Pedras podiam cair mais depressa que penas no mundo real, mas Galileu suspeitava que havia as leis subjacentes determinando que, no vácuo, os dois objetos cairiam com a mesma velocidade. Precisamos "isolar essas dificuldades", ele escreveu, "e, tendo descoberto e demonstrado os teoremas, no caso de não resistência, ... usá-los e aplicá-los [no mundo real] ... com as limitações que o experimento ensinar".[31]

Nas pequenas inclinações, as bilhas do experimento de Galileu rolavam bem devagar, e era relativamente fácil aferir os dados. Ele percebeu que, com esses ângulos pequenos, a distância coberta pela bola era sempre proporcional ao quadrado do intervalo de tempo. Pode-se demonstrar matematicamente que isso significa que a bola ganha velocidade a uma taxa constante – isto é, a bola sofre uma aceleração constante. Além disso, Galileu notou que o ritmo da queda da bola não dependia de seu peso.

O mais surpreendente era que isso se mantinha verdadeiro mesmo quando se inclinava o plano em ângulos mais íngremes – independentemente do ângulo de inclinação, a distância percorrida pela bilha não dependia do peso desta e era proporcional ao quadrado do tempo que a bilha levava para rolar. Se isso era verdade para uma inclinação de 40, 50, 60 e até 70 ou 80 graus, por que não para 90 graus? Aí chegamos ao raciocínio bastante moderno de Galileu: ele afirmou que suas observações da bilha rolando pelo plano deviam também se aplicar à queda livre, que se podia considerar equivalente a um "caso-limite", no qual o plano tivesse 90 graus de inclinação. Em outras palavras, ele formulou a hipótese de que, se inclinasse o plano até o fim – até ele ficar na vertical e a bilha mais cair que rolar –, a bilha continuaria a ganhar velocidade a uma taxa constante. Isso significava que a lei observada nos planos inclinados se mantinha na queda livre.

Dessa forma, Galileu substituiu a lei da queda livre de Aristóteles. O filósofo grego dissera que as coisas caíam em velocidade proporcional a seu peso. Galileu, ao postular um mundo ideal, em que as leis fundamentais se revelavam, chegou a uma conclusão diferente: na ausência da resistência de um meio como o ar, todos os objetos caem com a mesma aceleração constante.

Galileu tinha gosto pela matemática, mas também tendia à abstração. Esta era uma tendência tão bem desenvolvida que às vezes elaborava cenas inteiras em sua imaginação. Quem não é cientista chama isso de fantasia; os cientistas, pelo menos aqueles que se dedicam à física, dizem que são experimentos mentais. A vantagem de imaginar experimentos exclusivamente na cabeça é evitar o incômodo de montar um aparato que funcione na prática e ainda assim ser capaz de proporcionar o exame das consequências lógicas de certas ideias. Assim, além de rechaçar a teoria de Aristóteles sobre a queda livre com seus experimentos práticos com os planos inclinados, Galileu também utilizou experimentos mentais para entrar no debate a respeito de outras críticas cruciais à física de Aristóteles, relativas ao movimento dos projéteis.

O que continua a impulsionar um projétil depois que termina a força inicial aplicada no disparo? Aristóteles aventava que partículas de ar atrás do projétil o impeliam continuamente, mas até ele próprio se mostrou cético quanto a essa explicação, como já vimos.

Galileu atacou o problema imaginando um navio no mar, com homens brincando de pega-pega numa cabine, borboletas adejando ao redor, peixes nadando num aquário sobre uma mesa e água pingando de uma garrafa. Ele "notou" que tudo aquilo acontecia exatamente da mesma maneira caso o navio se encontrasse em movimento constante ou caso ele estivesse parado. Concluiu que, como tudo no navio se move junto com ele, o movimento da embarcação deveria estar "impresso" nos objetos, de tal forma que, quando o navio se movia, seu movimento se tornava uma espécie de referência para tudo que ele contivesse. Será que, da mesma forma, o movimento do projétil poderia estar impresso nele? Seria isso que mantinha a bala de canhão em movimento?

As ruminações de Galileu o levaram à sua conclusão mais profunda e a uma nova ruptura radical com a física de Aristóteles. Ao negar a afirmação de Aristóteles, de que os projéteis exigiam uma razão para seu movimento – uma força –, Galileu proclamou que todos os objetos que estejam em movimento uniforme tendem a manter esse movimento, assim como objetos em repouso tendem a permanecer em repouso.

Por "movimento uniforme", Galileu queria dizer movimento *em linha reta* e *em velocidade constante*. Portanto, o estado de "repouso" é simplesmente um exemplo de movimento uniforme em que a velocidade é igual a zero. A observação de Galileu veio a ser chamada de lei da inércia. Mais tarde, Newton a adaptou para se tornar sua primeira lei do movimento. Poucas páginas depois de enunciar a lei, Newton acrescenta que a descoberta foi de Galileu – raro exemplo de Newton dando crédito a outro cientista.[32]

A lei da inércia resolve o problema do projétil que tanto havia atormentado os aristotélicos. De acordo com Galileu, depois de disparado, o projétil permanece em movimento, a não ser que alguma força o detenha. Assim como a lei da queda livre de Galileu, essa lei representava um rompimento radical com Aristóteles. Galileu afirmava que o projétil não precisava de uma aplicação contínua de força para se manter em movimento; na física de Aristóteles, era inconcebível um movimento contínuo sem a atuação de uma força, ou "causa".

Quando ouviu minhas histórias sobre Galileu, meu pai, que gostava de comparar qualquer pessoa importante de quem se falasse com alguma figura da história judaica, chamou Galileu de Moisés da ciência. Disse que Galileu tinha conduzido a ciência do deserto aristotélico em direção à Terra Prometida. A comparação é especialmente apropriada porque, assim como Moisés, Galileu também não chegou à Terra Prometida, jamais conseguiu identificar a gravidade como força ou a decifrar sua expressão matemática – isso teria de esperar até Newton – e continuou preso a algumas convicções aristotélicas. Por exemplo, ele acreditava numa espécie de "movimento natural" não uniforme, que não precisava ser causado por alguma força: o movimento em círculos ao redor do centro da Terra. Galileu parecia acreditar que era esse tipo de movimento natural que permitia aos objetos acompanhar a rotação do planeta.

Os últimos vestígios do sistema de Aristóteles teriam de ser abandonados para o advento de uma verdadeira ciência do movimento. Por razões como essa, um historiador definiu o conceito de natureza de Galileu como "um amálgama impossível de elementos incompatíveis, nascido de visões de mundo mutuamente contraditórias, entre as quais ele se encontrava".[33]

As contribuições de Galileu para a física foram realmente revolucionárias. No entanto, nos dias atuais, ele é mais famoso pelo conflito que estabeleceu com a Igreja católica ao afirmar que, ao contrário da visão de Aristóteles (e Ptolomeu), a Terra não era o centro do Universo, mas um planeta como os demais, que orbitava em torno do Sol. A ideia de um Universo heliocêntrico já existia desde Aristarco, no século III a.C., mas a versão moderna pode ser creditada a Copérnico (1473-1543).[34]

Copérnico era um revolucionário ambíguo, cujo objetivo não era contestar a metafísica de sua época, mas simplesmente consertar a astronomia dos gregos. O que o incomodava era que, para fazer o modelo geocêntrico funcionar, era preciso introduzir grande número de complicadas construções geométricas casuísticas. Seu modelo, por outro lado, era muito mais simples e requintado, artístico mesmo. No espírito do Renascimento, ele apreciava não somente a importância científica, mas também a forma estética. "Acho mais fácil acreditar nisso", escreveu, "a confundir a questão supondo-se grande número de círculos, como fazem aqueles que mantêm a Terra no centro."[35]

Copérnico escreveu pela primeira vez sobre seu modelo em 1514 e depois passou décadas realizando observações astronômicas que o apoiassem. Mas, assim como Darwin, séculos mais tarde, cercou suas ideias de cuidados, fazendo-as circular apenas entre os amigos mais confiáveis, com medo de ser escarnecido pelo populacho e pela Igreja. Contudo, mesmo pressentindo o perigo, Copérnico também sabia que, com uma política adequada, a reação da Igreja seria amenizada. Quando finalmente registrou seu trabalho, dedicou o livro ao papa, com uma longa explanação de por que suas ideias não eram heréticas.

No final, a questão tornou-se irrelevante, pois Copérnico só publicou o livro em 1543, época em que já estava entrevado em seu leito de morte – alguns dizem que só viu a versão impressa no dia em que morreu. Ironicamente, quando foi publicado, o livro teve pouco impacto imediato, só ganhando importância quando Galileu o adotou e começou a disseminar suas palavras.

Embora não tenha criado a noção de que a Terra não era o centro do Universo, Galileu contribuiu com algo igualmente importante, usando um telescópio (que ele improvisou, com base numa versão muito mais rudimentar inventada pouco tempo antes) para descobrir provas surpreendentes e convincentes dessa concepção.

Tudo começou por acaso. Em 1597, Galileu estava em Pádua escrevendo e fazendo palestras sobre o sistema de Ptolomeu, sem deixar muito claro que tinha dúvidas sobre sua validade.* Enquanto isso, mais ou menos na mesma época, ocorreu um incidente na Holanda que nos lembra a importância, na ciência, de estar no lugar certo (Europa) e na hora certa (nesse caso, poucas décadas depois de Copérnico). O incidente, que afinal fez Galileu mudar de ideia, aconteceu quando duas crianças brincando na oficina de um obscuro fabricante de óculos chamado Hans Lippershey juntaram duas lentes e olharam através delas para uma biruta no alto da torre da igreja da cidade. A imagem foi ampliada. Segundo o que Galileu escreveu sobre o ocorrido, Lippershey olhou através das lentes, "uma côncava e outra convexa, ... e notou o inesperado resultado; e assim descobriu o instrumento".[36] Ele tinha criado uma luneta.

Tendemos a ver o desenvolvimento da ciência como uma série de descobertas levando uma à outra, por esforço de algum gigante intelectual solitário, com visão clara e extraordinária. Mas a perspectiva dos grandes inovadores da história do intelecto costuma ser mais turva que nítida, e às vezes suas realizações se devem mais a amigos e colegas – e à sorte – do que contam as lendas e do que gostam de admitir os inovadores. Nesse caso, a luneta de Lippershey tinha poder de aumento de só duas ou três vezes, e Galileu não ficou muito impressionado quando soube disso, alguns anos depois, em 1609. Só se interessou porque seu amigo Paolo Sarpi, definido pelo historiador J.L. Heilbron como "monge polímata terrivelmente

---

* No entanto, ele mostrou certa simpatia por uma versão das ideias de Copérnico desenvolvida pelo astrônomo (e astrólogo) alemão Johannes Kepler, principalmente porque apoiavam sua própria teoria das marés (que ele relacionava, incorretamente, à ação do Sol). Porém, quando Kepler instou Galileu a manifestar seu apoio, este se recusou.

contrário aos jesuítas", percebeu o potencial do dispositivo, julgando que a invenção poderia ser aperfeiçoada e ter importantes aplicações militares em Veneza, cidade sem muros que dependia da rápida detecção de qualquer ataque inimigo para sua sobrevivência.

Sarpi pediu ajuda a Galileu, que também trabalhava na construção de instrumentos científicos, um de seus muitos e variados empreendimentos para suplementar a renda. Nem Sarpi nem Galileu entendiam grande coisa de teoria ótica, porém, por meio de tentativa e erro, em poucos meses Galileu desenvolveu um instrumento que ampliava nove vezes a imagem mirada. Deu o instrumento de presente para o embasbacado Senado de Veneza em troca de uma extensão vitalícia de seu cargo com o dobro de seu salário da época, de mil escudos. Galileu acabou aperfeiçoando a luneta para um aumento de trinta vezes, na prática, o limite para um telescópio desse tipo (um visor plano-côncavo com uma objetiva plano-convexa).

Por volta de dezembro de 1609, quando já tinha desenvolvido um telescópio com poder de ampliação de vinte vezes, Galileu apontou o dispositivo para o maior corpo visível no céu noturno, a Lua. Essa observação, além de outras que faria, forneceu a melhor prova até então de que Copérnico estava certo quanto ao lugar da Terra no cosmo.

Aristóteles afirmava que o céu era uma região à parte, formada por substância distinta e com leis diversas, que faziam com que todos os corpos celestes se movessem em círculos ao redor da Terra. O que Galileu viu, porém, foi uma Lua "irregular, áspera, cheia de cavidades e proeminências, não muito diferente da superfície da Terra, com um relevo de cadeias de montanhas e vales profundos".[37] A Lua, em outras palavras, não parecia uma "região distinta". Galileu observou também que Júpiter tinha duas luas. O fato de elas orbitarem Júpiter, e não a Terra, violava a cosmologia de Aristóteles, ao mesmo tempo que apoiava a ideia de que o nosso planeta não era o centro do Universo, mas simplesmente um entre muitos.

Devo observar que, quando digo que Galileu "viu" alguma coisa, não estou afirmando que ele pôs o telescópio no olho, apontou para algum lugar e se deleitou com uma nova série de imagens, como se assistisse a um espetáculo no planetário. Muito ao contrário, suas observações exigiram longos períodos de trabalho difícil e tedioso, pois devia passar horas olhando pela lente imperfeita e malmontada (pelos padrões atuais), e se esforçar para entender o que via. Quando observou a Lua, por exemplo, ele só conseguiu "ver" montanhas depois de examinar arduamente e interpretar, durante semanas, o movimento das sombras projetadas. Além disso, conseguia ver apenas um centésimo da superfície de cada vez. Por isso, para criar um mapa do todo, teve de fazer inúmeras e minuciosas observações coordenadas.

Essas dificuldades demonstram que, em relação ao telescópio, a genialidade de Galileu não se manifestou tanto no aperfeiçoamento do instrumento, mas também na forma como o utilizou. Quando percebia, por exemplo, o que parecia ser, digamos, uma montanha lunar, ele não confiava simplesmente na aparência. Estudava a luz e as sombras, e aplicava o teorema de Pitágoras para estimar a altura da montanha. Quando observou as luas de Júpiter, de início pensou que fossem estrelas. Só depois de múltiplas e meticulosas observações, e um cálculo envolvendo o movimento conhecido do planeta, percebeu que a posição das "estrelas" em relação a Júpiter mudavam de um modo que sugeria uma órbita.

Tendo feito essas observações, embora relutante em entrar na arena teológica, Galileu ficou ansioso por ser reconhecido como seu descobridor. Assim, começou a dedicar muita energia à publicação das descobertas e a defender a substituição da cosmologia de Aristóteles pelo sistema heliocêntrico de Copérnico. Para isso, em março de 1610 ele publicou *O mensageiro das estrelas*, libelo descrevendo as maravilhas que havia observado. O livro foi um sucesso instantâneo. Embora tivesse somente cerca de sessenta páginas (no formato moderno), ele estarreceu o mundo acadêmico, pois descrevia detalhes maravilhosos e jamais vistos da Lua e dos planetas. Logo a fama de Galileu se espalhou pela Europa, e todo mundo queria olhar através de um telescópio.

Em setembro do mesmo ano, Galileu mudou-se para Florença, a fim de assumir o prestigioso cargo de "matemático-chefe da Universidade de Pisa e filósofo do grão-duque". Manteve seu salário prévio, mas não tinha mais obrigação de ensinar nem de morar na cidade de Pisa. O grão-duque em questão era Cosme II de Médici, da Toscana. A nomeação de Galileu resultou de uma campanha para angariar a simpatia dos Médici e como reconhecimento pelas grandes realizações do cientista. Galileu chegou a batizar as recém-descobertas luas de Júpiter de "planetas de Médici".

Logo após sua nomeação, Galileu caiu muito doente, ficando acamado durante meses. Por ironia, é provável que tenha contraído a "doença francesa", a sífilis, resultado de sua atração pelas prostitutas venezianas. Mesmo enquanto estava doente, Galileu continuou lutando para convencer os pensadores influentes da validade de suas descobertas. No ano seguinte, já recuperado, sua estrela brilhava tanto que ele foi convidado a ir a Roma, onde realizou palestras sobre seu trabalho.

Em Roma, Galileu conheceu o cardeal Maffeo Barberini e teve uma audiência no Vaticano com o papa Paulo V. Aquela foi uma viagem absolutamente triunfal, e Galileu, de alguma forma, parece ter aparado suas diferenças com a doutrina oficial da Igreja, a fim de não ofender ninguém – talvez porque a maioria de suas palestras tenha se concentrado nas observações feitas pelo telescópio, sem muitos debates sobre suas implicações.

Era inevitável, porém, que as atividades políticas subsequentes de Galileu acabassem entrando em conflito com o Vaticano, pois a Igreja endossava a versão aristotélica retomada por são Tomás de Aquino, incompatível com as observações e explicações de Galileu. Além do mais, ao contrário do predecessor Copérnico, Galileu podia ser insuportavelmente arrogante, até em consultas com teólogos em temas relacionados à doutrina da Igreja. Assim, em 1616, Galileu foi convocado a Roma para se defender perante diversos altos funcionários da Igreja.

Parece que a entrevista terminou em empate – Galileu não foi condenado, nenhum de seus livros foi banido e ele até foi recebido para uma nova audiência com o papa Paulo V;[38] mas as autoridades o proibiram de ensinar que o Sol, e não a Terra, era o centro do Universo, e que a Terra se movia em torno do Sol, e não vice-versa. Afinal, o episódio acabaria lhe causando enorme problema, pois muitas das provas usadas contra Galileu em seu julgamento pela Inquisição, dezessete anos depois, seriam extraídas

das reuniões em que os funcionários da Igreja o haviam impedido explicitamente de ensinar a doutrina de Copérnico.

As tensões se amainaram por algum tempo, em especial depois que o amigo de Galileu, o cardeal Barberini, foi eleito papa, em 1623. Ao contrário do papa Paulo, Urbano VIII tinha uma visão mais positiva da ciência, e concedeu diversas audiências a Galileu nos primeiros anos de sua gestão.

Encorajado pelo clima mais amigável, com a ascensão de Urbano, Galileu começou a trabalhar num novo livro, que concluiu aos 68 anos, em 1632. O fruto desse trabalho intitulava-se *Diálogo sobre os dois máximos sistemas do mundo, o ptolomaico e o copernicano*. Mas o "diálogo" era extremamente unilateral, e a Igreja reagiu – com boas razões – como se o título do livro fosse *Por que a doutrina da Igreja está errada e o papa Urbano é um imbecil*.

O *Diálogo* de Galileu tinha a forma de uma conversa entre amigos: Simplício, dedicado seguidor de Aristóteles; Sagredo, participante neutro e inteligente; e Salviati, com convincentes argumentos a favor da visão copernicana. Galileu se sentia à vontade para escrever o livro porque falara sobre o assunto com Urbano VIII, que parecia aprová-lo. Mas ele havia assegurado ao papa que sua intenção era defender a Igreja e a ciência italiana da acusação de que o Vaticano havia banido o sistema heliocêntrico por ignorância; a aprovação de Urbano estabelecia a condição de Galileu apresentar os argumentos intelectuais de ambos os lados sem julgamento de valor. Se Galileu tentou realmente fazer isso, ele fracassou redondamente. Nas palavras de seu biógrafo J.L. Heilbron, o *Diálogo* de Galileu "definia os filósofos da Terra fixa como algo menos que humanos, como seres ridículos, bitolados, mentecaptos e idiotas, enaltecendo os copernicanos como pessoas de intelecto superior".[39]

Houve ainda outro insulto. Urbano pedira que Galileu incluísse uma retratação no livro, uma passagem afirmando a validade da doutrina da Igreja. Mas, em lugar de expressar a retratação em sua própria voz, como Urbano pedira, Galileu pôs a perspectiva da religião na boca do personagem Simplício, definido por Heilbron como "pateta". Como não era nenhum pateta, o papa Urbano ficou profundamente ofendido.

Quando a poeira de estrelas baixou, Galileu foi condenado por ter violado o edital da Igreja de 1616, contra os ensinamentos do sistema copernicano, e obrigado a renunciar às suas convicções. Sua ofensa se relacionava tanto com o poder e o controle, ou a "propriedade" da verdade, quanto com as especificidades de sua visão de mundo, pois a maioria dos que formavam a elite intelectual da Igreja já reconhecia que a doutrina copernicana estava correta; eles se opunham ao fato de que um renegado difundisse essa palavra e desafiasse a doutrina da Igreja.[40]*

No dia 22 de junho de 1633, vestindo uma camisa branca de penitência, Galileu ajoelhou-se diante do tribunal que o havia julgado e se submeteu à exigência de reafirmar a autoridade das Escrituras, ao declarar: "Eu, Galileu, filho do falecido Vincenzo Galilei, florentino, com setenta anos de idade, ... juro que sempre acreditei, acredito e com a ajuda de Deus acreditarei em tudo que é afirmado, pregado e ensinado pela sagrada Igreja católica apostólica romana."[41]

Além de proclamar que sempre aceitara a doutrina da Igreja, Galileu ainda confessou que tinha apregoado a condenada teoria copernicana mesmo "depois de uma proibição [lhe] ter sido judicialmente imposta" pela Igreja, determinando que, nas palavras da Igreja, ele deveria "abandonar a falsa opinião de que o Sol é imóvel e o centro do mundo, e que a Terra não é o centro do mundo, e se move".

Mas há algo realmente interessante nas palavras da confissão de Galileu: "Eu escrevi e imprimi um livro", ele declarou, "no qual debato essa nova doutrina já condenada e apresento argumentos irrefutáveis a seu favor." Então, mesmo enquanto se sujeitava à versão da Igreja sobre a verdade, Galileu continuava a defender o conteúdo de seu livro.

No final, Galileu capitula ao dizer que:

> desejando remover das mentes de Suas Eminências, e de todos os cristãos fiéis, essa forte suspeita, justamente concebida contra mim, de coração aberto

* De fato, embora estivesse proibido de ensinar o sistema copernicano, Galileu pôde continuar seu trabalho e usar o telescópio durante os anos em que foi mantido em prisão domiciliar.

> e com fé inabalável, eu abjuro, amaldiçoo e abomino os erros e heresias acima mencionados, ... e juro que no futuro nunca mais direi ou ressaltarei, verbalmente ou por escrito, qualquer coisa que possa propiciar ocasião para semelhante suspeita a meu respeito.

Galileu não recebeu o duro castigo que a Inquisição impôs a Giordano Bruno, que também declarou que a Terra girava em torno do Sol, e que por essa heresia foi queimado em Roma, em 1600. Mas o julgamento deixou bem clara a posição da Igreja.

Dois dias depois, Galileu foi posto sob custódia do embaixador de Florença. Passou seus últimos anos numa espécie de prisão domiciliar em sua vila em Arcetri, perto de Florença. Enquanto morava em Pádua, Galileu gerou três filhos legítimos. Um deles, uma filha a quem era extremamente apegado, morreu de peste na Alemanha. A outra filha não se dava bem com ele, mas seu filho, Vincenzo, morava nas proximidades e cuidou muito bem do pai. Embora fosse prisioneiro, Galileu podia receber visitas até de heréticos – desde que não fossem matemáticos. Um deles era o jovem poeta inglês John Milton (que mais tarde se referiria a Galileu e seu telescópio em *Paraíso perdido*).

Ironicamente, foi durante essa época em Arcetri que Galileu registrou suas ideias mais bem elaboradas sobre a física do movimento, no livro que ele considerava sua obra máxima: *Discursos e demonstrações matemáticas acerca de duas novas ciências*. O volume não pôde ser publicado na Itália, por causa do veto papal aos seus escritos, mas foi contrabandeado para Leiden e publicado em 1638.

Àquela altura, a saúde de Galileu estava bem fragilizada. Em 1637 ele ficou cego, e no ano seguinte começou a sofrer de debilitantes problemas digestivos. "Acho tudo nojento", escreveu, "o vinho é absolutamente ruim para minha cabeça e meus olhos, a água, para uma dor que sinto do lado do corpo, ... meu apetite acabou, nada me apetece, se algo me apetecer [os médicos] irão proibi-lo."[42] Ainda assim, Galileu manteve a cabeça ativa, e um dos visitantes que esteve com ele pouco antes de sua morte comentou que – apesar da proibição de visitantes dessa profissão –, Galileu havia gostado muito de ouvir os argumentos de dois matemáticos. Galileu morreu com 77 anos, em 1642, ano em que nascia Newton, ao lado do filho Vincenzo – e, sim, de alguns matemáticos.

Galileu queria ser enterrado ao lado do pai, na basílica principal de Santa Croce, em Florença. O sucessor do grão-duque Cosme, Ferdinando, tinha até planejado construir uma grande tumba ali para ele, em frente à de Michelangelo. Mas o papa Urbano deixou entrever que "não [era] bom construir mausoléus [para tais homens], ... pois as pessoas de bem podem se sentir escandalizadas e julgar mal a sagrada autoridade".[43] Por isso, os parentes de Galileu depositaram seus restos mortais numa câmara fechada sob a torre do sino da igreja e organizaram um pequeno funeral a que compareceram somente poucos amigos, parentes e seguidores. No entanto, muitos, mesmo os pertencentes à Igreja, sentiram sua perda. Sobre a morte de Galileu, o bibliotecário da corte do cardeal Barberini, em Roma, corajosamente escreveu: "Comove não apenas Florença, mas o mundo todo e todo nosso século, do qual esse homem divino recebeu mais esplendor que quase qualquer um dos outros filósofos."[44]

7. O Universo mecânico

Quando publicou seu *Discursos e demonstrações matemáticas acerca de duas novas ciências*, Galileu levou a cultura humana ao limiar de um novo mundo. Isaac Newton deu os últimos passos gigantescos, e no processo completou o modelo de uma maneira de pensar inteiramente nova. Depois de Newton, a ciência abandonou a visão aristotélica da natureza orientada por um propósito para adotar um Universo pitagórico, regido por números. Depois de Newton, a afirmação jônica de que o mundo podia ser compreendido por observação e pela razão foi transformada numa grande metáfora: o mundo é como um relógio, com o mecanismo determinado por leis numéricas que tornam cada aspecto da natureza previsível com precisão – inclusive, segundo acreditavam muitos, as interações humanas.

Nos longínquos Estados Unidos da América, os fundadores da nação adotaram o pensamento newtoniano como um adendo à teologia ao afirmar, na Declaração de Independência, que "as leis da natureza e do Deus da natureza garantem" ao povo sua autodeterminação política.[1] Na França, depois da Revolução e do período de antagonismo em relação à ciência, Pierre-Simon de Laplace elevou a física newtoniana a um novo patamar de sofisticação matemática e proclamou que, empregando a teoria de Newton, o intelecto superior poderia "abranger na mesma fórmula os movimentos dos grandes corpos do Universo e os dos menores átomos; nada seria incerto, e o futuro, como o passado, estaria presente aos seus olhos".

Hoje todos nós pensamos como newtonianos. Falamos da força do caráter de uma pessoa, da aceleração da disseminação de uma doença. Falamos de inércia física e até mental, do impulso de uma equipe esportiva. Seria impossível pensar nesses termos antes de Newton; hoje é impossível não pensar nesses termos. Mesmo os que não sabem nada sobre as leis de Newton têm a mente marcada por essas ideias. Por isso, estudar o trabalho de Newton é o mesmo que estudar nossas próprias raízes.

Como a visão de mundo de Newton é hoje uma segunda natureza para nós, é preciso certo esforço para apreciar a extraordinária centelha de sua criação. Na verdade, quando fui apresentado às "leis de Newton" no ensino médio, elas pareceram tão simples que fiquei pensando por que havia tanta celeuma a esse respeito. Achei estranho que uma das pessoas mais inteligentes da história da ciência tivesse levado tantos anos para criar o que eu, um garoto de quinze anos, consegui aprender em poucas aulas. Como conceitos tão facilmente acessíveis para mim foram tão difíceis de apreender algumas centenas de anos atrás?

Meu pai parecia entender melhor. Enquanto conto aos meus filhos histórias de invenções como a das folhas adesivas do Post-it, meu pai costumava contar histórias do mundo antigo. Quando as pessoas olhavam para o mundo, centenas de anos atrás, ele me dizia, elas viam uma realidade muito diferente da que percebemos hoje. Ele me contou de uma vez em que, quando ainda era adolescente na Polônia, ele e alguns amigos cobriram um bode com um lençol, que depois correu para casa. Os mais velhos acharam que tinham visto um fantasma. Tudo bem que era noite do feriado judaico Purim, e os mais velhos estavam bem bêbados, mas meu pai não usou esse efeito etílico para explicar a reação. Disse que eles apenas interpretavam o que viam em termos do contexto de suas convicções, e que se sentiam à vontade com o conceito de fantasma. Talvez eu considerasse aquilo uma ignorância, explicou, mas o que Newton disse ao mundo sobre as leis da matemática do Universo deve ter parecido tão estranho às pessoas da época quanto os fantasmas dos mais velhos para mim. É verdade: hoje, mesmo que você nunca tenha tido aulas de física, um pouco do espírito de Isaac Newton o habita. No entanto, se não tivéssemos crescido numa cultura newtoniana, essas leis que agora parecem tão evidentes para todos seriam incompreensíveis para a maioria.[2]

> Quando fez um resumo de sua vida, pouco antes de morrer, Newton explicou sua contribuição da seguinte forma: "Não sei como o mundo me vê, mas, quanto a mim, pareço ter sido apenas um garotinho brincando na beira da praia, me divertindo e de vez em quando encontrando um pedregulho mais liso ou uma concha mais bonita que o normal, enquanto o grande oceano da verdade jazia diante de mim, para ser descoberto."[3]

Cada pedregulho de Newton poderia representar uma carreira monumental para um estudioso menos brilhante e produtivo que ele. Além de seu trabalho sobre gravidade e movimento, Newton dedicou muitos anos ao estudo dos segredos da ótica e da luz, e inventou a física como a conhecemos, bem como o cálculo infinitesimal. Quando disse isso a meu pai – que nunca tinha ouvido falar de Newton até eu começar a estudar o trabalho dele –, ele franziu o cenho e disse: "Não seja como ele. Concentre-se numa só especialidade!" No início reagi àquilo com o tipo de condescendência em que os adolescentes são especialistas. Mas na verdade meu pai tinha certa razão. Newton chegou perigosamente perto de ser um gênio que começava muita coisa e não concluía nada. Por sorte, como veremos, o destino interveio, e hoje Newton é considerado pioneiro de uma revolução total do pensamento.

Aliás, uma coisa que Newton nunca fez foi brincar na beira da praia. Na verdade, embora tenha aprendido muito de ocasionais interações com cientistas em todas as partes da Grã-Bretanha e do continente – em geral por carta –, ele jamais saiu dos arredores do pequeno triângulo formado pelo local onde nasceu, Woolsthorpe, a universidade em Cambridge e a capital do país, Londres. Nem parece ter "brincado" no sentido que a palavra tem para a maioria de nós. A vida de Newton não incluía família nem muitos amigos a quem ele fosse ligado, nem mesmo um único amor, pois, pelo menos até os últimos anos de vida, fazer com que Newton se socializasse era a mesma coisa que convencer gatos a se reunir para resolver palavras cruzadas. Talvez a observação mais reveladora tenha sido a de um parente distante, Humphrey Newton, que trabalhou como seu assistente durante cinco anos e disse que viu Newton rir só uma vez – quando lhe perguntaram por que alguém ia querer estudar Euclides.

Newton nutria uma paixão pura e desinteressada pela compreensão do mundo, não um impulso de aperfeiçoá-lo em benefício da humanidade. Conseguiu ser muito famoso em vida, contudo, jamais teve alguém para compartilhar isso. Alcançou grandes triunfos intelectuais, mas nunca o amor. Recebeu os mais altos louvores e honrarias, porém passou a maior parte do tempo em disputas intelectuais. Seria bom poder dizer que esse gigante intelectual foi um homem simpático e agradável, no entanto, se dispunha de algumas dessas tendências, obteve excelentes resultados em suprimi-las e em agir como misantropo arrogante. Newton era o tipo de homem que, se você dissesse que o dia estava nublado, ele responderia: "Não, na verdade o céu está azul." E o pior é que conseguia provar isso. O físico Richard Feynman (1918-1988) expressou os sentimentos desse tipo de cientista totalmente absorto quando escreveu um livro intitulado *What Do You Care What Other People Think?*. Newton nunca escreveu suas memórias, mas, se tivesse escrito, provavelmente a teria chamado *Espero ter deixado você bem chateado*, ou talvez *Não me perturbe, seu ignorante*.

Stephen Hawking certa vez me disse que de alguma forma ele gosta de ser paralítico, pois pode se concentrar de modo mais intenso em seu trabalho. Imagino que Newton teria afirmado, pela mesma razão, que havia grandes vantagens em viver totalmente em seu mundo particular, em vez de perder tempo se relacionando com outras pessoas. De fato, de acordo com uma pesquisa recente, estudantes que se mostram brilhantes em matemática têm mais tendência a seguir a carreira científica se não dispuserem de grandes habilidades verbais.[4] Há muito desconfio que a falta de traquejo social também tem alguma relação com o sucesso na ciência. Sem dúvida, conheci muitos cientistas de sucesso que teriam sido considerados esquisitos demais para arranjar trabalho a não ser numa grande universidade de pesquisa. Um de meus colegas de faculdade usava todos os dias as mesmas calças e camiseta branca, ainda que corressem rumores de que na verdade ele tinha duas de cada, e as roupas às vezes eram lavadas. Outro companheiro, um professor famoso, era tão tímido que, quando alguém lhe dirigia a palavra, ele costumava desviar o olhar, falar muito baixo e recuar se percebesse que você estava a menos de um metro de distância.

Essas atitudes causavam problemas nos bate-papos após seminários, pois era difícil ouvir o que ele dizia. Na primeira vez em que nos encontramos, quando eu estava na faculdade, não percebi essa característica e cometi o equívoco de me aproximar demais e segui-lo enquanto ele recuava, o que fez com que ele quase caísse sobre uma cadeira.

A ciência é um tema de extraordinária beleza. Contudo, embora o progresso na ciência exija uma mescla de ideias que só pode resultar da interação com outras mentes criativas, ela requer também muitas horas de isolamento, que podem conferir uma vantagem distinta para os que preferem não se socializar ou até viver isolados. Como escreveu Albert Einstein:

> Um dos principais motivos que leva os homens à arte ou à ciência é fugir da vida cotidiana com sua dolorosa crueza e inevitável monotonia. ... Cada um faz desse cosmo e de sua formulação o pivô de sua vida emocional, a fim de encontrar a paz e a segurança que não consegue achar no pequeno torvelinho da experiência pessoal.[5]

O desprezo de Newton pelos assuntos cotidianos do mundo permitiu que ele perseguisse seus interesses com poucas distrações, mas também fez com que guardasse muito de seu trabalho científico, preferindo não publicar boa parte de seus escritos. Felizmente, ele não jogou nada fora – era um colecionador de coisas inúteis digno de um documentário de TV. Só que, em vez de colecionar carcaças de bichos de estimação, revistas velhas e sapatos que usava aos sete anos de idade, a "coleção" de Newton consistia em anotações sobre assuntos que variavam de matemática a física, de alquimia a religião, de filosofia a registro de todos os centavos gastos e descrições de seus sentimentos em relação aos pais.

Newton guardou quase tudo que escreveu, até folhas de cálculos descartados e velhos cadernos escolares, tornando possível, para os que quisessem desencavar, entender a evolução de suas ideias científicas num grau sem precedentes. A maior parte de seus textos científicos acabou doada para a biblioteca de Cambridge, seu lar intelectual. Mas outras anotações, totalizando milhões de palavras, foram vendidas pela casa de leilão Sotheby's, frequentada pelo economista John Maynard Keynes, que comprou a maior parte dos escritos de Newton sobre alquimia.

Richard Westfall, biógrafo de Newton, passou vinte anos estudando sua vida, para afinal concluir que o cientista "não podia ser reduzido ao critério pelo qual compreendemos os seres humanos normais".[6] No entanto, se Newton foi um alienígena, pelo menos foi um ET que deixou diários escritos.

A BATALHA DE NEWTON para entender o mundo se originou de uma curiosidade extraordinária, uma intensa motivação pela descoberta que parecia vir de dentro, como o impulso que fez meu pai trocar seu pedaço de pão pela solução daquele enigma matemático. No caso de Newton, porém, havia algo mais a alimentar essa motivação. Apesar de reverenciado como modelo de racionalidade científica, suas investigações sobre a natureza do Universo, assim como a de outros que escolheram o mesmo caminho desde Göbekli Tepe, estavam intrinsecamente relacionadas à espiritualidade e à religião. Pois Newton acreditava que Deus se revelava para nós tanto pela palavra quanto por suas obras, de maneira que o estudo das leis do Universo era o estudo de Deus e a atenção relativa à ciência era apenas uma manifestação de zelo religioso.[7]

A tendência de Newton à solidão e a trabalhar longas horas seguidas eram manifestações de força, pelo menos do ponto de vista das realizações intelectuais. Se seu isolamento no domínio do pensamento representou um grande impulso para a ciência, ele teve um custo alto para o homem, e parece estar relacionado à solidão e aos sofrimentos durante a infância.

Quando eu era estudante, me sentia mal pelos garotos que não eram populares, principalmente por ser um deles. Para Newton, porém, foi pior. Ele não era popular *nem com a própria mãe*. Newton veio ao mundo no dia 25 de dezembro de 1642, como um desses presentes de Natal que você não botou na lista. O pai tinha morrido alguns meses antes, e a mãe, Hannah, deve ter pensado que a existência de Isaac seria uma inconveniência de curta duração, pois o nascimento foi prematuro, não se esperava que o menino sobrevivesse. Mais de oitenta anos depois, Newton disse ao marido de sua sobrinha que era tão pequeno quando nasceu que caberia num pote de cinco litros, e tão fraco que teve de usar uma almofada ao redor do pescoço para manter a cabeça ereta. A situação do desconjuntado bebê era tão periclitante que duas mulheres enviadas para comprar suprimentos a alguns quilômetros de distância se distraíram no caminho, certas de que a criança já estaria morta quando voltassem. Mas elas estavam enganadas. A almofada ao redor do pescoço foi a única tecnologia necessária para manter o bebê vivo.

Se Newton jamais viu motivo para contar com os outros, talvez tenha sido porque sua mãe nunca parecia precisar muito dele. Quando ele tinha três anos, ela se casou com um rico pároco, o reverendo Barnabas Smith. Com mais do dobro da idade de Hannah, Smith queria uma jovem esposa, mas não um jovem enteado.

Não se pode saber ao certo o tipo de atmosfera familiar decorrente dessas condições, mas dá para imaginar que devia haver tensões, pois anos depois, em anotações escritas sobre a infância, Isaac recordava-se de "ameaçar meu pai Smith e minha mãe de queimar os dois junto com a casa".[8] Ele não contava como os pais reagiam a essa ameaça, mas os registros mostram que logo seria posto aos cuidados da avó. Isaac se deu melhor com ela, mas o estrago já estava feito. Decerto os dois não eram muito próximos – em todos os escritos e anotações deixados por Isaac, não existe uma só lembrança afetiva da avó. Pelo lado positivo, também não há menção a querer botar fogo na casa.

Quando Isaac tinha dez anos, o reverendo Smith morreu e ele voltou para casa por um curto período, juntando-se a uma família que agora incluía três filhos do segundo casamento da mãe. Dois anos após a morte de Smith, Hannah o despachou para uma escola puritana em Grantham, a treze quilômetros de Woolsthorpe. Enquanto estudava ali, ele morou na casa de um químico e boticário chamado William Clark, que admirava e estimulava a inventiva e a curiosidade de Newton. O jovem Isaac aprendeu a moer produtos químicos no pilão; ele media a força das tempestades saltando contra o vento e comparando a distância dos pulos; construiu um pequeno moinho de vento adaptado para ser propelido por um rato correndo numa esteira e um carrinho de quatro rodas em que ele andava girando uma manivela. Criou também uma pipa com uma lanterna na cauda, que Isaac empinava durante a noite, assustando os vizinhos.

Apesar de se dar bem com Clark, a relação com os colegas de classe era outra história. Na escola, ser um garoto diferente e intelectualmente superior provocou a mesma reação que provoca agora: os outros meninos odiavam Newton. A vida solitária, porém intensamente criativa, que teve quando garoto foi uma preparação para a vida criativa, mas torturada e isolada, que levaria pela maior parte da vida adulta – felizmente, não pela vida toda.

Quando Newton estava para completar dezessete anos, a mãe o tirou da escola, determinada a levá-lo de volta a casa, para ele administrar a propriedade da família. Mas Newton não era talhado para ser fazendeiro, demonstrando que é possível ser um gênio no cálculo de órbitas dos planetas e um incompetente total na plantação de alfafa. Além do mais, ele não dava importância a nada daquilo. Enquanto as cercas desabavam e os porcos invadiam as plantações de milho, Newton construía monjolos num riacho ou lia. Como escreve Westfall, ele se rebelou contra uma vida dedicada a "criar ovelhas e remover esterco".[9] A maioria dos físicos que eu conheço faria o mesmo.

Por sorte, o tio de Newton e um ex-professor de Grantham interferiram. Reconhecendo a genialidade de Isaac, os dois o mandaram para o Trinity College, em Cambridge, em junho de 1661. Lá ele se exporia ao pensamento científico de seu tempo – só para um dia se rebelar e virar tudo de ponta-cabeça. Os criados comemoraram sua partida – não porque estivessem felizes por ele, mas porque sempre foram maltratados por Newton. Segundo declararam, a personalidade de Isaac não se adaptaria a nada a não ser uma universidade.

CAMBRIDGE SERIA a casa de Newton por mais de três décadas e meia, o ponto zero da revolução do pensamento que produziu durante esse período. Embora essa revolução costume ser retratada como uma série de epifanias, a luta para dominar os segredos do Universo foi mais parecida com uma guerra de trincheiras – uma sequência de exaustivas batalhas nas quais o território foi ocupado gradualmente, com alto custo de tempo e energia. Ninguém menos genial, ou com dedicação menos fanática, teria prevalecido nessa contenda.

No início, até as condições de vida de Newton foram uma fonte de dificuldades. Quando Isaac foi para Cambridge, sua mãe estabeleceu um estipêndio de apenas dez libras – apesar de ela própria usufruir um rendimento anual de mais de setecentas libras. O estipêndio o colocou no ponto mais baixo da estrutura social da Universidade de Cambridge.

Na rígida hierarquia de Cambridge, o *sizar* era um aluno pobre que comia e estudava de graça e ganhava pequenas quantias servindo os estudantes mais ricos: penteava seus cabelos, limpava botas, trazia pão e cerveja, esvaziava os penicos do quarto. Ser *sizar* seria uma promoção para Newton: ele era o que se chamava *subsizar*, alguém com os mesmos deveres servis de um *sizar*, mas que ainda tinha de pagar a própria comida e as aulas que frequentava. Deve ter sido difícil para Newton atuar como servo da mesma estirpe de garotos que sempre o atormentou na escola de Grantham. Assim, em Cambridge Newton sentiu o gosto do que era a vida no "andar de baixo".

Em 1661, fazia apenas duas décadas que *Discursos e demonstrações matemáticas acerca de duas novas ciências* de Galileu fora lançado, e, assim como seus outros trabalhos, ainda não tivera muitos efeitos no currículo de Cambridge. Isso significava que, em troca dos pagamentos e serviços prestados, Newton recebia lições que cobriam tudo que os estudiosos sabiam sobre o mundo, desde que seguissem Aristóteles: cosmologia aristotélica, ética aristotélica, lógica aristotélica, filosofia aristotélica, física aristotélica, retórica aristotélica... Ele lia Aristóteles no original, lia livros-textos sobre Aristóteles, todos os livros do currículo estabelecido. Mas não terminou nenhum deles, pois, assim como Galileu, não se deixava convencer pelos argumentos de Aristóteles.

Ainda assim, os textos de Aristóteles constituíram a primeira abordagem sofisticada do conhecimento a que Newton se expôs. Mesmo recusando aquela proposta, ele aprendeu com esse exercício como abordar os diversos temas da natureza e a pensá-los de forma organizada e coerente – e com uma incrível dedicação. De fato, Newton, celibatário e raramente envolvido em atividades recreativas, estudava com mais afinco que qualquer outro de quem já ouvi falar, isto é, mais que qualquer um que não tome anfetaminas – com jornadas de dezoito horas por dia, sete dias por semana. Esse era um hábito de que continuaria adepto por muitas décadas.

Refratário a todos os estudos de Aristóteles que compunham o currículo de Cambridge, Newton começou sua longa jornada em direção a uma nova maneira de pensar em 1664, quando suas anotações indicam ter iniciado um novo programa de estudos, lendo e assimilando os trabalhos de grandes pensadores europeus modernos, como Kepler, Galileu e Descartes. Sem se destacar muito como estudante, ainda assim Newton conseguiu se formar em 1665 e receber o título de professor, além de quatro anos de ajuda financeira para estudos complementares.

Então, no verão de 1665, um terrível surto de peste se abateu sobre Cambridge, e a faculdade teve de ser fechada, para só reabrir na primavera de 1667. Enquanto a escola esteve fechada, Newton retirou-se para a casa da mãe em Woolsthorpe e continuou a estudar sozinho. Em algumas histórias, o ano de 1666 é chamado *annus mirabilis* de Newton. Segundo essa tradição, alojado na fazenda da família, Newton inventou o cálculo infinitesimal, elaborou as leis do movimento e descobriu a lei da gravitação universal ao ver uma maçã cair da árvore.

Verdade seja dita, esse não foi um ano ruim. Mas também não foi bem assim. A teoria da gravitação universal não foi uma única e simples ideia que surgiu como uma epifania. Foi um corpus de trabalhos que serviu de base a toda uma nova tradição científica.[10] Ademais, a imagem dos livros que figuram Newton com a maçã é enganosa, pois dá a impressão de que os físicos fazem progressos por súbitas e imensas sacadas, como alguém que toma uma pancada na cabeça e ganha o poder de fazer previsões meteorológicas. Na realidade, mesmo para Newton, o progresso exigiu muitas pancadas na cabeça, muitos anos para processar suas ideias e chegar a uma verdadeira compreensão do potencial que elas tinham. Os cientistas aguentam esse tipo de dor de cabeça porque, como os jogadores de futebol, adoram seu esporte mais do que detestam a dor.

Uma das razões por que a maioria dos historiadores duvida das miraculosas epifanias é que as sacações de Newton na física durante o surto de peste não chegaram de uma vez, mas vieram ao longo de um período de três anos – de 1664 a 1666. Mais ainda, a revolução newtoniana não data do final desse período. Em 1666, Newton ainda não era newtoniano. Continuava a pensar o movimento uniforme como algo surgido de alguma coisa interna aos corpos em movimento; com o termo "gravidade", ele se referia a alguma propriedade inerente surgida do material de que era feito o objeto, não a uma força externa exercida pelo planeta. As ideias desenvolvidas nesse período foram apenas o começo, um começo que o deixou aturdido com muitas coisas, inclusive com a força, a gravidade e o movimento – todos os elementos básicos que acabariam constituindo o tema de seu grande trabalho, o *Principia Mathematica*.

Temos uma boa noção do que Newton estava pensando na fazenda de Woolsthorpe porque, como de hábito, ele escreveu tudo num imenso caderno que herdou quase em branco do reverendo Smith. Foi sorte Newton ter ganhado esse caderno e também ter tido papel suficiente para os milhões de palavras e anotações matemáticas com que registrou seu trabalho nos anos posteriores.

Já mencionei inovações como a universidade e a utilização de equações matemáticas, mas a revolução científica gerou outros facilitadores nem tão enaltecidos, que hoje achamos natural, sendo um dos mais importantes a disponibilidade cada vez maior de papel. Por sorte, para Newton, a primeira fábrica de papel bem-sucedida comercialmente da Inglaterra foi fundada em 1588. Também importante, o serviço do Correio Real foi aberto ao público em 1635, possibilitando que o antissocial Newton se correspondesse com outros cientistas, mesmo em lugares distantes. Mas o papel ainda era caro naquele tempo, e ele valorizava muito seu caderno, que chamava "Caderno do lixo". Nesse caderno encontramos detalhes da abordagem que Newton desenvolveu sobre a física e o movimento, um raro vislumbre das ideias que ainda fervilhavam em sua mente brilhante.

Sabemos, por exemplo, que em 20 de janeiro de 1665 Newton começou a fazer anotações em seu "Caderno do lixo" sobre uma extensa pesquisa matemática – e não filosófica – relativa ao movimento. Foi crucial para essa análise o fato de ele ter desenvolvido o cálculo infinitesimal, um novo tipo de matemática projetada para analisar a mudança.

Na tradição de Oresme, Newton concebeu a mudança como um declive numa curva. Por exemplo, se fizermos um gráfico da distância percorrida por um objeto no eixo vertical, contraposto pelo tempo no eixo horizontal, a inclinação do gráfico representa a velocidade desse objeto. Assim, uma linha reta representa uma posição inalterada, enquanto uma linha curva íngreme indica que a posição do objeto se alterou radicalmente – que ele está se movimentando em alta velocidade.

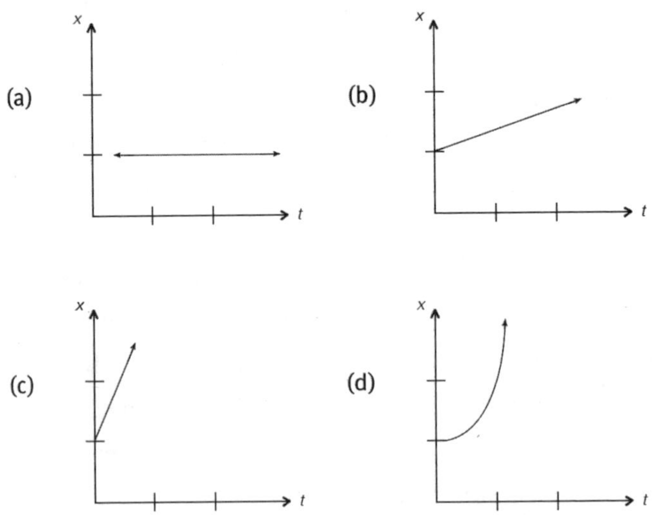

Gráficos (a) a (c) mostram movimento uniforme em:
(a) velocidade zero (estacionário); (b) baixa velocidade; (c) alta velocidade.
Gráfico (d) indica movimento acelerando.

Oresme e outros, porém, interpretaram os gráficos de uma maneira mais qualitativa do que fazemos hoje. Não se entendia que um gráfico de distância versus tempo, por exemplo, representasse, *em cada ponto*, a distância percorrida no tempo indicado pela coordenada, no eixo horizontal. Nem se entendia que a curva desse gráfico representasse a velocidade do objeto *em cada momento*. Para os físicos antes de Newton, a velocidade representava uma velocidade *média* – a distância total percorrida dividida pelo período de tempo do trajeto. Esses eram cálculos bem rudimentares, pois os tempos neles considerados eram basicamente horas, dias ou até semanas. Aliás, até 1670 não era possível medir curtos períodos de tempo com exatidão. Só quando o relojoeiro inglês William Clement inventou o relógio de pêndulo finalmente se tornou possível medir o tempo até quase os segundos.

Enxergar além das médias dos valores dos gráficos e de suas curvas para chegar a cada ponto individual foi o que revelou a análise de Newton. Ele abordou uma questão que ninguém abordara até então: como definir a velocidade *instantânea* do objeto, sua velocidade em cada *instante*? Como dividir a distância percorrida pelo tempo transcorrido quando o intervalo de tempo envolvido é praticamente um ponto único? Será que isso faz sentido? Newton atacou o problema em seu "Caderno do lixo".

Galileu gostava de visualizar "casos-limite", como o plano que se inclinava cada vez mais até se aproximar da vertical, e Newton levou a ideia a um novo extremo. Para definir a velocidade instantânea num dado ponto do tempo, ele imaginou primeiro calcular a velocidade média da forma tradicional, por um intervalo de tempo que incluísse o ponto em questão. Depois imaginou uma coisa nova e abstrata: encolher esse intervalo cada vez mais, até que, nos casos-limite, ele se aproximasse de zero.

Em outras palavras, Newton imaginou ser possível tornar o intervalo de tempo tão pequeno que ele seria menor que qualquer número finito, mas ainda assim maior que zero. Hoje chamamos o comprimento desse intervalo de "infinitesimal". Se você calcular a velocidade média num intervalo de tempo e encolher o intervalo até o infinitesimal, vai obter a velocidade do objeto num instante, sua velocidade instantânea.

As regras matemáticas para medir a velocidade instantânea num dado tempo – ou, de forma mais geral, a inclinação de uma curva num dado ponto – formam a base do cálculo infinitesimal.* Se os átomos são os indivisíveis de que os compostos químicos são feitos, os infinitesimais são os indivisíveis que formam o espaço e o tempo.

Com seu cálculo infinitesimal, Newton tinha inventado a matemática da mudança. Em relação ao movimento, especificamente, ele introduziu uma sofisticada compreensão da velocidade instantânea numa cultura que só havia pouco criara sua primeira maneira de medir a velocidade – jogando uma corda cheia de nós amarrada na popa de um navio e contando o número de *nós* passados num dado período. Agora, pela primeira vez, fazia sentido falar da velocidade de um objeto – ou da mudança de alguma coisa – num momento específico.

Atualmente o cálculo infinitesimal é usado para descrever mudanças de todos os tipos: a forma como o ar flui sobre as asas do avião; o ritmo em que as populações aumentam e os sistemas climáticos evoluem; o sobe e desce da bolsa de valores; a evolução das reações químicas. O cálculo infinitesimal é uma ferramenta-chave em qualquer empreendimento que envolva gráficos de uma quantidade, em todas as áreas da ciência moderna.**

O cálculo infinitesimal acabou permitindo a Newton relacionar a quantidade de força aplicada a um objeto, em qualquer momento dado, à sua mudança de velocidade naquele momento. E ainda mais: mostrou como se podiam somar todas essas mudanças infinitesimais de velocidade para avaliar a trajetória do objeto como uma função do tempo. No entanto, essas leis e esses métodos só surgiriam décadas depois.

Na física, assim como na matemática, o "Caderno do lixo" de Newton foi muito além de tudo o que se imaginava até então. Antes dele, por exemplo, a colisão de objetos era vista como uma espécie de concurso entre as

* Cálculo diferencial, para ser mais preciso. Existe também o processo inverso: o cálculo integral. O termo "cálculo infinitesimal" geralmente abrange os dois casos.

** Tecnicamente, por serem discretos, e não contínuos, o crescimento populacional e os preços do mercado de ações não são regidos pelo cálculo infinitesimal, mas esses sistemas costumam ser tratados como se fossem contínuos.

constituições internas dos dois corpos, como dois musculosos gladiadores tentando tirar o outro da arena. Segundo a maneira de pensar de Newton, contudo, cada corpo é analisado somente em termos da causa externa a ele aplicada – isto é, a força.

Apesar desse avanço no pensamento, nos mais de cem axiomas de seu "Caderno do lixo" relacionados a esse problema, Newton só fornece uma imagem diáfana e confusa do que chamava de "força". De modo específico, ele não dá nenhuma pista acerca de como quantificar essa força, tal como a exercida pelo "puxão" da Terra, ou a que causa a "mudança de movimento" de um objeto. Newton começou a desenhar naqueles anos em Woolsthorpe uma imagem que iria aperfeiçoar por quase vinte anos – e ainda estava longe da centelha necessária para a revolução newtoniana.

O FÍSICO JEREMY BERNSTEIN conta a história sobre uma visita do físico austríaco Wolfgang Pauli aos Estados Unidos em 1958. Pauli apresentou sua teoria a uma plateia na Universidade Columbia onde estava presente Niels Bohr, que lhe pareceu cético. Pauli admitiu que à primeira vista a teoria parecia meio maluca, mas Bohr replicou que não, que o problema era que a teoria *não era maluca o suficiente.*[11] Diante disso, Pauli virou-se para a plateia e argumentou: "Sim, minha teoria *é* maluca o suficiente." Mas Bohr insistiu: "Não, sua teoria *não é* maluca o suficiente!" Logo os dois famosos cientistas zanzavam diante da sala, gritando como dois colegiais.

Cito esse caso para mostrar como todos os físicos – e todos os inovadores – têm mais ideias erradas do que certas; e, quando são muito bons no que fazem, também têm ideias malucas, que são as melhores – desde que estejam corretas, claro. Separar o certo do errado não é um processo fácil e pode exigir um bocado de tempo e esforço. Por isso devemos ser solidários com as pessoas com ideias bizarras. Aliás, Newton era uma dessas pessoas: depois desse auspicioso começo durante o surto da peste, ele passou boa parte da fase seguinte de sua vida perseguindo ideias erradas, consideradas malucas por muitos dos que depois estudaram seus trabalhos.

Tudo começou muito bem. Na primavera de 1667, pouco depois da reabertura de Cambridge, Newton voltou ao Trinity College. No outono desse ano, o Trinity organizou uma eleição. Ocasionalmente, todos nós nos vemos diante de situações isoladas que terão efeitos desproporcionais sobre o nosso futuro – desafios pessoais, entrevistas de emprego que podem mudar nossa vida, exames de admissão em faculdades ou escolas profissionais que exercem grande influência em nossas oportunidades posteriores. Para Newton, a eleição no Trinity College foi tudo isso reunido num só pacote:[12] o resultado determinaria se o jovem de 24 anos continuaria na universidade ocupando posição mais elevada, de "adjunto", ou se devia voltar à vida de criação de ovelhas e administração de esterco. As perspectivas não pareciam boas, pois há dez anos não havia eleição no Trinity College, e a oferta era de nove vagas disputadas por inúmeros candidatos, muitos dos quais com conexões políticas. Alguns inclusive tinham cartas assinadas pelo rei *ordenando* que fossem escolhidos. Mas Newton conseguiu ser eleito.

Com a carreira de fazendeiro agora definitivamente afastada, seria de esperar que Newton se armasse para prosseguir a tarefa de transformar nas leis de Newton os pensamentos do "Caderno do lixo" sobre cálculo infinitesimal e movimento. Mas ele não fez isso. Durante os anos seguintes, realizou um trabalho notável em dois campos diferentes, na ótica e na matemática, sobretudo na álgebra. Esta última empreitada foi muito compensadora, pois ele logo começou a ser visto como gênio pela pequena comunidade de matemáticos de Cambridge. Por conseguinte, quando o influente Isaac Barrow renunciou ao cargo de professor lucasiano* de matemática – posto que Stephen Hawking viria a ocupar alguns séculos depois –, arranjou tudo para que Newton ficasse em seu lugar.[13] O salário era magnífico para os padrões da época: a universidade agora estava disposta a pagar a Newton dez vezes o que sua mãe se dispôs a lhe oferecer: cem libras por ano.

* Professor lucasiano: docente que ocupa a cátedra de matemática na Universidade de Cambridge. O termo refere-se ao criador da cátedra, Henry Lucas, que a instituiu em 1663. (N.T.)

O empenho de Newton no estudo da ótica não deu muito certo. Enquanto ainda era estudante, ele havia lido os então recentes trabalhos sobre luz e ótica de dois cientistas de Oxford, Robert Boyle (1627-1691), que também foi pioneiro em química, e Robert Hooke (1635-1703), "homem pálido e arqueado" que era bom teórico e experimentalista brilhante, como demonstrara em seu empenho como assistente de Boyle. O trabalho de Boyle e Hooke inspirou Newton, ainda que ele nunca o tenha admitido. Mas logo Newton já não fazia apenas cálculos. Ele realizava experiências, moía vidro e introduzia aperfeiçoamentos no telescópio.

Newton atacou o estudo da luz por todos os ângulos.[14] Espetou um estilete no próprio olho e apertou até enxergar círculos brancos e coloridos. Será que a luz era produzida pela pressão? Olhou para o Sol durante o máximo de tempo – tanto que demorou dias para se recuperar – e notou que, quando desviava o olhar, as cores ficavam distorcidas. Será que a luz era real ou produto da imaginação?

Para estudar as cores no laboratório, fez um furo numa janela do estúdio e deixou entrar um filete de luz solar. Aquela luz branca, acreditavam os filósofos, era do tipo mais puro, uma luz completamente incolor. Hooke tinha passado a luz branca através de prismas e percebera que estes geravam luzes coloridas. Ele concluiu que substâncias transparentes como o prisma produziam cores. Newton também passou a luz branca através de prismas, mas chegou a conclusão diferente. Embora os prismas dividissem a luz em cores, estas permaneciam inalteradas quando o prisma era atravessado por uma luz colorida. Enfim, Newton concluiu que o vidro não produzia a cor, mas – ao curvar o feixe de modo diferente para diferentes cores – separava a luz branca nas cores que a compunham. A luz branca não era pura, proclamou Newton, mas resultado de mistura.

Essa observação levou Newton a uma teoria sobre a cor e a luz, que ele elaborou entre 1666 e 1670. O resultado foi a conclusão – e ele ficou furioso quando Hooke a chamou de "hipótese" – de que a luz era composta por raios de pequenos "corpúsculos", como átomos. Hoje sabemos que as particularidades da teoria de Newton estavam erradas. É verdade que a ideia da luz como corpúsculo seria ressuscitada por Einstein centenas de anos depois – e hoje sabemos que esses corpúsculos são chamados de fótons. Mas os corpúsculos de luz de Einstein são partículas quânticas que não seguem a teoria de Newton.

Embora o trabalho de Newton com os telescópios o tenha tornado mais famoso, a ideia dos corpúsculos de luz foi recebida em sua época, assim como na de Einstein, com grande ceticismo. Por Robert Hooke, cuja teoria descrevia a luz como onda, ela foi encarada com hostilidade. Mais ainda, Hooke reclamou que Newton tinha criado e se apossado de meras variações de experimentos que ele próprio já realizara.

Anos de refeições perdidas e noites insones estudando ótica levaram Newton a uma batalha intelectual que logo se tornou amarga e doentia. Para piorar as coisas, Hooke era um tipo impetuoso e rápido no gatilho, formulando suas respostas a Newton em poucas horas, enquanto este último, cuidadoso e detalhista em tudo, sentia necessidade de esmiuçar mais as respostas. Num desses casos, ele passou meses para elaborar uma contestação.

Animosidades pessoais à parte, Newton estava sendo apresentado ao lado social do novo método científico – o debate público e a discussão de ideias. Ele não tinha jeito para isso. Com sua propensão natural ao isolamento, preferiu se afastar.

Magoado com os matemáticos e furioso diante das críticas às suas teorias óticas, em meados dos anos 1670 – com pouco mais de trinta anos, mas com o cabelo já grisalho e quase sempre desgrenhado –, Newton praticamente se isolou de toda a comunidade científica. E manteve-se isolado pela década seguinte.

Mas havia outra razão para o seu novo e quase total isolamento: durante os últimos anos, mesmo enquanto trabalhava em ótica e matemática, Newton tinha começado a dedicar boa parte de sua semana de cem horas de trabalho a dois novos interesses a respeito dos quais não estava ansioso para discutir com ninguém. Eram os programas de pesquisa "malucos" pelos quais desde então ele foi tão criticado. Realmente, aquilo era algo decididamente estranho ao circuito científico: alquimia e uma análise matemática e textual da Bíblia.

Para os estudiosos posteriores, a decisão que Newton tomou de se dedicar ao estudo de teologia e alquimia parece incompreensível, como se ele tivesse desistido de apresentar artigos para a *Nature* a fim de escrever brochuras para os cientologistas. Esses julgamentos, contudo, não levam em conta o verdadeiro escopo do empreendimento, pois o que unia seus esforços em física, teologia e alquimia era um objetivo comum: a luta para aprender a verdade sobre o mundo. É interessante tecer algumas breves considerações a respeito desse empenho – não porque ele tenha se mostrado correto, nem por ter provado que Newton tinha surtos de insanidade, mas por destacar a linha tênue que às vezes separa uma investigação científica frutífera de outra nem tanto.

Newton acreditava que a Bíblia prometia revelar a verdade para os homens devotos, ainda que certos elementos não fossem aparentes a partir de uma leitura simples do texto. Também julgava que os homens devotos do passado, incluindo grandes alquimistas, como o físico suíço Paracelso, tinham pressagiado importantes revelações, incluindo-as em seus trabalhos de forma codificada, para escondê-las dos descrentes. Depois de ter chegado à lei da gravidade, Newton conseguiu se convencer de que Moisés, Pitágoras e Platão já sabiam de tudo antes dele.[15]

Em vista de seu talento, é compreensível que Newton tenha focalizado suas ideias numa análise matemática da Bíblia. Seu trabalho o levou ao que ele considerou datas exatas da Criação, da arca de Noé e de outros eventos bíblicos. Chegou a calcular, com várias revisões, uma previsão para o fim do mundo baseada na Bíblia.[16] Uma de suas previsões foi de que o mundo terminaria entre 2060 e 2344. (Não sei se será verdade, mas, estranhamente, isso se encaixa com precisão em alguns cenários das mudanças climáticas globais.)

Além disso, Newton chegou a duvidar da autenticidade de inúmeras passagens, convencendo-se de que uma grande fraude havia corrompido o legado da Igreja original para disseminar a ideia de Cristo como Deus – ideia que ele considerava idólatra. Em resumo, ele não acreditava na Trindade, o que é irônico, pois era professor do Trinity College. Essa era também uma atitude perigosa, pois Newton quase certamente teria perdido o cargo, e talvez muito mais, se suas conclusões chegassem aos ouvidos das pessoas erradas. No entanto, embora estivesse comprometido com a reinterpretação do cristianismo, ele continuava muito circunspecto quanto a expor seu trabalho ao público – apesar de ser um trabalho sobre religião, e não seu revolucionário trabalho científico, que ele considerava mais importante.

A outra paixão de Newton nesses anos, a alquimia, também lhe custou muito tempo e energia; esses estudos prosseguiram por trinta anos, bem mais tempo que aquele dedicado ao trabalho na física. E consumiu dinheiro, pois Newton montou um laboratório e uma biblioteca sobre alquimia. Nesse caso, estaríamos enganados se simplesmente classificássemos seus esforços como não científicos, pois, como em todas as outras pesquisas que ele fez, seus estudos foram minuciosos e, em vista das convicções subjacentes de Newton, bem fundamentados. Mais uma vez, ele chegou a conclusões de difícil compreensão, pois seus argumentos fazem parte de um contexto maior que nos é totalmente estranho.

Hoje pensamos nos alquimistas como homens barbudos envoltos em mantos, entoando cânticos e tentando transformar nozes em ouro. Na verdade, o primeiro praticante de alquimia de que se tem notícia foi um egípcio chamado Bolos de Mendes, que viveu por volta de 200 a.C. e concluía cada um de seus "experimentos" com a récita "Uma natureza exulta na outra. Uma natureza destrói a outra. Uma natureza domina a outra."[17] Parece até que ele estava relacionando as diferentes coisas que podem acontecer quando duas pessoas se casam. Mas as naturezas de que Bolos falava eram substâncias químicas, e ele conhecia um pouco das reações químicas. Newton achava que, no passado distante, estudiosos como Bolos tinham descoberto verdades profundas, desde então perdidas, que podiam ser resgatadas analisando-se os mitos gregos, que ele acreditava serem receitas alquímicas escritas em código.

Em suas pesquisas alquímicas, Newton manteve sua meticulosa abordagem científica, realizando uma miríade de minuciosos experimentos e fazendo extensas anotações. E assim o futuro autor do *Principia* – que costuma ser definido como o maior livro da história da ciência – também passou anos garatujando anotações acerca de observações laboratoriais como esta: "Dissolver leão verde volátil no sal central de Vênus e destilar. Esse líquido é o leão verde, o sangue do leão verde Vênus, o dragão da Babilônia que mata tudo com seu veneno, mas conquistado, por ser mitigado pelos pombos de Diana, é a ligação de Mercúrio."[18]

Quando me iniciei na carreira científica, eu idolatrava os heróis habituais – os Newton e Einstein da história, gênios contemporâneos como Feynman. Entrar no campo que produziu esses grandes homens pode resultar num bocado de pressão para um jovem cientista. Senti essa pressão quando recebi meu primeiro trabalho de faculdade do Caltech. Senti-me como na véspera do meu primeiro dia de escola, quando estava preocupado com as aulas de ginástica, sobretudo por ter de tomar banho na frente dos outros garotos. Pois na física teórica nós também nos desnudamos – não física, mas intelectualmente, e os outros nos observam e julgam.[19]

Essas inseguranças são pouco comentadas ou reveladas, mas são comuns. No entanto, todos os físicos precisam encontrar um caminho para lidar com a pressão, e se quiserem se dar bem, um temor que devem evitar é o medo de errar. Costuma-se dizer que Thomas Edison alertava: "Para ter uma boa ideia, tenha muitas ideias." Realmente, qualquer inovador entra em mais becos sem saída que em grandes avenidas; por isso, ter medo de tomar o caminho errado é a garantia de jamais chegar a um lugar interessante. Nesse primeiro estágio de minha carreira, eu teria adorado conhecer todas as ideias erradas e os anos perdidos de Newton.

Para todos os que, como eu, se consolam em saber que pessoas tão brilhantes também podem estar erradas, é reconfortante sacar que até um gênio como Newton percorre caminhos inadequados. Apesar de ter descoberto que o calor é resultado do movimento de minúsculas partículas as quais ele acreditava serem constituintes da matéria, quando achou que estava tuberculoso, Newton tomou um "remédio" de aguarrás, água de rosas, cera de abelhas e azeite de oliva. (Esse remédio também servia para seios doloridos e mordidas de cães hidrófobos.) Sim, ele inventou o cálculo infinitesimal, mas também julgava que o piso do perdido templo do rei Salomão, em Jerusalém, tinha dicas matemáticas indicando o fim do mundo.

Por que Newton se desviou tanto do caminho? Quando se examinam as circunstâncias, um fator se destaca acima de todos os outros: seu isolamento. Assim como o isolamento intelectual levou à proliferação da má ciência no mundo árabe medieval, o mesmo parece ter atrapalhado Newton, embora em seu caso o isolamento tenha sido voluntário, pois ele mantinha em sigilo suas convicções relativas à religião e à alquimia, sem querer se arriscar ao ridículo ou mesmo a censuras, se expusesse o debate para a comunidade intelectual. Não havia um "Newton bom" e um "Newton mau", um Newton racional e outro irracional, escreveu W.H. Newton-Smith, filósofo de Oxford.[20] O que ocorreu foi que Newton se perdeu ao deixar de submeter suas ideias ao debate e à contestação "no fórum público", uma das mais importantes "normas da instituição científica".

Alérgico a críticas, Newton também hesitou em divulgar a pesquisa revolucionária que realizara sobre a física do movimento durante os anos da peste. Ao longo dos quinze anos em que foi professor lucasiano, essas ideias permaneceram como trabalho inconcluso e não publicado. Em consequência, em 1684, aos 41 anos, esse ex-prodígio maníaco por trabalho tinha produzido apenas uma pilha de anotações desorganizadas e ensaios sobre alquimia e religião, um estudo cheio de proposições matemáticas inacabadas e uma teoria do movimento ainda confusa e incompleta. Newton havia realizado detalhados estudos em diversos campos do conhecimento sem chegar a nenhuma conclusão coerente, deixando suas ideias sobre física e matemática como uma solução salina supersaturada: cheia de conteúdo, mas ainda não cristalizada. Era nesse estágio que se encontrava a carreira de Newton na época. Diz o historiador Westfall:

> Tivesse Newton morrido em 1684 e suas anotações sobrevivessem, a partir delas nós conheceríamos a vida de um gênio. Mas em vez de louvá-lo como a figura que forjou o intelecto moderno, na melhor das hipóteses o mencionaríamos em breves parágrafos lamentando o fracasso de seu trabalho.[21]

Esse não foi o destino de Newton, mas isso não se deve a qualquer decisão consciente de sua parte, no sentido de concluir e publicar seus trabalhos. Na verdade, a história da ciência mudou em 1684 com um encontro quase casual, a interação com um colega que forneceu exatamente as ideias e o estímulo de que Newton precisava. Não fosse por esse encontro, a história da ciência, e o mundo atual, seria bem diferente – e não necessariamente melhor.

A SEMENTE QUE iria resultar no maior avanço da ciência que o mundo já vira germinou quando Newton encontrou um colega que por acaso estava passando por Cambridge no calor do verão.

Em janeiro desse ano decisivo, o astrônomo Edmond Halley – o do cometa – havia marcado uma reunião na Royal Society de Londres, influente sociedade dedicada à ciência, para discutir com dois colegas uma série de assuntos relevantes na época. Décadas antes, utilizando dados planetários de exatidão sem precedentes reunidos pelo aristocrata dinamarquês Tycho Brahe (1546-1601), Johannes Kepler descobrira três leis que pareciam descrever as órbitas dos planetas. Ele afirmou que as órbitas planetárias eram elípticas, tendo o Sol como um dos focos, e identificou certas regras que essas órbitas seguiam – por exemplo, que o quadrado do tempo que um planeta levava para completar uma órbita era proporcional ao cubo de sua distância média em relação ao Sol. Em certo sentido, as leis eram uma descrição elegante e concisa de como os planetas se moviam pelo espaço; por outro lado, eram observações inócuas, afirmações inconsistentes, que não propiciavam nenhum entendimento sobre por que havia tais órbitas.

Halley e seus dois colegas desconfiavam que as leis de Kepler refletiam uma verdade mais profunda. Em especial, conjecturavam se as leis de Kepler se manteriam caso se postulasse que o Sol atraía todos os planetas com uma força que diminuía na proporção do quadrado da distância do planeta, fórmula matemática chamada "lei do inverso do quadrado".

Podia-se confirmar pela geometria que a força emanada em todas as direções de um corpo distante como o Sol diminuía na proporção do quadrado da distância daquele corpo. Imagine uma esfera gigantesca, tão grande que o Sol pareça um mero ponto em seu centro. Todos os pontos na superfície dessa esfera serão equidistantes do Sol, e por isso, na ausência de qualquer razão para se acreditar no contrário, podia-se dizer que a influência física do Sol – essencialmente, seu "campo de força" – deveria se distribuir igualmente pela superfície da esfera.

Agora imagine uma esfera, digamos, duas vezes maior. As leis da geometria nos dizem que, com o dobro do raio, a esfera produz uma área de superfície quatro vezes maior, e por isso a força de atração do Sol se distribuiria por quatro vezes a área. Então, fazia sentido que, em qualquer ponto dessa esfera maior, a atração do Sol fosse um quarto mais fraca que antes. É assim que funciona a lei do inverso do quadrado: quando nos afastamos, a força decresce na proporção do quadrado da distância.

Halley e seus colegas aventaram que a lei do inverso do quadrado estava por trás das leis de Kepler, mas como provar? Um deles – Robert Hooke – disse que obteria a prova. O outro, Christopher Wren, hoje conhecido por seu trabalho como arquiteto, mas que também foi astrônomo renomado, ofereceu um prêmio se Hooke conseguisse a prova. Hooke recusou. Ele era conhecido pela personalidade controversa, mas as razões que apresentou foram capciosas: disse que não revelaria as provas para que outros pudessem reconhecer a dificuldade de obtê-las, quando não conseguissem resolver o problema. Talvez Hooke tenha tido sucesso. Talvez tenha projetado um dirigível capaz de viajar até Vênus. De qualquer forma, jamais apresentou a prova.

Sete meses depois desse encontro, Halley, passando por Cambridge, resolveu fazer uma visita ao solitário professor Newton. A exemplo de Hooke, Newton disse que já tinha trabalhado no assunto e podia provar a conjectura de Halley. Mas, assim como Hooke, também não apresentou a prova. Remexeu em alguns papéis e não encontrou sua demonstração, mas prometeu procurar melhor e mandá-la a Halley depois. Meses se passaram, e Halley não recebeu nada. Só se pode imaginar o que ele estava pensando. Depois de perguntar a dois homens adultos e sofisticados se eles conseguiam resolver o problema, um deles diz: "Eu sei a resposta, mas não vou contar!", enquanto o outro responde: "O cachorro comeu minha lição de casa." Wren manteve a oferta da recompensa.

Newton acabou encontrando a prova que procurava, porém, quando a reexaminou descobriu que havia um erro. Mas não desistiu. Revisou suas ideias e acabou encontrando a solução. Em novembro de 1684, mandou para Halley um tratado de nove páginas mostrando que as três leis de Kepler eram realmente consequências matemáticas de uma lei do inverso do quadrado da atração. Chamou o pequeno tratado de *De Motu Corporum in Gyrum* (Sobre o movimento de corpos em órbita).

Halley ficou encantado. Reconheceu o aspecto revolucionário da abordagem de Newton e quis que a Royal Society a publicasse. Mas Newton se opôs. "Agora que me envolvi nesse assunto", contestou, "será um prazer chegar ao fundo da questão antes de publicar o trabalho."[22] "Será um prazer"? Essas palavras constituíram uma das afirmações mais modestas da história, pois o que se seguiu foi um esforço hercúleo que resultaria no que seria talvez a descoberta intelectual mais importante já realizada até então. Newton chegaria ao "fundo da questão" demonstrando que o problema subjacente às órbitas planetárias era uma teoria universal da força e do movimento que se aplica a todos os objetos, tanto no céu quanto na terra.

Pelos dezoito meses seguintes, Newton não fez nada além de trabalhar na expansão do tratado que se transformaria no *Principia*. Ele virou uma máquina de fazer física. Sempre foi hábito seu esquecer de comer e até de dormir quando se envolvia em algum assunto. Chegaram a dizer que o gato engordava com a comida que ele deixava intocada na bandeja, e um antigo companheiro de alojamento na faculdade contou que era normal encontrar Newton de manhã exatamente onde o deixara na noite anterior, ainda trabalhando no mesmo problema. Mas dessa vez Newton se mostrou mais radical. Isolou-se praticamente de qualquer contato humano. Quase não saía do quarto e, nas raras ocasiões em que se aventurava no refeitório da faculdade, comia de pé um ou dois bocados, logo voltando a seus aposentos.

Finalmente Newton tinha fechado as portas de seu laboratório de alquimia e posto de lado suas investigações teológicas. Continuou a lecionar, como se exigia dele, mas dava aulas estranhas e obscuras, impossíveis de ser acompanhadas. Depois se descobriu por quê: Newton ia às salas de aula para ler trechos do esboço do *Principia*.

NEWTON NÃO SE dedicou muito ao seu trabalho sobre força e movimento nas décadas seguintes à que foi admitido como membro do Trinity; contudo, nos anos 1680, ele era dono de um intelecto bem superior ao dos anos da peste de 1660. Dispunha de uma maturidade matemática muito maior e, por conta de seus estudos de alquimia, mais experiência científica. Alguns historiadores acreditam que foram esses anos estudando alquimia que possibilitaram suas conclusões finais na ciência do movimento que resultaram no texto do *Principia*.

Ironicamente, um dos catalisadores da grande sacada de Newton foi uma carta de Robert Hooke, que ele recebeu cinco anos antes. A ideia proposta por Hooke era de que um movimento orbital padrão podia ser considerado a soma de duas diferentes tendências. Considere um objeto (como um planeta) orbitando num trajeto circular ao redor de outro objeto exercendo uma atração (como o Sol). Suponha que o corpo em órbita tenha uma tendência a continuar em linha reta – ou seja, a se desviar da órbita circular e continuar direto em frente, como um automóvel cujo motorista perca a direção na chuva. Isso é o que os matemáticos chamam de seguir uma direção tangencial.

Agora vamos supor que o corpo tenha uma segunda tendência, a ser atraído para o centro da órbita. Os matemáticos chamam o movimento nessa direção de movimento radial. Uma tendência ao movimento radial, dizia Hooke, pode complementar uma tendência ao movimento tangencial, de forma que, juntas, essas duas tendências produzam o movimento orbital.

É fácil ver como essa ideia teria ressoado em Newton. Lembre-se de que, ao incrementar a lei da inércia de Galileu, Newton propôs no "Caderno do lixo" que todos os corpos tendem a continuar se movimentando em linha reta, a não ser que sofram a ação de uma causa externa, ou força. Para um corpo em órbita, a primeira tendência – sair de órbita em linha reta – surge naturalmente dessa lei. Newton percebeu que, se acrescentasse

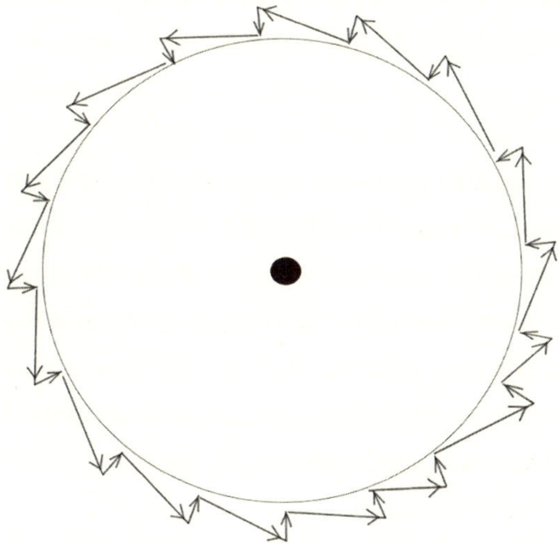

O movimento circular parece surgir dos movimentos tangencial e radial.

àquela imagem uma força que atraísse o corpo em direção ao centro da órbita, haveria uma causa para o movimento radial, o segundo ingrediente necessário de Hooke.

Mas como descrever isso em termos matemáticos; e, principalmente, como estabelecer a relação entre a fórmula matemática específica da lei do inverso do quadrado com as propriedades matemáticas específicas das órbitas descobertas por Kepler?

Imagine uma divisão do tempo em minúsculos intervalos. Em cada intervalo, o objeto em órbita pode ser visto movendo-se tangencialmente numa pequena seção, e, ao mesmo tempo, radialmente na mesma proporção. A resultante desses dois movimentos é retornar à órbita, mas um pouco adiante, no círculo, do ponto de partida. Essa repetição resulta numa órbita circular serrilhada, como mostrado na figura acima.

Numa órbita como essa, se os intervalos de tempo forem suficientemente pequenos, o trajeto pode se aproximar de um círculo. É aqui que se aplica o trabalho de cálculo infinitesimal de Newton: se os intervalos forem *infinitesimais*, o trajeto, para todos os propósitos práticos, *será um círculo.*

Essa é a descrição de órbitas que a nova matemática de Newton permitiu criar. Ele formou uma imagem na qual um corpo em órbita se movimenta tangencialmente e "cai" radialmente, criando um trajeto serrilhado; depois, pegou um caso-limite, no qual os segmentos retos dos dentes iam diminuindo até desaparecer. Isso de fato suaviza os dentes serrilhados e forma um círculo.

O movimento orbital, nessa concepção, é apenas o movimento de um corpo que está continuamente desviando de seu caminho tangencial por ação de uma força que o atrai em direção ao centro. A prova estava no pudim: utilizando a lei do inverso do quadrado para descrever a força centrípeta em sua matemática das órbitas, Newton produziu as três leis de Kepler, como Halley havia pedido.

Demonstrar que queda livre e movimento orbital eram instâncias das mesmas leis de força e movimento foi um dos maiores triunfos de Newton, pois isso desbancou de vez a afirmação de Aristóteles de que o céu e a Terra eram regiões diferentes. Enquanto as observações astronômicas de Galileu revelavam que as características de outros planetas eram muito parecidas com as da Terra, o trabalho de Newton mostrou que as *leis* da natureza também se aplicam a outros planetas, não são específicas do nosso planeta Terra.

Mas o entendimento que Newton teve acerca da gravidade e do movimento, em 1684, não foi resultado de uma súbita epifania, como sugere a história da maçã caindo da árvore. Ao contrário, a importante ideia de universalidade da gravidade parece ter se sedimentado gradualmente enquanto Newton trabalhava nas revisões dos primeiros esboços do *Principia*.[23]

Antes disso, os cientistas que suspeitavam que os planetas exerciam uma força de gravidade acreditavam que essa gravidade afetava somente suas luas, e não outros planetas, como se cada planeta fosse um mundo à parte, com suas próprias leis. Aliás, o próprio Newton tinha começado a estudar o motivo de as coisas caírem na Terra para saber se aquilo poderia explicar a atração da Terra sobre a Lua, e não a atração do Sol sobre os planetas.

O fato de Newton ter afinal começado a questionar esse pensamento convencional é uma prova de sua criatividade e de sua capacidade de pensar fora dos padrões. Ele escreveu a um astrônomo inglês pedindo informações a respeito dos cometas de 1680 e de 1684, assim como sobre as velocidades orbitais de Júpiter e Saturno ao se aproximarem um do outro. Depois de realizar alguns árduos cálculos sobre esses dados precisos e de comparar os resultados, Newton se convenceu de que a mesma lei da gravidade se aplicava em toda parte – na Terra e também entre os corpos celestes. Ele acrescentou esses dados numa revisão do *Principia*.

A importância das leis de Newton não se resumia a seu conteúdo conceitual revolucionário. Com essas leis, ele podia fazer previsões com uma exatidão sem precedentes e compará-las com os resultados de experimentos. Utilizando dados sobre a distância da Lua e o raio da Terra, por exemplo, e levando em conta minúcias como a distorção da órbita da Lua pelo poder gravitacional do Sol, a força centrífuga resultante da rotação da Terra e as deformações de formato do planeta (que não é uma esfera perfeita), Newton concluiu que, na latitude de Paris, um corpo em repouso cairia 4,889 metros no primeiro segundo.[24] Esse valor, relatou o incansável Newton, podia ser reproduzido num experimento com uma aproximação de uma parte em 3 mil.[25] Ele repetiu o experimento com materiais diferentes – ouro, prata, chumbo, vidro, areia, sal, água, madeira e trigo. Concluiu que qualquer corpo específico, independentemente de sua composição, e estivesse ele na terra ou no céu, atraía outro corpo, e essa atração seguia sempre a mesma lei.

Quando Newton afinal "chegou ao fundo" do que tinha começado, *Sobre o movimento de corpos em órbita* tinha passado de nove páginas a três volumes – o *Principia* ou, o nome completo, *Philosophiae Naturalis Principia Mathematica* (Pricípios matemáticos da filosofia natural).

No *Principia*, Newton não tratava mais apenas do movimento de corpos em órbita; ele detalhava uma teoria geral da força e do movimento. Em seu cerne havia as inter-relações de três quantidades: força, momentum (que ele chamou de quantidade de movimento) e massa.

Vimos como Newton batalhou para desenvolver suas leis. Agora vamos examinar as três leis pelo que elas significam. A primeira foi um aprimoramento da lei da inércia de Galileu, com o importante adendo de que a força é a causa da mudança:

> Primeira Lei – Qualquer corpo permanece em seu estado de repouso ou de movimento retilíneo uniforme, a não ser que seja compelido a mudar seu estado por forças externas.

Newton, como Galileu, identificava o movimento pelo qual um objeto segue em linha reta e a uma velocidade constante como o estado natural das coisas. Como hoje costumamos pensar em termos newtonianos, é difícil reconhecer quanto essa ideia era anti-intuitiva. Contudo, a maior parte dos movimentos que observamos no mundo não procede segundo as linhas definidas por Newton: as coisas se aceleram quando caem, reduzem de velocidade de acordo com a resistência do ar ou seguem trajetos curvos quando caem em direção à Terra. Newton afirmava que esses movimentos eram de alguma forma desvios, resultado de forças invisíveis como a gravidade ou o atrito. Se um objeto for deixado sozinho, dizia ele, o movimento será uniforme; se seu caminho for desviado ou se a velocidade for alterada, é por estar sob a influência de alguma força.

O fato de objetos continuarem em seu estado de movimento se não sofrerem interferência é que nos possibilita explorar o espaço. Uma Ferrari no solo, por exemplo, pode acelerar de zero a noventa quilômetros por hora em menos de quatro segundos, mas precisa de energia para manter a velocidade em decorrência do atrito e da resistência do ar. Um veículo espacial só encontra mais ou menos uma molécula perdida a cada 150 mil quilômetros ou coisa assim, por isso não precisa se preocupar com o arrasto ou atrito. Isso significa que, quando se põe uma nave em movimento, ela continuará se movendo em linha reta a velocidade constante, sem desacelerar como a Ferrari. Se mantivermos os motores ligados, a aceleração continua, sem perder energia com o atrito. Se, digamos, sua espaçonave mantivesse a mesma aceleração da Ferrari por um ano, em vez de um segundo, ela poderia atingir metade da velocidade da luz.

Claro que existem alguns problemas práticos, como o peso do combustível que seria necessário transportar e os efeitos da relatividade, que veremos adiante. Além disso, se você quisesse chegar a uma estrela, seria preciso ter boa pontaria: os sistemas estelares são tão esparsos que, se a espaçonave fosse lançada ao acaso, teria de percorrer em média um trajeto maior que o percorrido pela luz desde o big bang para encontrar outro sistema solar.

Newton não pensava em visitar outros planetas, no entanto, depois de afirmar que a força causa aceleração, quantificou em sua segunda lei a relação entre a quantidade de força, a massa e a taxa de aceleração (em termos modernos, "mudança de movimento" significa mudança no momentum, isto é, massa vezes aceleração):

> Segunda Lei – Uma mudança no movimento é proporcional à força motora a ele aplicada e tem lugar ao longo da linha reta na qual a força se aplica.

Vamos supor que você empurre um carrinho com uma criança dentro. A lei diz que (sem levarmos em conta o atrito), se o empurrão exercido por um segundo puser o carrinho pesando 35 quilos, com a criança, a uma velocidade de oito quilômetros por hora, um carrinho pesando setenta quilos teria de sofrer um empurrão duas vezes mais forte para atingir a mesma velocidade. A boa notícia é que (mais uma vez ignorando o atrito) é possível acelerar um jato jumbo de 325 mil quilos a oito quilômetros por hora com um empuxo 10 mil vezes mais forte, o que é difícil, ou por um período 10 mil vezes mais longo, o que só requer paciência. Então, se você mantiver o nível de empuxo por 10 mil segundos, que são apenas duas horas e 47 minutos, pode movimentar um jumbo cheio de passageiros numa viagem.

Hoje escrevemos a segunda lei de Newton como $F = ma$ – força é igual a massa vezes aceleração –, mas a segunda lei só foi formulada como equação muito depois da morte de Newton, quase cem anos depois que ele a enunciou.

Na terceira lei, Newton diz que a quantidade total de movimento no Universo não muda. Ela pode ser transferida entre objetos, mas não aumentar nem diminuir. A quantidade total de movimento que existe hoje já existia quando o Universo teve início e permanecerá enquanto houver Universo.

É importante notar que, nas contas de Newton, uma quantidade de movimento numa direção acrescentada a um movimento equivalente na direção oposta produz uma quantidade total de movimento igual a zero. Por isso, um objeto pode ser alterado de um estado de repouso a um estado de movimento sem violar a terceira lei de Newton, desde que seu movimento seja contrabalançado por uma mudança de movimento no sentido oposto por outro corpo. Newton formulou essa lei da seguinte forma:

> Terceira Lei: Para uma ação, existe sempre uma reação igual em sentido contrário.

Essa sentença aparentemente inócua nos diz que, se uma bala é disparada para a frente, a arma se move para trás. Se uma patinadora empurrar os patins para trás no gelo, ela se moverá para a frente. Se você espirrar, expelindo ar pela boca, a cabeça vai ser jogada para trás (em média, como nos diz um artigo da revista *Spine*, com uma aceleração três vezes maior que a da gravidade da Terra).[26] E se uma espaçonave expele gases incandescentes pelos foguetes traseiros, a nave vai acelerar para a frente com um momentum – o que Newton chama de quantidade de movimento – igual em magnitude, porém no sentido oposto ao que os gases incandescentes são lançados no vácuo do espaço.

As leis enunciadas por Newton no *Principia* não eram apenas abstrações. Ele conseguiu apresentar provas convincentes de que um mero punhado de princípios matemáticos podia ser usado para explicar incontáveis fenômenos do mundo real. Entre outras aplicações, Newton mostrou como a gravidade cria irregularidades observáveis no movimento da Lua; explicou as marés oceânicas; calculou a velocidade do som no ar; e mostrou que a precessão dos equinócios é efeito da atração gravitacional da Lua sobre a protuberância equatorial da Terra.

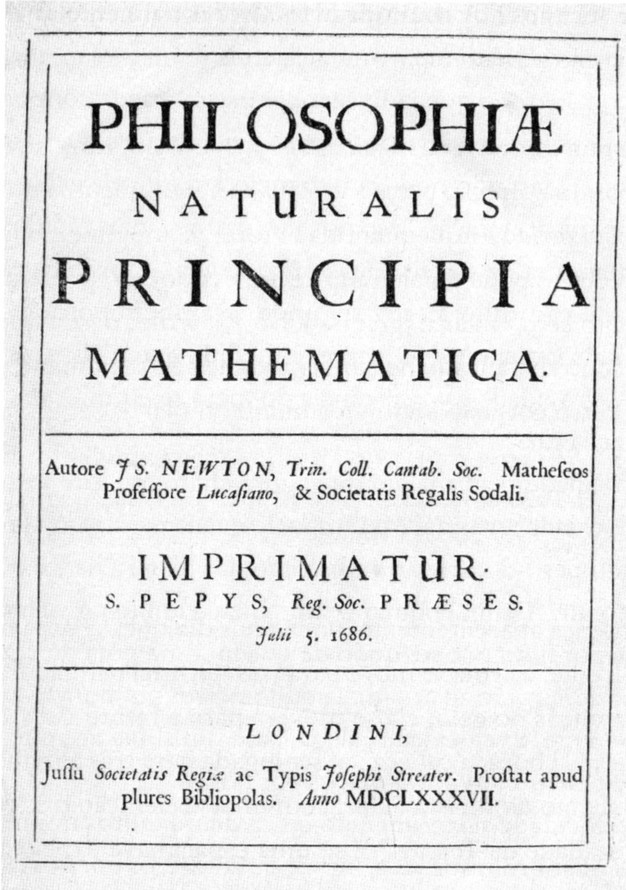

PHILOSOPHIÆ
NATURALIS
PRINCIPIA
MATHEMATICA.

Autore *J S.* NEWTON, *Trin. Coll. Cantab. Soc.* Mathefeos Profeffore *Lucafiano*, & Societatis Regalis Sodali.

IMPRIMATUR.
S. PEPYS, *Reg. Soc.* PRÆSES.
Julii 5. 1686.

LONDINI,

Juffu *Societatis Regiæ* ac Typis *Jofephi Streater*. Proftat apud plures Bibliopolas. *Anno* MDCLXXXVII.

Frontispício do *Principia*.

Essas foram descobertas espantosas, e o mundo ficou realmente admirado. No entanto, em certo sentido, ainda mais impressionante foi Newton entender que havia certos limites à aplicação prática de suas leis. Ele sabia, por exemplo, que embora suas leis do movimento fossem, em geral, excelentes aproximações do que vemos acontecer ao nosso redor, elas só mantinham seu sentido absoluto num mundo idealizado, onde não houvesse atrito nem resistência do ar.

Boa parte da genialidade de Newton, bem como a de Galileu, foi reconhecer a miríade de fatores de complicação que existem no nosso ambiente real e ser capaz de remover esses fatores para revelar as elegantes leis operantes num plano mais fundamental.

Vamos considerar a queda livre: objetos em queda com uma aceleração que segue as leis de Newton – mas só no começo. Depois, a não ser que o objeto seja lançado no vácuo, o meio em que ele cai acaba agindo para impedir sua aceleração. Isso porque, quanto mais rápido um objeto cair num meio, maior a resistência encontrada – pois haverá mais moléculas em seu caminho a cada segundo e também porque as colisões se tornam mais violentas. No limite, à medida que o objeto cai e ganha velocidade, a gravidade e a resistência do meio se equilibram, e o objeto deixa de se acelerar.

Essa velocidade máxima é o que agora chamamos de velocidade terminal. A velocidade terminal e o tempo da queda para atingi-la dependem da forma e do peso do objeto, bem como das propriedades do meio em que o objeto cair. Assim, enquanto um objeto caindo no vácuo acelera 35 quilômetros por hora por segundo de queda, uma gota de chuva caindo no ar perde a aceleração ao atingir 24 quilômetros por hora; para uma bola de pingue-pongue, a velocidade é de 32; para uma bola de golfe, 145; e para uma bola de boliche, 563 quilômetros por hora.

Nossa velocidade terminal é de cerca de duzentos quilômetros por hora com os membros esticados, ou 320 quilômetros por hora se nos enrolamos como uma bola. Se você saltar de alta altitude, onde o ar é rarefeito, pode cair rápido o suficiente para exceder a velocidade do som, que é de 1.225 quilômetros por hora. Um intrépido austríaco fez exatamente isso em 2012 – saltou de um balão a 39 mil metros de altitude e atingiu a velocidade de 1.357,6 quilômetros por hora (o americano Alan Eustace pulou de mais alto em 2014, mas não atingiu a mesma velocidade). Embora Newton não soubesse o suficiente sobre as propriedades do ar para deduzir as velocidades terminais, no volume 2 do *Principia* ele apresentou a imagem teórica da queda livre que acabei de descrever.

Pouco antes de Newton nascer, o filósofo e cientista Francis Bacon escreveu: "O estudo da natureza … [só conseguiu] um parco sucesso."[27] Poucas décadas depois da morte de Newton, o padre e físico Roger Boscovich escreveu que, "se a lei das forças for conhecida, e posição, velocidade e direção de todos os pontos em qualquer dado instante", é possível "prever todos os fenômenos que necessariamente se seguirão".[28] O poderoso intelecto responsável pela mudança de tom entre esses respectivos períodos foi o de Newton, que forneceu respostas tão profundas e precisas para os principais enigmas científicos de seus dias que, por centenas de anos, só foi possível fazer novos avanços em temas que ele não tinha abordado.

No dia 19 de maio de 1686, a Royal Society concordou em publicar o *Principia*, mas só se Halley pagasse os custos da impressão. Halley não teve escolha a não ser aceitar. A sociedade não era uma editora. Tinha se aventurado nesse negócio em 1685 e se dado mal, publicando um livro chamado *The History of Fishes*, que não vendeu muitos exemplares, apesar do título chamativo. Com poucos recursos, ela não pôde nem continuar a pagar as cinquenta libras por ano a Halley, por seu trabalho de guarda-livros, e o pagamento ficou convertido em exemplares de *The History of Fishes*. Por isso, Halley aceitou os termos da sociedade. O livro seria lançado no ano seguinte.

Ao pagar pela publicação, Halley se tornou, essencialmente, o editor de Newton. Era também o organizador e marqueteiro informal. Como enviou cópias do *Principia* para os mais importantes filósofos e cientistas da época, o livro sacudiu a Grã-Bretanha como uma tempestade. O texto também se disseminou rapidamente por cafés e círculos intelectuais de toda a Europa. Logo ficou claro que Newton havia escrito um livro destinado a reformular o pensamento humano – a obra mais influente na história da ciência.

Ninguém estava preparado para um trabalho daquela abrangência e profundidade. Três das principais publicações críticas do continente europeu o enalteceram em resenhas, uma delas afirmando que ele apresentava "a mecânica mais perfeita que se pode imaginar".[29] Até John Locke, o grande filósofo do Iluminismo, mas não matemático, "se dispôs a entender o livro". Todos reconheciam que Newton afinal tinha conseguido destronar o antigo império da física qualitativa de Aristóteles, e que seu trabalho seria uma nova diretriz para o modo de se fazer ciência.

Se houve uma reação negativa ao *Principia*, esta veio sobretudo dos que reclamaram que algumas das ideias centrais não eram exclusivas de Newton. O filósofo e matemático alemão Gottfried Wilhelm Leibniz, que inventara o cálculo infinitesimal de forma independente, embora um pouco depois, argumentou que Newton acreditava que só poderia haver um decodificador do conhecimento divino na Terra em dado momento, e naqueles dias era ele, Newton.[30] Enquanto isso, Robert Hooke chamava o *Principia* de "a descoberta mais importante na natureza desde a Criação do mundo" – para depois reclamar amargurado que Newton tinha roubado dele a importante ideia da lei do inverso do quadrado. Havia certa justificativa em sua afirmação, no sentido de que a ideia básica era de Hooke, embora Newton tivesse elaborado toda a matemática nela envolvida.

Alguns também acusaram Newton de promover "poderes ocultos" sobrenaturais, pois a força da gravidade atuava a distância, permitindo que corpos maciços afetassem objetos distantes através do vácuo do espaço sem um meio aparente para transmitir essa influência. O último argumento também seduziu Einstein – principalmente pelo fato de a gravidade newtoniana se transmitir de forma instantânea. Tal aspecto da teoria de Newton violava a teoria da relatividade especial de Einstein, que estabelecia que nada poderia ser mais rápido que a velocidade da luz. Einstein apostou no que falava e criou sua própria teoria da gravidade – a relatividade geral –, remediando a questão e substituindo a teoria da gravidade de Newton. Mas os contemporâneos de Newton que criticavam a ideia de que a gravidade agia a distância não conseguiram apresentar alternativas, nem tinham o conhecimento e a capacidade científica de Newton.

A reação de Newton às críticas foi bem diferente da resposta à hostilidade com que seu trabalho sobre ótica fora recebido no início dos anos 1670, quando, intimidado por Hooke e outros, ele se retirou do mundo e cortou a maioria de suas relações.[31] Agora, vendo sua pesquisa concluída e tendo absoluta compreensão do grande significado de sua realização, ele partiu para a luta. Enfrentou os críticos com contra-ataques ferozes e estridentes que continuaram, no caso das disputas acerca dos créditos, até a morte de Hooke e Leibniz – e mesmo depois. Quanto às acusações de ocultismo, Newton respondeu com uma negação: "Esses princípios, eu não os considero qualidades ocultas, ... mas leis gerais da natureza, ... e a verdade nos aparece como fenômeno, embora suas causas não tenham sido ainda descobertas."[32]

O *Principia* mudou a vida de Newton não só por representar o reconhecimento de um marco importantíssimo na história intelectual, mas também porque o lançou aos olhos do público, e a fama acabou lhe dando razão. Ele se tornou mais social e pelos vinte anos seguintes abandonou a maior parte de seus estudos de teologia. Também moderou os trabalhos em alquimia, embora não os tenha cessado.

As mudanças começaram em março de 1687, pouco depois de Newton ter concluído seu grande trabalho. Agora, mais ousado que antes, ele tomou parte de uma luta política entre a Universidade de Cambridge e o rei Jaime II. O rei, que tentava colocar a Inglaterra no caminho do catolicismo romano, tentou pressionar a universidade para conceder a graduação a um monge beneditino sem exigir os exames habituais e os votos à Igreja anglicana. A Universidade prevaleceu, e para Newton isso significou um ponto de virada. Sua participação na batalha o tornou figura tão proeminente politicamente em Cambridge que, quando a congregação universitária se reuniu em 1689, ele foi escolhido por voto para ser um de seus representantes no Parlamento.

Segundo todos os relatos, Newton não fez muito no ano que passou no Parlamento, só se manifestando para reclamar das correntes de ar. Contudo, passou a gostar de Londres e a angariar a admiração de muitos dos principais intelectuais e financistas com quem travou conhecimento. Em 1696, depois de passar 35 anos em Cambridge, Newton desistiu da vida acadêmica.

Nessa transição, ele abandonava uma posição altamente prestigiada para assumir um cargo burocrático relativamente desimportante em Londres: diretor da Casa da Moeda. No entanto, com mais de cinquenta anos e sentindo minguar sua potência intelectual, ele tinha se encantado com Londres. Além disso, já estava cansado do salário na Academia. Outrora a mudança talvez parecesse fruto de desprendimento, mas como diretor da Casa da Moeda Newton teve um grande aumento de salário, passando a ganhar quatrocentas libras. Ele também deve ter percebido que, como principal intelectual da Inglaterra, com as ligações políticas adequadas, poderia progredir para o cargo mais alto de presidente da Casa da Moeda quando a vaga se oferecesse, o que aconteceu em 1700. Seu rendimento no novo cargo era, em média, de 1.650 libras, cerca de 75 vezes o pagamento de um artesão – um nível de remuneração que fazia seu salário anterior em Cambridge parecer realmente irrisório. Portanto, pelos 27 anos seguintes, Newton viveu em grande estilo, frequentando os melhores círculos da sociedade de Londres e apreciando muito tudo aquilo.

Newton também ascendeu ao topo da organização que publicara sua obra máxima: em 1703, com a morte de Hooke, ele foi eleito presidente da Royal Society. Mas a idade e o sucesso não o suavizaram. Newton administrou a Royal Society com mão de ferro, chegando a expulsar das reuniões associados que mostrassem qualquer sinal de "leviandade ou indecoro".[33] Também foi ficando cada vez mais renitente em partilhar créditos por qualquer uma de suas descobertas, usando o poder da posição para assegurar sua primazia, com diversos planos de vingança.

NO DIA 23 de março de 1726, a Royal Society registrou em seus anais: "Tendo ficado vaga a cadeira com a morte de sir Isaac Newton, não houve reunião neste dia."[34] Newton tinha morrido poucos dias antes, aos 84 anos.

Newton já sabia que ia morrer havia algum tempo, pois sofria de uma inflamação grave e crônica nos pulmões. Padecia ainda de outras doenças, analisadas séculos depois, que revelariam em seu corpo níveis de chumbo, arsênico e antimônio quatro vezes acima do normal, e um nível de mercúrio quinze vezes acima do normal.[35] O diagnóstico no leito de morte de Newton, porém, foi de pedra na bexiga. A dor era lancinante.

O destino de Newton apresenta um flagrante contraste com o de Galileu. Ao longo dos anos, à luz dos sucessos da ciência newtoniana, a oposição da Igreja a novas ideias científicas tinha esfriado tanto que até os astrônomos católicos da Itália ganharam o direito não só de ensinar, como também de desenvolver a teoria copernicana – desde que afirmassem repe-

Isaac Newton na juventude e na meia-idade.

tidamente, como os professores do Kansas quando falam da evolução, que aquilo era "apenas uma teoria".[36] Enquanto isso, na Inglaterra, ficava cada vez mais claro o potencial da ciência no apoio à indústria e à melhoria da vida das pessoas. A ciência tinha se transformado num empreendimento que gozava de enorme prestígio, pelo menos entre as camadas mais altas da sociedade. Além disso, nos anos posteriores a Newton, a Europa ingressava num período em que a oposição à autoridade se tornaria um dos temas da cultura – tanto a oposição a ideias de antigas autoridades como Aristóteles e Ptolomeu quanto de autoridades religiosas e monárquicas.

Nada poderia exemplificar melhor as diferentes recepções conferidas a Galileu e a Newton que os respectivos rituais funerários. Enquanto Galileu só pôde ter um funeral tranquilo e particular para descansar em paz num canto obscuro da igreja em que queria ser enterrado, o corpo de Newton ficou em exposição na abadia de Westminster antes de ser enterrado no local, onde se erigiu vasto monumento com um sarcófago de pedra sobre pedestal com seus restos mortais. Sobre o sarcófago foi esculpido um baixo-relevo de vários meninos segurando instrumentos que representam as grandes descobertas de Newton, e sobre a tumba está inscrito:

> Aqui está enterrado Isaac Newton, cavaleiro, que por uma força mental quase divina, e princípios matemáticos peculiares, explorou o curso e as figuras dos planetas, os caminhos dos cometas, as marés dos oceanos, as dissimilaridades dos raios de luz e, o que nenhum outro estudioso havia previamente imaginado, as propriedades das cores assim produzidas. Diligente, sagaz e fiel, em suas exposições da natureza, da Antiguidade e das Sagradas Escrituras, ele demonstrou com sua filosofia a majestade do bom Deus todo-poderoso, e expressou a simplicidade do Evangelho em suas maneiras. Mortais se regozijam por ter existido tamanho e tão grandioso ornamento à raça humana! Ele nasceu em 25 de dezembro de 1642 e morreu em 20 de março de 1726.[37]

As vidas de Newton e de Galileu, juntas, se estenderam por mais de 160 anos, e os dois conseguiram testemunhar – e em diversos aspectos foram responsáveis por – quase tudo que se chama de revolução científica.

Em sua longa carreira, Newton conseguiu nos dizer muito sobre o nosso planeta e nosso sistema solar usando suas leis do movimento e a única lei da força que descobriu – a lei que descreve a gravidade. Acreditava que a força era a causa suprema de *todas* as mudanças na natureza, das reações químicas ao reflexo da luz num espelho. Mais ainda, tinha confiança de que, num tempo futuro, quando entendêssemos as forças de atração ou repulsão que agem a pequenas distâncias entre as "partículas" que constituem a matéria – sua versão do antigo conceito de átomos –, suas leis do movimento seriam suficientes para explicar tudo o que se pudesse observar no Universo.

Hoje, está claro que Newton era um visionário. Sua perspectiva do que significava entender as forças atuantes entre os átomos estava correta. Mas esse entendimento só viria 250 anos depois. Quando aconteceu, descobrimos que as leis que regem os átomos não se encaixam na estrutura da física construída por Newton. Em vez disso, elas revelaram um novo mundo além da experiência dos nossos sentidos; uma nova realidade que os homens podem vislumbrar apenas na imaginação; uma realidade cuja arquitetura é tão exótica que as famosas leis de Newton teriam de ser substituídas por um novo conjunto de leis – que para Newton teria parecido mais estranho ainda que a física de Aristóteles.

8. De que são feitas as coisas

Quando cheguei à adolescência, fiquei intrigado com dois tipos bem diferentes de abordagens científicas acerca dos segredos do Universo. Comecei a ouvir boatos estranhos sobre o que os físicos faziam, suas descobertas das leis quânticas, que pareciam dizer que eu estava em dois lugares ao mesmo tempo. Tive dúvidas de que essas afirmações se aplicassem à vida real. Mas também ouvi falar sobre outros tipos de segredo, aqueles que os químicos procuravam, mais pé no chão, segredos violentos e perigosos que pareciam ter pouco a ver com uma chave mestra do Universo, mas que apelavam para meu senso de aventura e prometiam me proporcionar o tipo de poder que a gente não tem quando é criança. Logo eu estava misturando amoníaco com tintura de iodo, perclorato de potássio com açúcar, pó de zinco com nitrato e cloreto de amoníaco – e explodindo coisas. Arquimedes disse que, se tivesse uma alavanca longa o bastante, conseguiria *mover* o mundo; eu acreditava que, com as substâncias químicas domésticas apropriadas, poderia *explodir* o mundo. Esse é o poder de compreender as substâncias ao nosso redor.

Os primeiros pensadores científicos do mundo pavimentaram o caminho para essas duas linhas de investigação nos procedimentos do mundo real. Eles perguntaram o que causava a mudança, descobriram do que as coisas eram feitas e como suas composições determinam suas propriedades. Aristóteles apresentou o mapa da mina para as duas coisas, mas os caminhos propostos se revelaram becos sem saída.

Newton e seus predecessores percorreram uma longa via em direção ao entendimento da questão da mudança. Newton ainda tentou entender a ciência da matéria, mas nem de longe era um químico tão genial quanto era físico. O problema não foi de uma deficiência de seu intelecto nem o fato de ter trilhado o longo caminho sem saída da alquimia. O que o restringiu foi que, apesar de a química – a ciência da substância – evoluir junto com a física – a ciência da mudança –, elas são duas ciências com características bem diferentes. A química é mais suja, mais complicada, e explorá-la – como ele fez com a mudança – exigia o desenvolvimento de inúmeras inovações tecnológicas. A maioria ainda não havia sido inventada no tempo de Newton. Consequentemente, Newton ficou bloqueado, e faltou na química uma figura de destaque que catapultasse a ciência (e a si mesma) à grandiosidade. Por isso, o desenvolvimento da química foi mais gradual, com diversos pioneiros dividindo a ribalta.

A história de como a humanidade descobriu do que as coisas são feitas mora no meu coração, pois a química foi o meu primeiro amor. Fui criado num pequeno apartamento dúplex em Chicago, com aposentos pequenos e atulhados, mas com um grande porão onde consegui construir minha Disneylândia particular no meio da bagunça – um sofisticado laboratório com várias prateleiras cheias de potes, lindos pós coloridos e frascos com os mais potentes ácidos e álcalis.

Algumas substâncias eu precisava obter ilegalmente ou com a ajuda involuntária dos meus pais ("Se eu tivesse um galão de ácido muriático poderia limpar aquele xixi de gato do piso"). Sem me importar em ter de apelar para esses truques, descobri que estudando química eu podia aprender a criar fogos de artifício legais e ao mesmo tempo saciar minha curiosidade a respeito do mundo. Assim como Newton, suponho, também percebi que tinha uma série de vantagens em relação às minhas tentativas de levar uma vida social. É mais fácil arranjar substâncias químicas que amigos, e elas nunca diziam que não podiam sair ou que precisavam lavar a cabeça quando eu queria brincar; ou, com menos delicadeza, que não queriam se associar a tipos esquisitos como eu. No final, porém, como acontece com muitos primeiros amores, eu e a química nos separamos. Comecei a flertar com outro assunto, a física. Foi então que aprendi que diferentes áreas da ciência não apenas se concentram em diferentes questões, mas também têm diferentes culturas.

A diferença entre a física e a química transpareceu claramente com os diversos erros que cometi. Aprendi bem depressa, por exemplo, que se meus cálculos físicos acabassem se reduzindo à equação "4 = 28", isso não significava que eu tinha descoberto alguma verdade profunda até então desconhecida, mas que tinha cometido algum erro. Mas era um erro inofensivo, um equívoco que só existia no papel. Na física, esses vexames quase sempre levam a absurdos matemáticos benignos, ainda que frustrantes. Na química é diferente. Meus equívocos na química tendiam a produzir grandes quantidades de fogo e fumaça, além de queimaduras de ácido na pele que me deixaram cicatrizes ao longo de décadas.

Meu pai caracterizava as diferenças entre a física e a química de acordo com duas pessoas que conhecia e que chegavam mais perto de praticá-las. O "físico" era o homem do campo de concentração – na verdade, um matemático – que explicava como resolver um enigma matemático em troca de pão. O homem que ele chamava de "químico" era alguém que tinha conhecido na resistência judaica, antes de ser deportado para Buchenwald.*[1]

Meu pai tinha feito parte de um grupo que planejava sabotar a ferrovia que passava pela sua cidade, Czestochowa. O químico disse que poderia descarrilar o trem com um explosivo colocado estrategicamente nos trilhos, mas era preciso escapar do gueto judeu para ir atrás de algumas substâncias, que ele afirmava poder roubar ou obter com subornos. Foram diversas saídas, mas ele não voltou de sua última missão e nunca mais ninguém soube dele.

O físico, segundo meu pai me contou, era um homem calado e elegante, que se refugiou dos horrores do campo da melhor forma para ele: retirando-se em seu mundo interior. O químico tinha a personalidade de um caubói arrebatado e sonhador, que se atirava de cabeça para entrar em ação no confronto contra o caos do mundo. Esta, segundo a avaliação do meu pai, era a diferença entre a química e a física.

---

* Fiquei sabendo que meu pai tinha participado da resistência não por ele, mas quando vi seu nome mencionado num livro sobre o assunto que encontrei na biblioteca da universidade. Depois que li sobre ele, comecei a questioná-lo sobre suas experiências.

Era verdade que, ao contrário dos primeiros físicos, os primeiros químicos precisavam ter certa coragem natural, pois explosões acidentais eram um risco de seu ofício, bem como envenenamentos, pois era costume experimentar as substâncias para ajudar a identificá-las. Talvez o mais famoso entre os primeiros experimentalistas tenha sido o químico e farmacêutico sueco Carl Scheele. Mesmo sendo o primeiro químico a produzir o gás clorídrico, tremendamente corrosivo e venenoso, Scheele conseguiu sobreviver. Conseguiu também, de uma forma meio miraculosa, descrever com precisão o sabor do cianureto de hidrogênio, gás extremamente tóxico, sem morrer por causa disso. Mas Scheele sucumbiria em 1786, aos 43 anos, de uma doença que se suspeita ter sido sequela de envenenamento agudo por mercúrio.[2]

Num nível mais pessoal, me pareceu que a diferença entre a química e a física refletia a diferença entre mim e meu pai. Quando o químico não voltou de sua última missão, meu pai e quatro outros conspiradores prosseguiram com o plano, usando somente instrumentos manuais – "todos os tipos de chave de fenda", ele me explicou – em lugar de explosivos, na tentativa de deslocar os trilhos do trem.[3] As coisas desandaram quando um dos sabotadores entrou em pânico e atraiu a atenção de oficiais da SS que estavam por perto. O resultado foi que só meu pai e outro sabotador conseguiram escapar vivos – deitando-se nos dormentes, escondidos, enquanto um longo comboio passava por cima deles. Eu, por outro lado, raramente exercia qualquer ação relevante no mundo exterior, limitando-me a calcular as consequências das coisas rabiscando equações no papel.

O abismo entre a física e a química reflete tanto as origens quanto as culturas das duas disciplinas. Enquanto a física começou com a teorização mental de Tales, Pitágoras e a Aristóteles, a química nasceu no quarto dos fundos de mercadores e na toca escura dos alquimistas. Embora praticantes das duas disciplinas fossem motivados pelo puro desejo de saber, a química também tinha raízes na prática – às vezes no desejo de melhorar a vida das pessoas, às vezes na ambição. Existe nobreza na química, a nobreza da busca de conhecer e conquistar a matéria; mas também sempre existiu o potencial para grandes lucros.

As TRÊS LEIS DO MOVIMENTO que Newton descobriu eram de certa forma simples, ainda que ocultadas pela névoa do atrito, da resistência do ar, da invisibilidade e da força da gravidade. A química, no entanto, não é regida por um conjunto de leis análogas às três leis universais do movimento de Newton. Ela é muito mais complicada. A ciência química teve de ir separando as coisas gradualmente.

A primeira descoberta a ser feita foi a de que algumas substâncias – os elementos – são fundamentais, enquanto outras são compostas de várias combinações de elementos. Isso foi reconhecido intuitivamente pelos gregos. Segundo Aristóteles, por exemplo, um elemento é "um desses corpos em que outros corpos podem ser decompostos e que não é capaz de ser decomposto em outros".[4] Ele identificou quatro elementos: terra, ar, água e fogo.

É óbvio que muitas substâncias são feitas de outras substâncias. Sal mais água produz água salgada; ferro mais água forma ferrugem; vodca e vermute resultam num martíni. Por outro lado, podemos decompor muitas substâncias, em geral aquecendo-as. Por exemplo, quando aquecido, o calcário se transforma em cal e um gás, o dióxido de carbono. O açúcar gera carbono e água. Esse tipo de observação ingênua, porém, não vai muito longe, pois não é uma descrição universalmente aplicável do que acontece. Por exemplo, se você aquecer água, ela vai virar gás, mas esse gás não é quimicamente diferente do líquido; ele apenas tomou uma forma física diferente. O mercúrio, quando aquecido, também não se divide em seus componentes, pelo contrário – combina-se com o oxigênio invisível do ar e forma um composto de óxido metálico.

E ainda existe a combustão. Imagine a madeira queimando. Quando queima, a madeira se transforma em fogo e cinzas, mas seria errado concluir que a madeira é *feita* de fogo e cinzas. Ademais, contrariando a classificação de Aristóteles, o fogo não é uma substância, mas luz e calor emitidos quando outras substâncias passam por uma reação química. O que realmente é emitido na queima da madeira são gases invisíveis – principalmente dióxido de carbono e vapor d'água, junto com mais de uma centena de gases. Os antigos não tinham nada da tecnologia que permite coletar esses gases, muito menos separá-los e identificá-los.[5]

Desafios desse tipo tornaram difícil determinar de que são feitas duas ou mais substâncias e quais eram as fundamentais. Como resultado dessa confusão, muitos antigos, como Aristóteles, identificaram erroneamente água, fogo etc. como elementos fundamentais, mas não reconheceram como tal os sete elementos metálicos que já conheciam – mercúrio, cobre, ferro, chumbo, estanho, ouro e prata.

Assim como o nascimento da física dependeu de inovações matemáticas, o nascimento da verdadeira química teve de esperar certas invenções tecnológicas – equipamentos para pesar substâncias com precisão, medir o calor absorvido ou emitido nas reações, determinar se uma substância é ácida ou alcalina, para captar, evacuar e manipular gases e para aferir temperatura e pressão. Somente com esses avanços, nos séculos XVII e XVIII, os químicos começaram a desemaranhar os fios retorcidos de seu conhecimento e a desenvolver maneiras frutíferas de pensar sobre as reações químicas. É um testemunho da perseverança humana, contudo, o fato de que, mesmo antes do surgimento dessas técnicas, aqueles que se dedicavam ao comércio nas cidades antigas tenham reunido conhecimentos em diversos campos como tintura, fabricação de perfumes, de vidros, na metalurgia e no embalsamamento.

O EMBALSAMAMENTO FOI O primeiro. Nesse domínio, os primórdios da ciência química podem ser rastreados até Çatalhöyük, onde, embora não embalsamassem os mortos, eles chegaram a desenvolver uma cultura da morte e um jeito específico de lidar com os mortos. Nos tempos do antigo Egito, uma crescente preocupação com o destino dos mortos levou à invenção da mumificação. Acreditava-se que ela fosse a chave para uma feliz vida após a morte – e decerto nenhum cliente exigente voltou para reclamar. Daí surgiu a demanda por agentes embalsamadores. Uma nova indústria nasceu, segundo as palavras da DuPont, *buscando coisas melhores para uma vida melhor após a morte, por meio da química.*

O mundo sempre teve seus sonhadores, e entre eles os felizes indivíduos que realizam seus sonhos, ou ao menos ganham a vida correndo atrás deles. Os membros do segundo grupo não se destacam necessariamente pelo talento ou o conhecimento, mas pelo trabalho empenhado. Deve ter sido um sonho dos empreendedores e inovadores egípcios enriquecer com o aperfeiçoamento de processos de embalsamamento, pois eles investiam longas e árduas horas nessa tarefa. Com o tempo, por meio de grandes sequências de tentativa e erro, os embalsamadores egípcios aprenderam a utilizar uma potente combinação de sais de sódio, resinas, mirra e outros conservantes que protegiam os corpos da decomposição – tudo descoberto sem qualquer conhecimento acerca dos processos envolvidos nem do que faz um corpo apodrecer.

Como o embalsamamento era um negócio, não uma ciência, suas descobertas eram tratadas mais como receitas de produtos de sucesso que como teorias, e eram segredos muito bem guardados. Como a arte de embalsamar estava associada aos mortos e ao mundo pós-vida, os praticantes dessa arte vieram a ser considerados magos ou feiticeiros. Com o tempo, outras profissões secretas se desenvolveram, gerando conhecimentos sobre minerais, óleos, extratos de flores, raízes e vagens de plantas, vidro e metais. Aqui, na protoquímica praticada pelos mercadores, estavam as origens da cultura mística e misteriosa da alquimia.

Na condição de grupo, os praticantes dessa atividade reuniram um extenso corpus de conhecimentos especializados porém desconexos. Esse diversificado conjunto de conhecimentos técnicos afinal se cristalizou num campo de estudo unificado quando o grego Alexandre o Grande fundou sua capital egípcia, Alexandria, na foz do Nilo, em 331 a.C.

Alexandria era uma cidade arrojada, com edificações elegantes e avenidas de muitos metros de largura. Algumas décadas depois de sua fundação, o rei grego do Egito, Ptolomeu II, construiu sua joia da coroa cultural, o Museu. Diferente dos museus modernos, o Museu não expunha artefatos, mas abrigava mais de uma centena de cientistas e estudiosos, que recebiam um estipêndio do Estado, casa e comida de graça, preparada na cozinha da instituição. Associada ao Museu havia uma grande biblioteca de meio milhão de pergaminhos, um observatório, laboratórios para dissecação, jardins, um zoológico e outras instalações de pesquisa. Esse era um glorioso centro de exploração do conhecimento, um monumento vivo e funcional para a busca humana de conhecimento. Foi o primeiro instituto de pesquisa do mundo, desempenhando o mesmo papel que mais tarde a universidade iria ter na Europa, embora, infelizmente, estivesse condenado à destruição pelo fogo no século III d.C.[6]

Alexandria logo se tornou uma meca da cultura e, em alguns séculos, a maior e mais importante cidade do mundo. Ali, diversas teorias dos gregos sobre matéria e mudança se cruzaram com toda a abrangência da vocação química egípcia. Esse encontro de ideias mudou tudo.

Antes da invasão dos gregos, durante milênios, o conhecimento dos egípcios acerca das propriedades das substâncias havia sido puramente prático. Mas agora os físicos gregos dispunham de uma estrutura teórica para fornecer aos egípcios um contexto para seus conhecimentos. Em especial, a teoria da matéria de Aristóteles propiciou uma explicação para a maneira como as substâncias mudavam e interagiam. A teoria de Aristóteles, claro, não estava certa, mas inspirou uma abordagem mais unificada da ciência das substâncias.

Um dos aspectos da teoria de Aristóteles foi especialmente influente: suas ideias sobre a transformação das substâncias. Vamos considerar o processo de ebulição. Aristóteles julgava que o elemento água tinha duas características essenciais: a de ser molhada e fria. Por outro lado, ele classificava o elemento ar como molhado e quente. A fervura, de seu ponto de vista, era o processo em que o elemento fogo atuava para converter a frieza da água em calor, e portanto transformar a água em ar. Pressentindo um potencial lucrativo nesse conceito, os egípcios quiseram forçar a barra: se a água podia ser transformada em ar, não seria possível transformar algum material inferior em ouro? De certa forma como a minha filha Olivia, que, ao saber que poderia ganhar um dólar da fada do dente se deixasse seu dente de leite embaixo do travesseiro, imediatamente perguntou: "E quanto eu poderia ganhar pelas pontinhas das minhas unhas cortadas?"

Os egípcios notaram que o ouro, a exemplo dos elementos fundamentais de Aristóteles, parecia apresentar algumas características essenciais: é um metal, dúctil e amarelo. Só o ouro apresenta *todas* essas características, mas elas podem ser encontradas em muitas substâncias, em diferentes combinações. Não seria possível encontrar um jeito de transferir propriedades entre as substâncias? Em especial, se o processo de ebulição permitia a utilização do fogo para alterar a propriedade física da água, transformando-a em ar, talvez houvesse um processo análogo pelo qual se transformasse uma combinação de substâncias metálicas, amarelas e dúcteis em ouro.

Como resultado dessas considerações, por volta do ano 200 a.C. os primeiros sinais de uma verdadeira compreensão da química se mesclaram com ideias da filosofia grega, e a antiga protoquímica de embalsamamento, metalurgia e outras propostas práticas originaram uma abordagem unificada da transformação química. Assim nasceu a alquimia, com o objetivo central de produzir ouro e também um "elixir da vida" que garantisse a eterna juventude.

Historiadores debatem quando exatamente nasceu a ciência da química, mas a química não é alfafa, portanto, a data desse florescimento é mais uma questão de opinião que de fatos exatos. Uma coisa que ninguém pode discutir, porém, é que a alquimia teve um propósito útil: a química, quando chega à sua manifestação moderna, é a ciência que se originou das artes e do misticismo daquelas antigas disciplinas.

O PRIMEIRO EMPURRÃO orientando o feitiço da alquimia para os métodos científicos veio de um dos mais peculiares personagens da história do pensamento humano. Nascido num pequeno vilarejo hoje pertencente à Suíça, Theophrastus Bombastus von Hohenheim (1493-1541), aos 21 anos, foi mandado pelo pai à Alemanha a fim de estudar metalurgia e alquimia, mas depois alegou ter se formado em medicina e adotou essa profissão. Ainda com pouco mais de vinte anos adotou o nome de Paracelso, ou "maior que Celso", médico romano do século I d.C. muito popular no século XVI. Com a mudança, conseguiu deixar de se chamar Bombastus, mas houve algo mais que bombástico na mudança: Paracelso queria trombetear seu desdém pelo método então corrente na medicina. Demonstrou o descaso de forma bem explícita quando, na reunião com estudantes numa fogueira tradicional de verão, jogou nas chamas, junto com um punhado de enxofre, a obra do conceituado médico grego Galeno.

A oposição de Paracelso a Galeno era a mesma expressada por Galileu e Newton contra Aristóteles: o trabalho do médico grego havia sido invalidado por observações e experiências posteriores. Em particular, Paracelso estava convencido de que a ideia tradicional de que a doença era causada pelo desequilíbrio de misteriosos fluidos corpóreos, chamados humores, não resistira ao teste do tempo. Ele julgava que as doenças eram ocasionadas por agentes externos – e que essas causas podiam ser tratadas com drogas adequadas.

Foi a busca dessas "drogas adequadas" que levou Paracelso a tentar transformar a alquimia. O campo já tinha dado bons frutos, como a descoberta de novas substâncias – sais metálicos, ácidos minerais e o álcool –, mas Paracelso queria que a procura de ouro fosse abandonada em favor do objetivo mais importante de criar substâncias que atuassem no laboratório orgânico e curassem doenças específicas. Tão importante quanto isso era o desejo de reformular os métodos alquímicos, que ele considerava imprecisos e negligentes. Sendo bom marqueteiro, além de estudioso, Paracelso inventou um novo nome para sua versão repaginada da alquimia. Ao substituir o prefixo

Paracelso em cópia de retrato (original perdido do século XVII) feito pelo pintor flamengo Quentin Massys (1466-1529).

árabe *al* (que significa "o") pela palavra "medicina" em grego, *iatro*, ele criou o termo *iatroquimia*. Isso é um "palavrão", e pode ser esta a razão de logo ter sido abreviado para *quimia*, a base da palavra "química".

Mais tarde, as ideias de Paracelso influenciariam tanto o grande Isaac Newton quanto o rival deste, Leibniz, e ajudariam a alçar a alquimia a uma nova identidade, como ciência da química. Paracelso era um cruzado apaixonado por seu novo método, mas sua eficácia na persuasão pessoal era limitada por problemas de personalidade. Ele sabia ser bastante ofensivo – e quando digo "ofensivo" quero dizer "se comportar como um lunático furioso".

Paracelso era imberbe e efeminado, não se interessava por sexo. No entanto, se as Olimpíadas outorgassem um prêmio no esporte de encher a cara, Paracelso ganharia a medalha de ouro. Estava bêbado boa parte do tempo, e seus contemporâneos diziam que "vivia como um porco". Não era muito sutil em se promover e tendia a fazer afirmações do tipo: "Todas as universidades e todos os velhos escritores juntos têm menos talento que minha bunda."[7] E parecia gostar de irritar o establishment, às vezes como um fim em si mesmo. Por exemplo, quando foi chamado a dar um ciclo de conferências na Universidade da Basileia, apareceu na primeira aula usando jaleco de couro, em lugar da toga-padrão acadêmica; falou em alemão na Suíça, em vez do esperado latim; e, depois de anunciar que iria revelar o maior segredo da medicina, mostrou uma panela cheia de fezes.

Essas palhaçadas tiveram o mesmo efeito que teriam hoje: isolaram-no de seus colegas médicos e professores, mas o tornaram muito popular entre vários de seus alunos. Mesmo assim, quando Paracelso falava, as pessoas ouviam, pois alguns de seus remédios realmente funcionavam. Ao descobrir, por exemplo, que os opiáceos eram muito mais solúveis em álcool que na água, criou uma solução com base em ópio chamada láudano, muito eficaz no alívio da dor.

No final, contudo, talvez a economia tenha sido o motor principal na disseminação das ideias de Paracelso. A promessa de novas substâncias para curar doenças aumentou os rendimentos, o status social e a popularidade dos boticários, que criaram uma demanda para o conhecimento nesse campo. Textos e aulas sobre o assunto se difundiram, e quando os termos e técnicas da alquimia foram traduzidos para a nova linguagem da química, eles se tornaram mais exatos e padronizados, como desejava Paracelso. No início dos anos 1600, embora muitos ainda praticassem a velha alquimia, o novo estilo de alquimia de Paracelso – a *quimia* – também tinha se alastrado.

Assim como os estudiosos do Merton College, Paracelso foi uma figura de transição que ajudou a transformar sua disciplina e erigiu as fundações primitivas sobre as quais praticantes posteriores puderam construir. A maneira como Paracelso tinha um pé no velho mundo e outro no novo universo da química fica evidente a partir de sua vida: apesar de tão crítico da alquimia tradicional, ele se encharcava com ela. Durante a vida, realizou experimentos com o objetivo de criar ouro, e uma vez afirmou ter descoberto e bebido o elixir da vida, dizendo que estava destinado a viver para sempre.

Contudo, em setembro de 1541, quando estava hospedado num estabelecimento chamado White Horse Inn, em Salzburgo, na Áustria, Deus pagou para ver o blefe. Paracelso voltava para a estalagem por uma rua estreita e escura, e tomou um tombo feio, ou foi agredido por valentões contratados por médicos locais que ele ofendera. As duas versões levam ao mesmo fim: o dele. Paracelso sucumbiu aos ferimentos alguns dias depois, aos 47 anos. Diziam que quando morreu parecia bem mais decrépito do que deveria, por causa das noites insones e de muita bebida. Se tivesse vivido mais um ano e meio, teria visto a publicação do grande trabalho de Copérnico, *De Revolutionibus Orbium Coelestium* (Sobre a revolução das esferas celestes), que costuma ser considerado o início da revolução científica, um movimento que Paracelso decerto teria aprovado.

O SÉCULO E MEIO seguinte à morte de Paracelso, como já vimos, foi um período em que pioneiros como Kepler, Galileu e Newton, baseados em trabalhos anteriores, criaram uma nova abordagem da física e da astronomia. Com o tempo, teorias sobre o cosmo qualitativo, regido por princípios metafísicos, deram lugar ao conceito de Universo quantitativo e mensurável, seguindo leis fixas. A abordagem do conhecimento baseada na autoridade acadêmica e em argumentos metafísicos deu lugar à noção de que deveríamos aprender as leis da natureza por meio de observação e experimentos, articulando as leis na linguagem da matemática.

Assim como na física, o desafio intelectual das novas gerações de químicos não era apenas de desenvolver rigorosos caminhos de pensamento e experimentação, mas também se libertar da filosofia e das ideias do passado. Para começar a amadurecer, o novo campo da química teve ao mesmo tempo de aprender as lições de Paracelso e descartar as teorias sem saída de Aristóteles – não as teorias de movimento, o que Newton e outros físicos e matemáticos estavam fazendo, mas suas teorias sobre a matéria.

Antes de resolver um quebra-cabeça, é preciso identificar as peças; e no quebra-cabeça da natureza da matéria as peças são os elementos químicos. Enquanto as pessoas acreditavam que tudo era feito de terra, ar, fogo e água – ou algum esquema análogo –, a compreensão dos corpos materiais se basearia em fábulas, e a capacidade de criar novas substâncias químicas mais úteis continuaria uma questão de tentativa e erro, sem possibilidade de um verdadeiro entendimento. E assim aconteceu que, na nova atmosfera intelectual do século XVII – enquanto Galileu e Newton estavam finalmente banindo Aristóteles da física e substituindo suas ideias por uma teoria pautada na observação e na experimentação –, um dos homens cujo trabalho sobre ótica ajudou a inspirar Newton se posicionou contra as ideias de Aristóteles na química. Estou falando de Robert Boyle, filho do primeiro conde de Cork, da Irlanda.[8]

Um dos caminhos para dedicar a vida à ciência é obter um cargo universitário. Outro é ser podre de rico. Ao contrário dos professores universitários que inovaram a física, muitos dos campeões dos primórdios da química eram homens independentes financeiramente que, numa época em que os laboratórios eram escassos, puderam financiar e montar seus próprios laboratórios. Robert Boyle era o filho de um conde não apenas rico, mas talvez o homem mais rico da Grã-Bretanha.

Pouco se sabe sobre a mãe de Boyle, a não ser que se casou aos dezessete anos e teve quinze filhos nos 23 anos seguintes, antes de cair morta de tuberculose. Robert era o décimo quarto filho e o sétimo varão. Parece que o conde gostava mais de fazer filhos que de cuidar deles, pois assim que nasciam todos eram embarcados para ser criados por babás, depois para o internato e a faculdade, ou para o exterior, a fim de serem educados por professores particulares.

Boyle passou a época mais impressionável de sua vida em Genebra. Aos catorze anos, acordou uma noite, em meio a uma violenta tempestade, e jurou que iria se dedicar a Deus caso sobrevivesse. Se todo mundo seguisse (ou até se lembrasse das) as promessas feitas sob ameaça, nós viveríamos num mundo melhor. Mas, no caso de Boyle, a promessa foi para valer. Independentemente de a tempestade ter sido a verdadeira causa, ele se tornou profundamente religioso; e, apesar de sua grande fortuna, levou uma vida ascética.

No ano seguinte à tempestade que mudou sua vida, Boyle estava em visita a Florença quando Galileu morreu em seu exílio ali perto. De alguma forma Boyle obteve o livro de Galileu sobre o sistema copernicano, *Diálogo sobre os dois principais sistemas do mundo*. Esse foi um acaso fortuito e notável na história das ideias, pois Boyle, então com quinze anos, se apaixonou pela ciência depois de ler o livro.[9]

Nenhum registro histórico deixa clara a razão de Boyle ter optado pela química, mas desde sua conversão ele vinha procurando uma maneira de servir adequadamente a Deus, e decidiu que aquela seria a melhor maneira. Como Newton e Paracelso, Boyle era celibatário e se tornaria obsessivo pelo trabalho; assim como Newton, acreditava que a luta para entender os caminhos da natureza era uma forma de descobrir os desígnios de Deus. Mas, ao contrário do físico Newton, o químico Boyle também considerava a ciência importante porque podia ser usada para aliviar o sofrimento e melhorar a vida das pessoas.

Em certo sentido, Boyle era cientista por ser um filantropo. Ele se mudou para Oxford em 1656, aos 29 anos, e, embora a universidade não ministrasse um curso oficial de química, montou um laboratório com seu próprio dinheiro para se dedicar à pesquisa – sobretudo, mas não exclusivamente, à pesquisa química.

Oxford tinha sido um bastião da monarquia durante a Guerra Civil e abrigava muitos refugiados da Londres parlamentarista. Boyle não tinha convicções claras a respeito, mas, de qualquer forma, entrou para um grupo de refugiados que se reunia semanalmente para discutir interesses comuns relacionados ao novo método experimental da ciência. Em 1662, não muito depois da restauração da monarquia, Carlos II concedeu um alvará ao grupo, que se tornou a Royal Society (ou, traduzindo o nome completo, a Real Sociedade de Londres para o Progresso do Conhecimento Natural), com papel muito importante na carreira de Newton.

A Royal Society logo se tornou um local onde muitas das melhores cabeças científicas se reuniam para discutir, debater, criticar ideias uns dos outros e apoiar conclusões que merecessem ser encaminhadas para o mundo exterior. O lema da Royal Society, *Nullius in verba*, significa mais ou menos "Não acredite só nas palavras de alguém", mas se referia particularmente a "Não acredite só nas palavras de Aristóteles" – pois todos os membros entendiam que era crucial se afastar da visão de mundo aristotélica para progredir.

Boyle também assumiu o mantra do ceticismo em sua vida pessoal, tal como está refletido no título de seu livro de 1661, *O químico cético*, em grande parte um ataque a Aristóteles. Pois Boyle, assim como seus pares, percebeu que, para conferir rigor científico à compreensão de um tema que o atraía, teria de refutar boa parte do passado. A química podia ter suas raízes nos laboratórios de embalsamadores, vidraceiros, tintureiros, metalúrgicos, alquimistas e, desde Paracelso, boticários, mas Boyle via a disciplina como um campo unificado, que valia ser estudado por si só, tão necessário para a compreensão básica do mundo natural como a astronomia e a física, e merecedora de uma rigorosa abordagem intelectual.

Em seu livro, Boyle apresentava exemplo após exemplo de processos químicos discordantes das ideias de Aristóteles quanto aos elementos. Discutia em grandes detalhes, por exemplo, a queima da madeira para produzir cinzas. Quando você queima um tronco, observou Boyle, a água fervendo nas pontas "está longe de ser água elementar" e a fumaça "está longe de ser ar", pois, quando destilados, produzem óleo e sais.[10] Por isso, dizer que o fogo converte o tronco em substâncias elementares – terra, ar e água – não resiste a um exame rigoroso. Além disso, outras substâncias, como ouro e prata, pareciam impossíveis de se reduzir a componentes mais simples, e portanto talvez devessem ser consideradas *elementos*.

O maior trabalho de Boyle veio de sua discordância de que o ar fosse um elemento. Ele baseava sua afirmação em experimentos que realizou com o auxílio de um jovem e mal-humorado assistente, um estudante de Oxford e monarquista fervoroso chamado Robert Hooke. Pobre Hooke, que mais tarde seria menosprezado por Newton – e que segundo muitos registros históricos recebeu poucos créditos também pelos experimentos executados com Boyle, nos quais provavelmente construiu todo o equipamento e fez a maior parte do trabalho.[11]

Numa dessa série de experimentos, os dois pesquisaram a respiração, tentando entender de que maneira nossos pulmões interagem com o ar que inalamos. Eles achavam que alguma coisa importante acontecia. Afinal, se não houvesse interação de algum tipo, o ato de respirar seria uma grande perda de tempo, ou, para alguns, apenas uma maneira de manter os pulmões ocupados entre um charuto e outro. Para investigar o fenômeno, realizaram experimentos com a respiração de animais como ratos e pássaros. Observaram que, quando os animais eram colocados em recipientes vedados, a respiração se tornava difícil e acabava por cessar.

O que os experimentos de Boyle demonstraram? A lição mais óbvia é que Robert Boyle não era um homem que você gostaria de ter em casa ao lado do seu bicho de estimação. Mas também mostraram que, quando os animais respiram, eles estão absorvendo algum componente do ar cujo esgotamento causa a morte, ou estão expelindo algum gás que se mostra fatal em altas concentrações. Ou as duas coisas. Boyle acreditava que era a primeira; de qualquer forma, seus experimentos sugeriam que o ar não é um elemento, mas uma substância formada por componentes diversos.

Boyle também investigou o papel do ar na combustão, usando uma versão bem-aperfeiçoada da bomba de vácuo que Hooke havia inventado havia pouco tempo. Ele observou que quando a bomba retirava todo o ar de um recipiente vedado contendo objetos queimando, as chamas se extinguiam. Por isso, concluiu que, na combustão, assim como na respiração, existe alguma substância não conhecida no ar necessária para o processo ocorrer.

A busca da identidade dos elementos estava no cerne do trabalho de Boyle. Ele sabia que Aristóteles e seus sucessores estavam errados, mas, dadas as limitações das pesquisas disponíveis, só conseguiu um progresso incompleto na substituição daquelas ideias por noções mais precisas. De todo modo, a simples demonstração de que o ar é composto por diferentes gases era um golpe efetivo nas teorias de Aristóteles, assim como a observação de Galileu acerca das colinas e crateras da Lua e das luas de Júpiter. Com seu trabalho, Boyle ajudou a libertar aquela ciência emergente de sua dependência da sabedoria convencional do passado, substituindo-a pela observação e por experimentos meticulosos.

HÁ ALGO ESPECIALMENTE significativo no estudo químico do ar. Saber sobre o salitre ou sobre óxidos de mercúrio não nos diz nada sobre nós mesmos, mas o ar é a fonte da vida. Antes de Boyle, porém, o ar nunca foi uma substância preferida dos estudos. Era difícil estudar os gases, dadas as restrições do estado da tecnologia disponível. Isso só mudaria no final do século XVIII, quando a invenção de novos equipamentos laboratoriais, como a câmara pneumática, permitiu a coleta de gases produzidos em reações químicas.[12]

Infelizmente, como a absorção e a emissão de gases invisíveis são uma coisa comum em reações químicas, sem uma compreensão do estado gasoso os químicos foram levados a realizar análises incompletas e mesmo equivocadas de muitos processos importantes – em especial a combustão. Para que a química realmente saísse da Idade Média, isso tinha de mudar. Era preciso compreender a natureza do fogo.

Um século depois de Boyle, finalmente foi descoberto o gás necessário para a combustão – o oxigênio. É uma ironia da história que a residência do homem responsável por essa descoberta tenha sido incendiada por uma turba furiosa em 1791. O que provocou a turba foi o apoio do homem à Revolução Francesa e à Americana. Por conta da controvérsia, Joseph Priestley (1733-1804) trocou sua Inglaterra natal pelos Estados Unidos, em 1794.[13]

Priestley era adepto do unitarismo e famoso por ser um apaixonado defensor da liberdade religiosa. Começou a carreira como pastor, mas em 1761 tornou-se professor de línguas modernas em uma das academias não conformistas que faziam o papel de universidade para os dissidentes da Igreja anglicana. Lá, inspirou-se nas palestras de um colega professor para escrever uma história sobre a nova ciência da eletricidade. Sua pesquisa do assunto o levou a realizar experimentos originais.

O contraste radical entre a vida e a formação de Priestley e de Boyle reflete o contraste das épocas em que eles viveram. O segundo morreu no começo do Iluminismo, período da história do pensamento e da cultura ocidentais transcorrido mais ou menos entre 1685 e 1815. Priestley, por sua vez, trabalhou no auge desse período.

O Iluminismo foi uma era de revoluções drásticas, tanto na ciência quanto na sociedade. O próprio termo, nas palavras de Immanuel Kant, representa "a saída da humanidade de sua imaturidade autoimposta".[14] O lema de Kant para o Iluminismo era simples: *Sapere aude* – "Ouse saber". E o Iluminismo de fato destacou-se por uma grande valorização do avanço da ciência, um fervor pela contestação de antigos dogmas e o princípio de que a razão deveria desbancar a fé cega e gerar benefícios sociais práticos.

Outro fator importante era que, nos tempos de Boyle (e de Newton), a ciência era província de uma pequena elite de pensadores. O século XVIII, contudo, representou o início do período industrial, da contínua ascensão da classe média e do declínio do domínio da aristocracia. Em consequência, por volta da segunda metade do século, a ciência tinha se tornado tema para um grupo relativamente maior de pessoas cultas, um grupo mais diverso, que incluía membros da classe média, muitos dos quais movidos pela busca de melhorar sua própria posição econômica. A química, em especial, ganhou muito com essa base mais ampla de praticantes – pessoas como Priestley – e com o espírito inventivo e empreendedor daí decorrente.

O livro de Priestley sobre eletricidade foi lançado em 1767, mas no mesmo ano ele mudou seu interesse da física para a química, em particular para o estudo dos gases. Não que tenha se desviado de área por ter tido uma grande ideia sobre a ciência ou por acreditar que fosse um campo de estudo mais importante. Simplesmente tinha se mudado para a casa ao lado de uma cervejaria, com gases borbulhando copiosa e furiosamente em barris de madeira para fermentar o conteúdo, e isso atiçou sua curiosidade. Ele conseguiu afinal recolher grandes quantidades de gases e, em experimentos que lembravam os de Boyle, descobriu que o fogo de lascas de madeira em chamas colocadas em recipientes vedados se extinguia, e que um rato colocado nesse recipiente logo morria. Também percebeu que, se fosse dissolvido na água, o gás criava um líquido borbulhante de sabor agradável. Hoje conhecemos esse gás como dióxido de carbono. Sem querer, Priestley tinha inventado um modo de criar bebidas gaseificadas, porém, como era um homem de poucos recursos, não comercializou a invenção. Isso foi feito alguns anos depois por um tal de Johann Jacob Schweppe, cuja empresa continua até hoje no ramo.

O fato de Priestley ter sido levado à química pelo fascínio por um produto residual faz sentido, pois só agora, com o advento da Revolução Industrial, no final do século XVIII, vemos a ciência e a indústria se instigando por novas realizações. Poucos usos práticos imediatos resultaram dos grandes avanços da ciência nos séculos anteriores, mas os progressos iniciados no fim do século XVIII transformaram radicalmente a vida cotidiana. Os resultados diretos das colaborações entre ciência e indústria incluem o motor a vapor, inovações no domínio da energia da água para uso nas fábricas, o desenvolvimento de maquinarias e, posteriormente, o surgimento de estradas de ferro, telégrafo e telefone, eletricidade e lâmpada elétrica.

Em seus primeiros estágios, por volta de 1760, a Revolução Industrial dependia mais da contribuição de artesãos inventores que da descoberta de novos princípios científicos; mas, ainda assim, estimulou um movimento de apoio à ciência entre os mais ricos como forma de melhorar a arte da manufatura. Um dos abonados patrocinadores a mostrar interesse pela ciência foi William Petty, conde de Shelburne. Em 1773, ele nomeou Priestley bibliotecário e professor particular de seus filhos, mas também construiu um laboratório e lhe concedeu bastante tempo livre para realizar suas pesquisas.

Priestley era um experimentalista inteligente e meticuloso. Em seu novo laboratório, começou a fazer experiências com o que conhecemos hoje como óxido de mercúrio – em outras palavras, "ferrugem" de mercúrio. Os químicos da época sabiam que, quando era aquecido, o mercúrio absorvia alguma coisa do ar, mas não sabiam o quê. O mais intrigante era que quando o óxido era mais aquecido ainda, voltava a ser mercúrio, supostamente expelindo o que tinha absorvido.

Priestley descobriu que o gás expelido pelo óxido de mercúrio tinha propriedades notáveis. "Esse ar é de natureza exaltada", ele escreveu. "Uma vela queimou nesse ar com uma chama surpreendentemente forte. ... Mas, para completar a demonstração da qualidade superior desse ar, introduzi um rato no recinto; e, com uma quantidade que, se fosse ar comum, ele teria morrido em um quarto de hora, o rato viveu ... uma hora inteira, e foi retirado bem vigoroso."[15] Priestley continuou a fazer experiências com o ar "exaltado" – que era oxigênio, claro: "A sensação em meus pulmões não foi sensivelmente diferente da do ar comum; mas senti meu peito peculiarmente leve e tranquilo durante algum tempo depois." Talvez, ele especulou, o misterioso gás pudesse se tornar um novo vício popular entre os ricos e ociosos.

Priestley não se transformou em traficante de oxigênio para os ricos. Preferiu continuar estudando o gás. Expôs o gás a amostras de sangue escuro e coagulado, e descobriu que o sangue ficava vermelho brilhante. Também observou que, se o sangue escuro fosse colocado num pequeno espaço vedado para absorver o gás do ar, quando o sangue assumia um tom vermelho mais claro qualquer animal presente sufocava rapidamente.

Priestley interpretou essas observações como a maneira de nossos pulmões interagirem com o ar para revitalizar nosso sangue. Também fez experiências com hortelã e espinafre, e descobriu que o crescimento das plantas também podia restaurar a capacidade do ar de manter a respiração e o fogo – em outras palavras, foi a primeira pessoa a perceber os efeitos do que hoje chamamos de fotossíntese.

Apesar de ter entendido muitos dos efeitos do oxigênio e hoje ser considerado seu descobridor, Priestley não compreendeu seu papel no processo de combustão. Continuou acreditando na teoria popular e complicada da época, segundo a qual os objetos não queimavam como resultado de uma reação com algo no ar, mas por liberarem alguma coisa chamada "flogisto".

Priestley realizou experimentos reveladores, mas fracassou em perceber o que revelavam. Isso ficou para um francês chamado Antoine Lavoisier (1743-1794), cujo trabalho estabeleceu a verdade revelada pelos experimentos de Priestley – que a respiração e a combustão eram processos que envolviam a absorção de algo do ar (oxigênio), e não a liberação de "flogisto" no ar.[16]

PODIA PARECER um sonho fútil imaginar que um campo originário da alquimia pudesse ascender à rigorosa precisão matemática da física newtoniana, mas muitos químicos do século XVIII acreditavam nisso. Houve até especulações de que as forças de atração entre os átomos que compõem as substâncias fossem essencialmente de natureza gravitacional e que poderiam ser usadas para explicar propriedades químicas. (Hoje sabemos que eles estavam certos, só que as forças são eletromagnéticas.) Essas ideias se originaram de Newton, que afirmava existir "agentes na natureza capazes de fazer as partículas dos corpos [isto é, átomos] se manterem unidas por atrações muito fortes. E é o assunto da filosofia experimental descobri-los".[17] Essa foi uma das grandes aflições da química: a questão de quão literalmente as ideias de Newton poderiam ser traduzidas da física para outras ciências.

Lavoisier foi um desses químicos muito influenciados pela revolução newtoniana. Considerava a química praticada em sua época um assunto "fundado em apenas poucos fatos, ... composto de ideias absolutamente incoerentes e suposições não comprovadas, ... intocado pela lógica da ciência".[18] Mesmo assim, ele queria que a química emulasse a rigorosa metodologia quantitativa da física experimental, e não os sistemas puramente matemáticos dos físicos teóricos. Essa foi uma escolha sábia, dados o conhecimento e a capacidade técnica de sua época. Os físicos teóricos acabaram conseguindo explicar a química por meio de suas equações, mas isso só aconteceria com o desenvolvimento da teoria quântica e, mais ainda, com os computadores digitais de alta velocidade.

A visão que Lavoisier tinha da química refletia o fato de ele adorar tanto esta disciplina quanto a física. Na verdade ele poderia ter optado pela última, mas, como filho de um abastado advogado de Paris, numa família intensamente protetora de seu status e dos privilégios, ele acabou considerando-a árida e controversa demais. Embora encorajasse suas ambições, a família de Lavoisier esperava que ele fosse socialmente apto e também trabalhador, e enfatizavam a cautela e a parcimônia – características que não tinha naturalmente.

Para todos os que o conheciam, devia estar evidente que o verdadeiro amor de Lavoisier era a ciência. Ele vivia cheio de ideias fantásticas e grandes planos para levá-las adiante. Quando ainda adolescente, quis estudar os efeitos das dietas sobre a saúde, ingerindo nada mais que leite durante um longo período, e se propôs a ficar fechado num quarto escuro por seis semanas para aumentar a capacidade de discernir diferenças na intensidade da luz. (Parece que um amigo o convenceu a não fazer isso.) A mesma paixão pela pesquisa científica transpareceria por toda a sua vida numa enorme capacidade de se envolver, como tantos outros pioneiros da ciência, em longas horas de entediante trabalho na busca de compreender as coisas.

Lavoisier teve a sorte de nunca ter tido problemas de dinheiro: com pouco mais de vinte anos, recebeu um adiantamento da herança, num valor de mais de 10 milhões de dólares em valores atuais. Fez um investimento lucrativo ao comprar parte de uma instituição chamada Companhia de Fazendeiros Gerais. Os fazendeiros gerais não cultivavam aspargos; coletavam certos impostos que a monarquia decidira terceirizar.

Os investimentos de Lavoisier envolviam participação ativa, tornando-o responsável pela supervisão do sistema de regulamentações do tabaco. Por esse trabalho, a Fazenda pagava a Lavoisier uma média equivalente a cerca de 2,5 milhões de dólares por ano, como parte dos lucros. Ele usou o dinheiro para construir o mais sofisticado laboratório particular do mundo, tão bem fornido de recipientes de vidro que nos perguntamos se ele não gostava tanto de apreciar sua coleção de provetas quanto de usá-la. Também empregou o dinheiro para inúmeras obras de caridade.

Lavoisier tomou conhecimento das experiências de Priestley no outono de 1774, pelo próprio Priestley, que passou por Paris durante uma turnê pela Europa com Lord Shelburne, atuando como uma espécie de guia científico. Os três, com outros dignitários da ciência parisiense, jantaram juntos e depois ficaram conversando.

Quando Priestley falou sobre os trabalhos que vinha fazendo, Lavoisier imediatamente percebeu que os experimentos com a combustão tinham algo em comum com suas experiências com a ferrugem, e isso o deixou surpreso e enlevado. Mas ele também percebeu que Priestley não entendia muito dos princípios teóricos da química nem das implicações de seus experimentos. O trabalho dele, escreveu Lavoisier, era "uma trama tecida de experimentos que mal se deixa interromper por algum raciocínio".[19]

É raro alguém sobressair tanto no aspecto teórico quanto no experimental de uma ciência. Conheço poucos cientistas de destaque que possam se gabar disso. Pessoalmente, desde cedo fui identificado como um teórico promissor, por isso só precisei cursar uma cadeira de laboratório em física. Meu projeto era construir um rádio a partir de componentes básicos, projeto que me consumiu o semestre inteiro. No fim, meu rádio só funcionava se fosse sacudido de cabeça para baixo, e mesmo assim sintonizado em uma única estação, uma emissora de Boston que só tocava música dissonante de vanguarda. Por isso fiquei muito grato com a divisão de trabalho na física, como a maioria dos meus amigos, tanto teóricos quanto experimentalistas.

Lavoisier era um mestre nos aspectos experimentais e teóricos da química. Descartando Priestley como intelecto inferior, e entusiasmado com a possibilidade de explorar os paralelos entre a ferrugem e a combustão, logo na manhã seguinte repetiu meticulosamente o trabalho de Priestley com o mercúrio e seu óxido. Aperfeiçoou os métodos experimentais, medindo e pesando tudo com minúcia. Depois forneceu uma explicação para as descobertas de Priestley que este nunca tinha imaginado: quando o mercúrio queima (formando o óxido), o elemento se mistura com um gás fundamental da natureza e – suas mensurações mostraram – ganha uma quantidade de peso igual à do gás com o qual se mistura.

As cuidadosas mensurações de Lavoisier também demonstraram algo mais: quando acontece o inverso – quando é aquecido para formar mercúrio –, o óxido fica mais leve, presumivelmente liberando o mesmo gás absorvido e perdendo a mesma quantidade de peso ganho quando o mercúrio forma o óxido. Embora Priestley tenha recebido o crédito da descoberta de que o gás era absorvido e liberado no decorrer desses experimentos, foi Lavoisier quem explicou seu significado – e acabou dando o nome ao oxigênio.*

Em seguida, Lavoisier centrou suas observações numa das mais famosas leis da ciência, a lei da conservação de massa: a massa total de produtos gerada numa reação química deve ser igual à massa dos reagentes iniciais. Talvez esse tenha sido o principal marco na transição da alquimia para a química moderna: a identificação da transformação química como combinação e recombinação de elementos.

A associação com cobradores de impostos financiou o importante trabalho científico realizado por Lavoisier. Mas também foi uma maldição, porque chamou a atenção dos revolucionários que derrubaram a monarquia francesa. Em qualquer lugar e em qualquer época, os cobradores de impostos são recebidos como um sujeito tuberculoso que tosse muito. No entanto, aqueles cobradores de impostos eram especialmente desprezados, pois muitos dos impostos que arrecadavam eram considerados irracionais e injustos, sobretudo pelo impacto causado nas finanças dos pobres.

Sob todos os aspectos, Lavoisier realizou suas tarefas com justiça e honestidade, até com alguma solidariedade com os que pagavam impostos, mas a Revolução Francesa não era conhecida pela flexibilidade de seus

* "Oxigênio" significa "gerador de ácido", nome que Lavoisier escolheu porque o oxigênio estava presente em todas as composições ácidas que ele conhecia.

julgamentos. E Lavoisier tinha fornecido muitas razões para ser odiado pelos revolucionários.

A pior ofensa foi uma enorme muralha de alvenaria pesada que mandara o governo construir em torno da cidade de Paris, a um custo de centenas de milhões de dólares em dinheiro atual. Só se podia entrar ou sair da cidade por um dos portões de pedágio da muralha, patrulhados por guardas armados que verificavam todos os bens que entravam e saíam, e os registravam para cobrar impostos. Dessa forma – para mortificação do povo –, Lavoisier transferiu sua tendência a medir meticulosamente as coisas no laboratório para a tarefa de cobrador de impostos.

Quando começou a Revolução, em 1789, a muralha de Lavoisier foi uma das primeiras edificações a ser atacadas. Sob o reinado do Terror, ele foi preso, em 1793 – com outros fazendeiros de impostos – e condenado à morte. Pediu que sua execução fosse adiada até a conclusão da pesquisa em que trabalhava. Dizem que o juiz respondeu: "A República não precisa de cientistas."[20] Talvez não, mas a química precisava, e felizmente, em seus cinquenta anos de vida, Lavoisier já tinha conseguido revolucionar a disciplina.

Quando foi executado, Lavoisier já tinha identificado 33 substâncias conhecidas como elementos. Acertou todas elas. Ainda criou um sistema padronizado para dar nomes aos compostos de acordo com os elementos constituintes, substituindo a linguagem estonteante e pouco esclarecedora da química da época. Costumo dar muito valor à matemática como linguagem da física, mas uma linguagem viável é igualmente crucial na química. Antes de Lavoisier, por exemplo, óxido de hidrargírio e óxido de mercúrio eram dois nomes para o mesmo composto. Na terminologia de Lavoisier, esse composto se tornou "óxido mercúrico".

Lavoisier não chegou a inventar as equações da química moderna como "$2Hg + O_2 \rightarrow 2HgO$", que descreve a produção do óxido de mercúrio, mas estabeleceu as bases para isso. Suas descobertas produziram uma revolução na química e provocaram entusiasmo na indústria, que por sua vez forneceu aos futuros químicos novas substâncias para trabalhar e novas perguntas para responder.

Em 1789, Lavoisier publicou um livro sintetizando suas ideias, *Traité élémentaire de chimie*. Hoje, esse trabalho é visto como livro-texto moderno, ao esclarecer que o conceito de elemento é: uma substância que não pode ser decomposta – e ao negar a teoria dos quatro elementos, a existência do flogisto, estabeler a lei da conservação da matéria e apresentar uma nomenclatura nova e racional para a química. Em uma geração, o livro se tornou um clássico, informando e inspirando inúmeros pioneiros posteriores. A essa altura, Lavoisier já tinha sido morto, e seu corpo, descartado numa vala comum.

Lavoisier passou a vida a serviço da ciência, mas também desejava desesperadamente ser famoso, e lamentou nunca ter isolado um novo elemento pessoalmente (apesar de ter tentado dividir o crédito pela descoberta do oxigênio). Finalmente, em 1900, um século depois de negar que a França precisava de cientistas, seu país erigiu uma estátua de bronze em sua homenagem em Paris. Os dignitários presentes à cerimônia de descerramento observaram que ele "merecia a estima dos homens" e fora um "grande benfeitor da humanidade", pois havia "estabelecido as leis fundamentais que regem as transformações químicas". Um dos oradores proclamou que a estátua havia captado Lavoisier "em todo lustre de seu poder e inteligência".[21]

Isso soa como o reconhecimento que Lavoisier teria desejado, mas duvido que ele gostasse da cerimônia. Como se soube depois, o rosto da estátua não era de Lavoisier, mas de um filósofo e matemático francês, o marquês de Condorcet, secretário da Academia de Ciências durante os últimos anos de Lavoisier. O escultor, Louis-Ernest Barrias (1841-1905), copiou a cabeça de uma escultura feita por outro artista sem identificar corretamente o modelo.[22] Essa revelação não incomodou os franceses, que deixaram a estátua de bronze errada de pé – homenagem a um homem que eles guilhotinaram, exibindo a cabeça de outro.* Enfim, a estátua aca-

* Ironicamente, em 1913, relatou-se que um busto em tamanho natural de Condorcet, presenteado à Sociedade Americana de Filosofia da Filadélfia, não era Condorcet, mas Lavoisier![23]

bou vítima de políticas da guerra – foi fragmentada durante a Ocupação nazista e reciclada para fazer munição.[24] Pelo menos as ideias de Lavoisier se mostraram duráveis. Elas reformularam o campo da química.

As PESSOAS COSTUMAM falar de "marcha da ciência", mas a ciência não anda sozinha. São as pessoas que seguem adiante, e nosso progresso parece mais uma corrida de revezamento que uma marcha. Além disso, é uma corrida de revezamento bem estranha, pois os que pegam o bastão costumam seguir numa direção que o corredor anterior não previra, nem aprovaria. Foi exatamente o que aconteceu quando o posterior grande visionário da química retomou a grande corrida feita por Lavoisier.

Estátua de Lavoisier com a cabeça de Condorcet.

Lavoisier esclareceu o papel dos elementos nas reações químicas e promoveu uma abordagem quantitativa para descrevê-las. Hoje sabemos que, para entender realmente a química – e, em especial, para se ter um entendimento *quantitativo* das reações químicas –, é preciso entender o átomo. Mas Lavoisier abominava o conceito de átomo. Não que fosse preconceituoso ou tivesse pouca visão. Ele se recusava a pensar em termos de átomos por uma razão totalmente prática.

Desde os gregos, os estudiosos vinham conjecturando sobre os átomos – embora às vezes os chamassem por outros nomes, como "corpúsculos" ou "partículas de matéria". Mas, como eram tão pequenos, durante o transcorrer de duas dezenas de séculos, ninguém pensou numa forma de relacioná-los à realidade das observações e mensurações.

Para ter uma ideia de como os átomos são pequenos, imagine todos os oceanos do mundo cheios de bolinhas de gude. Agora imagine cada uma dessas bolinhas encolhida até o tamanho de um átomo. Que espaço que ocupariam? Menor que uma colher de chá. Que esperança poderia haver de observar os efeitos de uma coisa tão minúscula?

Como se viu, havia muita esperança – e essa realização miraculosa foi conseguida por um professor quacre, John Dalton (1766-1844).[25] Muitos grandes cientistas da história foram pessoas radiantes, mas Dalton, filho de um tecelão pobre, não estava entre eles. Era metódico em tudo, desde a ciência até a maneira como tomava chá todos os dias às cinco da tarde, seguido por um jantar de carne com batatas, às nove da noite.

O livro pelo qual Dalton é conhecido, *A New System of Chemical Philosophy*, é um meticuloso tratado em três partes, mais surpreendente por ter sido pesquisado e escrito nas horas vagas. A Parte I, publicada em 1810, quando o autor já tinha mais de quarenta anos, é um catatau de 916 páginas. Destas, apenas um capítulo, com menos de cinco páginas, apresenta a monumental ideia pela qual ele é conhecido hoje: um modo de calcular os pesos relativos dos átomos a partir de mensurações que podem ser feitas em laboratório. Isso mostra bem o poder e o alcance das ideias na ciência – cinco páginas podem reverter 2 mil anos de teorias incorretas.

Dalton chegou à sua ideia de forma indireta, como acontece com muitas ideias, e, apesar de já estar no século XIX, foi influenciado por um homem nascido em meados do século XVII – de novo, estamos diante da influência de Newton.

Dalton gostava de fazer caminhadas, e, como passou a juventude em Cumberland, a região mais úmida da Inglaterra, se interessou por meteorologia. Desde cedo se mostrou um prodígio, tendo lido e estudado o *Principia* de Newton ainda na adolescência. Esses dois interesses se revelaram uma poderosa combinação, pois o fizeram voltar a atenção para as propriedades físicas dos gases – como os do ar úmido da zona rural de Cumberland. Intrigado com a teoria dos corpúsculos, de Newton, que em essência era o conceito grego de átomo atualizado segundo as ideias de Newton sobre força e movimento, Dalton começou a raciocinar que as diferentes solubilidades dos gases se deviam aos diferentes tamanhos de átomo, o que, por sua vez, o levou a considerar o peso desses elementos.

A abordagem de Dalton se baseava na ideia de que, se considerarmos cuidadosamente apenas os compostos puros, estes devem ser formados por seus constituintes exatamente na mesma proporção. Por exemplo, há dois tipos diferentes de óxido de cobre. Se os examinarmos separadamente, vamos descobrir que, para cada grama de oxigênio consumido, a criação de um dos óxidos usa quatro gramas de cobre, enquanto a criação do outro óxido consome oito gramas. Isso implica que, neste último tipo de óxido, um número duas vezes maior de *átomos* se combinará com cada átomo de oxigênio.

Agora, para simplificar as coisas, vamos supor que, no primeiro caso, cada átomo de oxigênio se combina com um átomo de cobre, enquanto no segundo caso cada átomo de oxigênio se combina com dois. Então, como no primeiro caso o óxido é formado a partir de quatro gramas de cobre para cada grama de oxigênio, pode-se concluir que o átomo de cobre pesa mais ou menos quatro vezes mais que um átomo de oxigênio. A suposição se mostrou correta, e foi o tipo de raciocínio que Dalton usou para calcular os pesos atômicos relativos dos elementos conhecidos.

Como estava calculando os pesos *relativos*, Dalton precisava começar de algum lugar, por isso designou o peso de "1" ao mais leve elemento conhecido – o hidrogênio – e calculou o peso de todos os outros em relação a ele.

Infelizmente, seu pressuposto de que os elementos se combinam nas proporções mais simples nem sempre funciona. Por exemplo, essa premissa designava para a água a fórmula HO, e não a bem mais complicada H_2O que conhecemos hoje. Por isso, quando Dalton calculou o peso do átomo de oxigênio em relação ao de hidrogênio, o resultado foi a metade do que deveria ser. Dalton estava ciente das incertezas em relação à água, pois reconheceu que tanto HO_2 quanto H_2O eram alternativas possíveis. Os pesos relativos seriam muito mais difíceis de decifrar se os compostos comuns tivessem fórmulas como $H_{37}O_{22}$, mas felizmente não foi esse o caso.

Dalton sabia que suas estimativas eram provisórias, que precisava se basear em dados de um número maior de compostos para registrar incoerências que apontassem erros nas supostas fórmulas. Essa dificuldade atormentaria os químicos pelos cinquenta anos seguintes, mas o fato de ter levado muito tempo para elaborar os detalhes não diminuiu a importância da descoberta, pois a versão do atomismo de Dalton foi a que finalmente deu sentido prático e pôde ser relacionada a mensurações de laboratório. Mais ainda, baseado no trabalho de Lavoisier, Dalton utilizou suas ideias a fim de criar uma linguagem quantitativa para a química, articulada em termos de trocas de átomos entre moléculas – uma nova maneira de entender os experimentos que os químicos realizavam. Na versão moderna, por exemplo, para descrever a produção de água a partir de oxigênio e hidrogênio, um químico (ou estudante do ensino médio) escreveria "$2H_2 + O_2 \rightarrow 2H_2O$".

Essa nova linguagem da química revolucionou a capacidade de entender e raciocinar sobre o que era observado e medido durante as reações químicas, tornando-se crucial para a teoria química desde então e fazendo de Dalton uma pessoa mundialmente famosa. Apesar de infenso a homenagens públicas, ele recebeu honrarias, tendo sido inclusive indicado como membro da Royal Society, apesar de seus veementes protestos. Quando morreu, em 1844, embora ele desejasse algo modesto, seu funeral atraiu mais de 40 mil pessoas.

Com o trabalho de Dalton, o pensamento em relação à natureza das substâncias abandonou as teorias propostas por antigos mitos e tradições, e despertou para uma compreensão da matéria num plano bem além do alcance dos nossos sentidos. No entanto, se cada elemento se diferencia pelo peso de seus átomos, como essa propriedade atômica se relaciona com as características físicas e químicas observáveis? Este seria o estágio seguinte da corrida de revezamento, na verdade, a última das questões essenciais da química que pode ser respondida sem se ultrapassar a ciência newtoniana. As visões mais aprofundadas teriam de esperar a revolução quântica da física.

STEPHEN HAWKING, que há décadas sobrevive apesar de paralisado por uma doença que deveria tê-lo matado em poucos anos, me disse certa vez que considerava a teimosia sua maior qualidade, e acredito que ele esteja certo. Embora às vezes isso torne difícil trabalhar com ele, Hawking sabe que é sua obstinação que o mantém vivo e lhe propicia forças para prosseguir em suas pesquisas.

As teorias acabadas da ciência podem parecer quase evidentes depois de formuladas, mas a batalha para criá-las em geral só é vencida com muita perseverança. Os psicólogos falam de uma característica que poderíamos chamar de "fibra", atributo relacionado à perseverança e à teimosia, mas também à paixão, todas elas características que já vimos muito nestas páginas. Definida como "disposição de perseguir objetivos de longo prazo, mantendo o interesse e o esforço ao longo do tempo", não surpreende que os psicólogos relacionem fibra ao sucesso em quase tudo, desde a manutenção de um casamento até as Forças de Operações Especiais.[26] Talvez seja essa a razão de tantos dos personagens que encontramos até agora tenham sido tão turrões, até arrogantes. Assim, são eles os grandes inovadores. Eles precisam ser assim.

Nosso pioneiro seguinte, Dmitri Mendeleiev (1834-1907), químico russo conhecido por seus chiliques e acessos de raiva (e por aparar a barba e o cabelo só uma vez por ano), cabe direitinho nesse panteão de mulas teimosas.[27] De fato, ele tinha uma personalidade tão forte que sua esposa acabou desistindo de conviver com ele e foi morar na casa de campo do casal – quando ele ia até lá, ela pegava os filhos e voltava para a cidade.

Assim como Hawking, Mendeleiev foi um sobrevivente. Na adolescência, foi hospitalizado com tuberculose, mas não somente sobreviveu, como encontrou um laboratório nas proximidades do sanatório, onde passou os dias de recuperação realizando experiências químicas. Mais tarde, quando obteve suas credenciais como professor, teve de lecionar num colégio na longínqua Crimeia como castigo por ter enfurecido um funcionário do Ministério da Educação. Corria o ano de 1855, e quando Mendeleiev chegou à Crimeia, descobriu que o colégio ficava numa zona de guerra e já estava fechado havia algum tempo. Imperturbável, voltou para casa, desistiu da carreira de professor do ensino médio e arrumou um trabalho como *privatdozent* – um palestrante pago – na Universidade de São Petersburgo, onde acabou se tornando professor.

Dmitri Mendeleiev.

Mendeleiev só chegou a ser químico ou até a cursar faculdade por causa da mãe. Nascido em uma família pobre no oeste da Sibéria, o mais jovem de catorze ou dezessete filhos – os relatos variam – não foi bom aluno, porém gostava de improvisar experiências científicas. A mãe, contudo, acreditou em seu intelecto. Quando ele tinha quinze anos e seu pai morreu, ela pegou a estrada e partiu com o filho em busca de uma universidade que o aceitasse.

Aquela foi uma viagem de 2.250 quilômetros, boa parte em carona nas carroças puxadas a cavalo; afinal, ele conseguiu uma módica bolsa de estudos no Instituto Pedagógico Central, em São Petersburgo, onde o diretor era velho amigo de seu falecido pai. Sua mãe morreu logo depois. Trinta e sete anos mais tarde, ele dedicou um tratado científico à memória dela, citando o que chamou de suas últimas palavras "sagradas": "Evite ilusões, insista no trabalho, não nas promessas. Tenha paciência na busca da verdade científica." Assim como muitos grandes cientistas antes dele, Mendeleiev levaria a vida de acordo com a recomendação.

Em certo sentido, Mendeleiev teve sorte de ter nascido na época em que nasceu. Quase todas as grandes descobertas e inovações surgem da combinação de uma visão humana com circunstâncias fortuitas. Einstein teve a sorte de ter começado a carreira pouco depois que a moderna formulação da teoria do eletromagnetismo passou a propagar que a velocidade da luz era constante – ideia que se tornaria a essência de sua teoria da relatividade. Steve Jobs também teve a sorte de iniciar sua carreira num período em que a tecnologia atingia o estágio no qual se podia desenvolver o computador pessoal. Por outro lado, o inventor e empresário armênio-americano Luther Simjian obteve muitas patentes, mas teve sua melhor ideia uma década antes da hora: em 1960, ele concebeu o caixa eletrônico automático (ATM, na sigla em inglês) de banco, que chamou de Bankograph.[28] Conseguiu convencer um banco de Nova York a instalar algumas máquinas, mas as pessoas não confiaram nelas para realizar depósitos, por isso só eram usadas por prostitutas e jogadores que não queriam lidar pessoalmente com atendentes do banco. Uma década depois, os tempos mudaram, e as máquinas eletrônicas baseadas em outros projetos tiveram o maior sucesso.

Ao contrário de Simjian, Mendeleiev teve o espírito da época a seu lado. Chegou à idade adulta num momento em que a química estava madura para avançar – desde os anos 1860, a ideia de que os elementos podiam ser organizados em famílias estava no ar em toda a Europa. Não tinha passado despercebido, por exemplo, que o flúor, o cloro e o bromo – classificados como "halógenos" pelo químico sueco Jöns Jakob Berzelius em 1842 – pareciam pertencer a um mesmo grupo: eram todos gases extremamente corrosivos, que se tornavam inativos quando ligados ao sódio, formando inofensivos cristais salinos. (O sal de cozinha, por exemplo, é cloreto de sódio.) Tampouco foi difícil detectar as semelhanças entres os metais alcalinos como o sódio, o lítio e o potássio. Eles eram brilhantes, dúcteis e altamente reativos. Aliás, os membros da família dos metais alcalinos são tão parecidos que, se você trocar o sódio pelo potássio no sal de cozinha, o resultado é bem próximo do cloreto de sódio e pode ser usado como substituto para o sal.

Químicos inspirados pelo esquema de Carl Lineu de classificação de organismos biológicos procuravam desenvolver um sistema de famílias abrangente próprio para explicar as relações entre os elementos. Mas nem todos os agrupamentos eram óbvios, nem se sabia como eles se relacionavam uns com os outros, ou quais propriedades atômicas eram responsáveis pelas semelhanças nas famílias. Essas questões atraíram pensadores de toda a Europa. Até uma refinaria de açúcar entrou na parada – pelo menos o químico responsável pelo estabelecimento. Apesar de vários pensadores terem batido na porta da resposta, apenas um homem, Mendeleiev, conseguiu abri-la e entrar.

Como a organização dos elementos "estava no ar", é fácil imaginar que a pessoa que conseguisse resolver a questão fosse aclamada, mas não necessariamente que fosse considerada um dos maiores gênios do mundo em sua disciplina. Mas foi o que aconteceu com Mendeleiev. O que o situaria na classe dos titãs, como Boyle, Dalton e Lavoisier?

A "tabela periódica" desenvolvida por Mendeleiev não é a versão química de um guia para identificação de pássaros no campo, é a versão química das leis de Newton, ou ao menos o mais próximo dessa façanha mágica que a química poderia chegar. Não se trata apenas de uma tabela relacionando famílias de elementos, é um verdadeiro tabuleiro Ouija que permite aos químicos entender e prever as propriedades de qualquer elemento, mesmo os ainda não conhecidos.

Olhando para trás, é fácil atribuir a realização de Mendeleiev ao fato de ele ter formulado a pergunta certa na hora certa, à sua ética no trabalho, à sua paixão, teimosia e extrema autoconfiança. Mas como quase sempre acontece com as descobertas e inovações – e também na nossa vida –, tão importante quanto os atributos intelectuais foi a casualidade, ou pelo menos as circunstâncias não correlacionadas que estabeleceram o cenário para essas características triunfarem. Em seu caso, a circunstância foi uma decisão casual de Mendeleiev: escrever um livro-texto de química.

A decisão de escrever o livro foi tomada em 1866, quando Mendeleiev foi nomeado professor de química em São Petersburgo, aos 32 anos. A cidade fora fundada um século e meio antes por Pedro o Grande, e finalmente começava a se transformar num dos centros intelectuais da Europa. Sua universidade era a melhor da Rússia, embora esse país estivesse atrás do resto da Europa. Ao pesquisar a literatura química russa, Mendeleiev não encontrou nenhum bom livro atualizado para adotar em suas aulas, por isso resolveu escrever seu próprio texto. Demoraria anos para concluí-lo, e no entanto, nas décadas seguintes, ele seria traduzido para as principais línguas e usado em universidades de todo o mundo. O livro era uma obra heterodoxa, cheia de casos, especulações e excentricidades. Era também um ato de amor, e a motivação de torná-lo o melhor livro possível levou Mendeleiev a se concentrar em questões que iriam levá-lo à sua grande descoberta.

O primeiro desafio enfrentado por Mendeleiev para escrever o livro foi como organizá-lo. Ele decidiu lidar com os elementos e seus compostos em grupos ou famílias definidos de acordo com suas propriedades. Depois da tarefa relativamente fácil de descrever os halógenos e os metais alcalinos, ele enfrentou a questão sobre qual grupo descrever em seguida. Será que a ordem devia ser arbitrária? Ou haveria algum princípio organizacional determinante?

Mendeleiev batalhou com esse problema, pesquisando a fundo seus vastos conhecimentos de química em busca de pistas acerca de como os diferentes grupos estariam relacionados. Num sábado, ele ficou tão absorto que trabalhou a noite toda até o amanhecer. Não chegou a lugar nenhum, mas em seguida alguma coisa fez com que escrevesse os nomes dos elementos dos grupos do oxigênio, nitrogênio e halógenos – doze elementos ao todo – no verso de um envelope, em ordem ascendente, de acordo com seus pesos atômicos.

De repente, ele notou um padrão surpreendente: a lista começava com nitrogênio, oxigênio e flúor – os membros mais leves de cada grupo –, continuava com os membros mais leves de cada grupo, e assim por diante. A lista, em outras palavras, formava um padrão repetitivo ou "periódico". O padrão só não se mantinha no caso de dois elementos.

Mendeleiev tornou sua descoberta mais clara organizando os elementos de cada grupo numa fila e escrevendo as filas uma em cima da outra, traçando uma tabela. (Hoje nós escrevemos os grupos em colunas.) Será que aquilo significava alguma coisa? E se aqueles doze elementos formassem mesmo um padrão significativo, será que os outros 51 elementos conhecidos na época se encaixariam no esquema?

Mendeleiev e seus amigos costumavam jogar paciência, jogo em que se organizam as cartas do baralho segundo certa disposição. As cartas formavam uma figura muito parecida com a tabela de doze elementos que ele construiu naquele dia, como contaria mais tarde. Mendeleiev resolveu escrever os nomes e pesos atômicos de *todos* os elementos conhecidos em cartões e tentar construir uma tabela com eles, jogando o que ele chamou de "paciência química". Começou a remexer nas cartas ao acaso, tentando organizá-las de maneira a fazer sentido.

Havia sérios problemas com o método de Mendeleiev. Um deles é que não ficava evidente a qual grupo pertenciam alguns elementos. As propriedades de outros não eram muito bem conhecidas. Havia ainda algumas discordâncias sobre os pesos atômicos de certos elementos porque, como sabemos agora, os pesos atribuídos a alguns deles estavam totalmente errados. Talvez o mais grave: ainda havia elementos a serem descobertos, e isso fazia com que a sequência não funcionasse muito bem.

Todos esses problemas dificultaram a tarefa de Mendeleiev, mas ali havia alguma coisa mais sutil: não havia razão alguma para acreditar que um esquema baseado no peso atômico funcionasse, pois ninguém na época entendia quais aspectos químicos eram influenciados pelos átomos. (Hoje sabemos que é o número de prótons e nêutrons no núcleo, e que o peso dos nêutrons não interfere nas propriedades químicas do átomo.) Foi aqui, especificamente, que a teimosia de Mendeleiev manteve sua paixão acesa em busca de uma ideia: ele continuou a pesquisa baseado somente na intuição e na fé.

O trabalho de Mendeleiev mostra, de forma mais literal que a maioria, como o processo científico é uma atividade semelhante à solução de um quebra-cabeça. Mas também ilustra importantes diferenças, pois, ao contrário das peças de um quebra-cabeça que você compra na loja, as peças de Mendeleiev não se encaixavam. É próprio da ciência e de toda inovação às vezes ignorar aspectos que parecem indicar que o método não vai dar certo, mantendo-se a convicção de que afinal um caminho será encontrado, que no fim esses aspectos serão irrelevantes. Nesse caso, com notável genialidade e extraordinária persistência, Mendeleiev criou sua imagem refazendo algumas peças do quebra-cabeça e produzindo outras que não existiam.

Em retrospecto, é fácil definir a realização de Mendeleiev como um ato de heroísmo, como eu próprio já devo ter feito. Mesmo quando suas ideias parecem loucas, se elas funcionam você se torna um herói. No entanto, existe o outro lado, pois muitos esquemas malucos deram errado ao longo da história. Aliás, os esquemas que funcionam são em muito menor número que aqueles que fracassam. Estes últimos são esquecidos, bem como o desperdício de dias e anos de trabalho investidos pelos que acreditaram neles. É normal chamarmos os proponentes desses esquemas de loucos ou fracassados. Mas o heroísmo tem a ver com correr riscos, e o que é realmente heroico numa pesquisa, dando ou não dando certo, é o risco assumido pelos cientistas e outros inovadores – as longas horas, dias, meses ou até anos de intensa batalha intelectual que podem ou não dar em algum produto ou resultado frutífero.

Mendeleiev sem dúvida investiu muito tempo. Quando um elemento não encaixava no lugar que ele desejava, se recusava a aceitar que seu esquema estava errado. Preferia confiar no próprio taco e concluir que os que haviam medido aquele peso atômico estavam enganados – e ousadamente substituía o peso medido pelo valor que fazia o elemento se encaixar naquele lugar.

Suas declarações mais audaciosas surgiram quando sua tabela o deixou com alguns hiatos – regiões em que não havia nenhum elemento com as propriedades necessárias. Em vez de abandonar suas ideias ou tentar alterar o princípio organizacional, Mendeleiev continuava insistindo, convencido de que aqueles espaços representavam elementos ainda não descobertos. Chegou a prever até as propriedades desses novos elementos – o peso, as características físicas, com que outros elementos combinariam e o tipo de compostos que formariam – baseado apenas nos espaços que continuavam vazios.

Havia um lugar vago ao lado do alumínio, por exemplo. Mendeleiev preencheu-o com um elemento que chamou de eka-alumínio, e chegou a prever que, quando algum químico o identificasse, o eka-alumínio seria um metal brilhante, bom condutor de calor, com baixo ponto de fusão, e que um centímetro cúbico do elemento pesaria exatamente 5,9 gramas. Poucos anos depois, um químico francês chamado Paul-Émile Lecoq de Boisbaudran identificou em amostras de minério um elemento que se encaixava no quadro, mas que pesava somente 4,7 gramas por centímetro cúbico. Imediatamente Mendeleiev mandou uma carta a Lecoq informando que sua amostra devia ser impura. Lecoq repetiu sua análise com uma nova amostra, que fez questão de purificar com o maior rigor. Dessa vez o peso foi exatamente o previsto por Mendeleiev: 5,9 gramas por centímetro cúbico. Lecoq batizou o elemento de gálio, em homenagem ao nome latino da França, Gália.

Mendeleiev publicou sua tabela em 1869, primeiro numa obscura revista científica russa, depois numa respeitada publicação alemã, com o título de "Sobre as relações das propriedades dos elementos com seus pesos atômicos".[29] Além do gálio, a tabela incluía vagas para outros elementos ainda desconhecidos – hoje chamados escândio, germânio e tecnécio. O tecnécio é um elemento radioativo, tão raro que só foi descoberto em 1937, quando foi sintetizado num cíclotron – espécie de acelerador de partículas –, quase trinta anos depois da morte de Mendeleiev.

			Ti = 50	Zr = 90	? = 180
			V = 51	Nb = 94	Ta = 182
			Cr = 52	Mo = 96	W = 186
			Mn = 55	Rh = 104,4	Pt = 197,4
			Fe = 56	Ru = 104,4	Ir = 198
			Ni = Co = 59	Pd = 106,6	Os = 199
H = 1			Cu = 63,4	Ag = 108	Hg = 200
	Be = 9,4	Mg = 24	Zn = 65,2	Cd = 112	
	B = 11	Al = 27,4	? = 68	Ur = 116	Au = 197?
	C = 12	Si = 28	? = 70	Sn = 118	
	N = 14	P = 31	As = 75	Sb = 122	Bi = 210?
	O = 16	S = 32	Se = 79,4	Te = 128?	
	F = 19	Cl = 35,5	Br = 80	J = 127	
Li = 7	Na = 23	K = 39	Rb = 85,4	Cs = 133	Tl = 204
		Ca = 40	Sr = 87,6	Ba = 137	Pb = 207
		? = 45	Ce = 92		
		?Er = 56	La = 94		
		?Yt = 60	Di = 95		
		?In = 75,6	Th = 118?		

hydrogen 1 H 1.0079																		helium 2 He 4.0026
lithium 3 Li 6.941	beryllium 4 Be 9.0122												boron 5 B 10.811	carbon 6 C 12.011	nitrogen 7 N 14.007	oxygen 8 O 15.999	fluorine 9 F 18.998	neon 10 Ne 20.180
sodium 11 Na 22.990	magnesium 12 Mg 24.305												aluminium 13 Al 26.982	silicon 14 Si 28.086	phosphorus 15 P 30.974	sulfur 16 S 32.065	chlorine 17 Cl 35.453	argon 18 Ar 39.948
potassium 19 K 39.098	calcium 20 Ca 40.078		scandium 21 Sc 44.956	titanium 22 Ti 47.867	vanadium 23 V 50.942	chromium 24 Cr 51.996	manganese 25 Mn 54.938	iron 26 Fe 55.845	cobalt 27 Co 58.933	nickel 28 Ni 58.693	copper 29 Cu 63.546	zinc 30 Zn 65.39	gallium 31 Ga 69.723	germanium 32 Ge 72.61	arsenic 33 As 74.922	selenium 34 Se 78.96	bromine 35 Br 79.904	krypton 36 Kr 83.80
rubidium 37 Rb 85.468	strontium 38 Sr 87.62		yttrium 39 Y 88.906	zirconium 40 Zr 91.224	niobium 41 Nb 92.906	molybdenum 42 Mo 95.94	technetium 43 Tc [98]	ruthenium 44 Ru 101.07	rhodium 45 Rh 102.91	palladium 46 Pd 106.42	silver 47 Ag 107.87	cadmium 48 Cd 112.41	indium 49 In 114.82	tin 50 Sn 118.71	antimony 51 Sb 121.76	tellurium 52 Te 127.60	iodine 53 I 126.90	xenon 54 Xe 131.29
caesium 55 Cs 132.91	barium 56 Ba 137.33	57-70 *	lutetium 71 Lu 174.97	hafnium 72 Hf 178.49	tantalum 73 Ta 180.95	tungsten 74 W 183.84	rhenium 75 Re 186.21	osmium 76 Os 190.23	iridium 77 Ir 192.22	platinum 78 Pt 195.08	gold 79 Au 196.97	mercury 80 Hg 200.59	thallium 81 Tl 204.38	lead 82 Pb 207.2	bismuth 83 Bi 208.98	polonium 84 Po [209]	astatine 85 At [210]	radon 86 Rn [222]
francium 87 Fr [223]	radium 88 Ra [226]	89-102 * *	lawrencium 103 Lr [262]	rutherfordium 104 Rf [261]	dubnium 105 Db [262]	seaborgium 106 Sg [266]	bohrium 107 Bh [264]	hassium 108 Hs [269]	meitnerium 109 Mt [268]	ununnilium 110 Uun [271]	unununium 111 Uuu [272]	ununbium 112 Uub [277]		ununquadium 114 Uuq [289]				

* Série dos lantanídeos	lanthanum 57 La 138.91	cerium 58 Ce 140.12	praseodymium 59 Pr 140.91	neodymium 60 Nd 144.24	promethium 61 Pm [145]	samarium 62 Sm 150.36	europium 63 Eu 151.96	gadolinium 64 Gd 157.25	terbium 65 Tb 158.93	dysprosium 66 Dy 162.50	holmium 67 Ho 164.93	erbium 68 Er 167.26	thulium 69 Tm 168.93	ytterbium 70 Yb 173.04
** Série dos actinídeos	actinium 89 Ac [227]	thorium 90 Th 232.04	protactinium 91 Pa 231.04	uranium 92 U 238.03	neptunium 93 Np [237]	plutonium 94 Pu [244]	americium 95 Am [243]	curium 96 Cm [247]	berkelium 97 Bk [247]	californium 98 Cf [251]	einsteinium 99 Es [252]	fermium 100 Fm [257]	mendelevium 101 Md [258]	nobelium 102 No [259]

Tabela periódica original de Mendeleiev, publicada em 1869, e a tabela periódica atual.

O Prêmio Nobel de Química foi concedido pela primeira vez em 1901, seis anos antes da morte de Mendeleiev. Um dos grandes erros de julgamento da história da premiação foi que Mendeleiev nunca o recebeu, pois sua tabela dos elementos era o princípio organizacional nuclear da química moderna, a descoberta que tornou possível dominarmos a ciência da substância, a pedra angular que coroaria 2 mil anos de trabalho iniciado nos laboratórios de alquimistas e embalsamadores.

Mas Mendeleiev acabou se tornando membro de um clube muito mais seleto. Em 1955, cientistas de Berkeley conseguiram produzir doze átomos de um novo elemento, mais uma vez num cíclotron, e em 1963 eles o chamaram de mendelévio, em homenagem às magníficas realizações do cientista. O Prêmio Nobel foi outorgado a mais de oitocentos cientistas, mas somente dezesseis pesquisadores têm um elemento com o seu nome. Mendeleiev é um deles, tendo conquistado seu lugar na tabela que criou, onde aparece com o número 101, bem perto do einstêinio e do copernício.

9. O mundo animado

Embora, desde a Antiguidade, estudiosos tenham aventado a hipótese de que os objetos materiais são formados por blocos de componentes fundamentais, ninguém chegou a imaginar que as coisas vivas também o fossem. Por isso, deve ter sido uma surpresa e tanto quando, em 1664, nosso velho amigo Robert Hooke amolou seu canivete até ficar "afiado como uma navalha", cortou uma pequena fatia de uma rolha, olhou-a pelo microscópio feito em casa e se tornou o primeiro ser humano a ver o que ele chamaria de "células".[1] Hooke escolheu esse nome por elas lhe lembrarem os minúsculos dormitórios onde os monges dormiam nos mosteiros.

Podemos pensar nas células como átomos de vida, mas elas são mais complexas que os átomos e – até mais chocante para os primeiros que as identificaram – vivem. Uma célula é uma vibrante fábrica viva que consome energia e matérias-primas, gerando diversos produtos a partir disso, sobretudo as proteínas, que cumprem quase todas as funções biológicas cruciais. É preciso muito conhecimento para desempenhar as funções de uma célula. Por isso, apesar de não terem cérebro, elas "sabem" das coisas – sabem como produzir as proteínas e outros materiais de que precisamos para crescer e funcionar, e, talvez o mais crucial, sabem como se reproduzir.

O produto individual mais importante da célula é uma cópia de si mesma. Em consequência dessa aptidão, nós seres humanos começamos a partir de uma única célula e, depois de uma série de duplicações de mais de quarenta células, acabamos formados por cerca de 30 trilhões de células – número cem vezes maior que as estrelas da Via Láctea.[2] É absolutamente fantástico que a soma das atividades das nossas células, a interação de uma verdadeira galáxia de entidades não pensantes, se junte no todo que somos nós. Mais estarrecedor é pensar que pudemos destrinchar como tudo isso funciona, a exemplo de computadores que se autoanalisassem, só que sem precisar de um programador. Esse é o milagre da biologia.

O milagre parece ainda mais fabuloso quando consideramos que a maior parcela do mundo biológico é invisível para nós, seja pelo diminuto tamanho das células, seja pela magnífica diversidade da vida. Excluindo criaturas como as bactérias e contando apenas coisas vivas com células nucleadas, os cientistas calculam que existam aproximadamente 10 milhões de espécies em nosso planeta, das quais descobrimos e classificamos somente 1%.[3] Só de formigas, são 22 mil espécies, algo em torno de 1 milhão a 10 milhões de formigas para cada pessoa na Terra.

Todos estamos familiarizados com a miscelânea de insetos que habita os nossos quintais, mas uma pá de terra fértil contém mais tipos de criaturas do que poderíamos contar – centenas ou até milhares de espécies invertebradas, muitos milhares de nematelmintes microscópicos e dezenas de milhares de espécies de bactérias. Na verdade, a vida é uma manifestação tão onipresente na Terra que sempre estamos ingerindo organismos que provavelmente preferiríamos não comer. Tente comprar um creme de amendoim sem fragmentos de insetos. Impossível. O governo reconhece ser impraticável a produção de creme de amendoim sem insetos, por isso, a regulamentação permite até dez fragmentos de inseto para cada porção de 31 gramas.[4] Pelas mesmas razões, uma porção de brócolis pode conter sessenta afídeos e/ou acarinos, enquanto um pote de canela moída pode conter até quatrocentos fragmentos de insetos.[5]

Tudo isso pode causar um pouco de inapetência, mas é bom lembrar que nem nossos corpos estão livres de vidas estranhas – cada um de nós é um ecossistema de coisas vivas. Os cientistas identificaram, por exemplo, 44 gêneros (grupos de espécies) de organismos microscópicos vivendo no nosso antebraço, e pelo menos 160 espécies de bactérias no intestino de uma pessoa.[6] Entre os nossos dedos do pé? Quarenta espécies de fungos. Na verdade, se você se der ao trabalho de contar, vai ver que existem muito mais células microbianas que células humanas no nosso corpo.

Cada parte do corpo humano compõe um hábitat diferente, e as criaturas no nosso intestino ou nos dedos do pé têm mais em comum com os organismos dessas regiões do *meu* corpo que com as criaturas no meu antebraço. Há até um centro acadêmico na Universidade Estadual da Carolina do Norte chamado projeto Belly Button Biodiversity, organizado para estudar a vida nessas paisagens escuras e isoladas. E ainda há os infames ácaros da pele. Parentes de carrapatos, aranhas e escorpiões, todas essas criaturas têm menos de ⅓ de milímetro de comprimento e vivem em nosso rosto – em folículos capilares e glândulas ligadas aos folículos capilares –, principalmente perto do nariz, dos cílios e das sobrancelhas, sugando o conteúdo de nossas suculentas células. Mas não se preocupe, em geral elas não são prejudiciais.

Dada a complexidade da vida, sua diversidade em tamanho, forma e hábitat, e nossa tendência natural a acreditar que somos "meros" produtos de leis físicas, não surpreende que a biologia tenha ficado atrás da física e da química em seu desenvolvimento científico. Como todas as outras ciências, para se desenvolver, a biologia teve de superar a tendência humana de achar que somos especiais, e que as deidades e/ou a magia governam o mundo. E, assim como nas outras ciências, isso significou superar a doutrina teocêntrica da Igreja católica e as teorias antropocêntricas de Aristóteles. Ele era um biólogo entusiasmado – quase um quarto de seus escritos que chegaram até nós aborda essa disciplina.[7] Assim como a física de Aristóteles situa a Terra no centro físico do Universo, sua biologia, mais pessoal, exalta os seres humanos, os machos em especial.

Aristóteles acreditava que uma inteligência divina tinha projetado todos os seres vivos, que diferem dos inanimados por terem uma essência ou característica especial que nos abandona ou deixa de existir quando as coisas vivas morrem. Entre todas essas matrizes da vida, argumentava Aristóteles, os homens representam o ponto mais alto. Aristóteles era tão enfático nessa questão que, quando definia uma característica de certa espécie diferente da característica correspondente nos seres humanos, ele a definia como deformidade. Pela mesma razão, via a fêmea humana como um macho deformado ou incompleto.

A erosão dessas falsas convicções tradicionais montou o palco para o nascimento da biologia moderna. Uma das mais importantes vitórias iniciais sobre essas ideias foi o desgaste de um princípio da biologia de Aristóteles chamado geração espontânea, segundo o qual as coisas vivas se originavam de matéria inanimada, como a poeira. Na mesma época em que isso se passava, a nova tecnologia do microscópio lançou dúvidas sobre velhas maneiras de pensar, ao mostrar que mesmo as vidas mais simples também têm órgãos como nós, e que nós, como outros animais e plantas, somos feitos de células. Mas a biologia só começou a amadurecer como ciência com a descoberta de seu grande princípio organizacional.

A física, interessada em como os objetos interagem, tem suas leis do movimento; a química, interessada em como os elementos e seus compostos interagem, tem sua tabela periódica. O que interessa na biologia é a maneira como as espécies funcionam e interagem, e para avançar era preciso entender por que essas espécies têm as características que possuem – outra explicação que não "Porque Deus nos fez assim". Essa compreensão só aconteceu com a teoria da evolução de Darwin, baseada na seleção natural.

MUITO ANTES DE HAVER uma biologia, já havia observadores da vida. Fazendeiros, pescadores, médicos e filósofos, todos aprendiam sobre os organismos do mar e da terra. Mas a biologia é mais do que se pode detalhar em catálogos de plantas ou de pássaros, pois a ciência não serve só para descrever o mundo. Ela procede por saltos e apregoa ideias que explicam o que vemos. Explicar, porém, é muito mais difícil que descrever. Em consequência, antes do desenvolvimento do método científico, a biologia, como todas as outras ciências, encontrava-se infestada de explicações e ideias razoáveis, mas erradas.

Pense nos sapos do antigo Egito. Toda primavera, quando o Nilo inundava as terras adjacentes, deixava para trás uma lama rica em nutrientes, o tipo de solo que, com o diligente trabalho dos agricultores, logo estaria alimentando o país. A terra enlameada gerava também outra colheita que não existia em terra seca: sapos. As barulhentas criaturas apareciam tão de repente e em número tão grande que pareciam ter se erguido da própria lama – que era exatamente como os egípcios acreditavam que eram geradas.

A teoria dos egípcios não era produto de um raciocínio preguiçoso. Ao longo de boa parte da história, observadores atentos chegaram à mesma conclusão. Açougueiros notaram que vermes "apareciam" na carne, fazendeiros encontravam ratos que "apareciam" nos recipientes em que os grãos eram estocados. No século XVII, um químico chamado Jan Baptist van Helmont chegou a recomendar uma receita para criar ratos a partir de materiais corriqueiros: era só pôr alguns grãos de trigo num vasilhame, acrescentar água suja e esperar 21 dias. Parece que a receita quase sempre funcionava.

A teoria por trás da mistura de Van Helmont era a da geração espontânea – que organismos vivos simples podem surgir por si próprios de certos substratos inanimados. Desde o tempo do antigo Egito, e provavelmente até antes, as pessoas acreditavam que esse tipo de força, ou energia vital, existe em todas as criaturas vivas.[8] Com o tempo, um produto residual dessa perspectiva foi a convicção de que a energia vital podia de alguma forma se infundir na matéria inanimada, criando uma nova vida. Quando foi sintetizada numa teoria coerente por Aristóteles, essa doutrina ganhou uma autoridade especial. Mas assim que certas observações e experimentos significativos do século XVII anunciaram o começo do fim da física de Aristóteles, o progresso da ciência, no mesmo século, acabou colocando sob forte ataque suas ideias sobre a biologia. Uma das contestações mais memoráveis foi o teste de geração espontânea realizado pelo físico italiano Francesco Redi, em 1668. Esse foi um dos primeiros experimentos biológicos realmente científicos.

O método de Redi era simples. Ele arranjou alguns jarros de boca larga e encheu de pedaços de carne de cobra, peixe e vitela. Deixou alguns jarros destapados, cobriu outros com material semelhante à gaze e vedou outros com papel. Sua hipótese era de que, se ocorresse mesmo geração espontânea, deveriam aparecer moscas e vermes na carne, nas três situações. Mas se os vermes se originassem, como Redi suspeitava, de minúsculos ovos invisíveis postos pelas moscas, eles só apareceriam na carne dos jarros destapados, e não nos cobertos por papel. Previu ainda que haveria vermes na gaze que recobria os outros jarros, que era o mais próximo que as moscas famintas conseguiriam chegar. Foi exatamente o que aconteceu.

O experimento de Redi teve uma recepção controversa. Para alguns, o resultado parecia desbancar a geração espontânea. Outros preferiram ignorar o resultado ou arrumar algum defeito. Muitos se encaixavam nessa última categoria simplesmente por preferirem manter suas convicções prévias. Afinal, a questão tinha implicações teológicas – alguns achavam que a geração espontânea concedia a Deus o papel de criador da vida. Mas havia também razões científicas para duvidar da conclusão de Redi – por exemplo, talvez fosse um equívoco extrapolar a validade de sua experiência para além da criatura observada. Talvez ele só tivesse demonstrado que a geração espontânea não se aplicava às moscas.

Diga-se a seu favor que o próprio Redi manteve a mente aberta e chegou até a considerar outros casos em que imaginava que *ocorreria* a geração espontânea. No fim, a questão viria a ser debatida por mais duzentos anos, até Louis Pasteur encerrar a discussão no final do século XIX, com seus criteriosos experimentos mostrando que nem os microrganismos eram gerados espontaneamente. Ainda assim, Redi fez um belo trabalho, embora não definitivo. Principalmente porque qualquer um poderia ter realizado teste semelhante, mas ninguém pensara a esse respeito.

As pessoas costumam achar que grandes cientistas são dotados de uma inteligência extraordinária, e na nossa vida social, especialmente nos negócios, tendemos a evitar quem não se mistura muito com os outros. Mas são esses tipos diferentes que costumam ver o que outros não veem. Redi era um tipo complexo – cientista, mas também um supersticioso que se besuntava de óleo para evitar doenças, físico e naturalista, mas também o poeta que escreveu um clássico em prosa sobre os vinhos da Toscana. Em relação à geração espontânea, a esquisitice de Redi o levou a ser o único a pensar fora dos padrões. Numa era em que o raciocínio científico ainda não era lugar-comum, ele raciocinou e agiu como fazem os cientistas. Em sua atitude, não apenas lançou dúvidas sobre uma teoria inválida, como cutucou Aristóteles e sugeriu um novo método para explicar as questões da biologia.

O EXPERIMENTO DE REDI fazia parte de uma reação a estudos então recentes realizados ao microscópio, revelando que criaturas diminutas são complexas a ponto de ter órgãos reprodutivos – pois a convicção de que "animais inferiores" são simples demais para se reproduzir era um dos argumentos de Aristóteles a favor da geração espontânea.

O microscópio havia sido inventado décadas antes – mais ou menos junto com o telescópio –, mas ninguém sabe ao certo quando nem por quem. O que sabemos é que a mesma palavra em latim, *perspicillum*, era empregada para os dois dispositivos, e Galileu chegou a usar o mesmo instrumento – o telescópio – para olhar para dentro e para fora. "Com este tubo", explicou a um visitante em 1609, "já vi moscas que parecem grandes como carneiros."[9]

Ao revelar detalhes de um domínio da natureza que os antigos não poderiam imaginar – nem considerar em suas teorias –, o microscópio, como o telescópio, acabou ajudando a ampliar o horizonte dos estudiosos para diferentes maneiras de pensar sobre suas disciplinas, criando um longo fio de progresso intelectual que chegaria ao apogeu com Darwin. No entanto, assim como o telescópio, o microscópio também encontrou forte resistência no início. Os estudiosos medievais se mostraram atentos a "ilusões de ótica", desconfiando de qualquer dispositivo que se interpusesse entre eles e os objetos observados. Enquanto o telescópio teve o seu Galileu, que logo enfrentou os críticos e adotou o dispositivo, levou meio século para os defensores do microscópio deixarem sua marca.

Um dos maiores defensores foi Robert Hooke, que realizou estudos microscópicos sob os auspícios da Royal Society, contribuindo para as bases da biologia, assim como para a química e a física.[10] Em 1663, a Royal Society conferiu a Hooke a tarefa de apresentar pelo menos uma nova observação a cada reunião. Apesar de sofrer de uma doença nos olhos que tornava difícil e doloroso olhar através de lentes durante longos períodos, ele encarou o desafio e fez uma extensa série de observações extraordinárias, utilizando instrumentos projetados e aperfeiçoados por ele mesmo.

Em 1665, com trinta anos, Hooke publicou um livro intitulado *Micrographia* (ou Pequenos desenhos). Era uma miscelânea do trabalho e das ideias de Hooke em vários campos, mas o texto fez furor ao revelar um micromundo estranho e novo em 57 ilustrações incríveis, desenhadas pelo próprio autor. As imagens desvelavam à percepção humana a anatomia de uma pulga, o corpo de um piolho, o olho de uma mosca e o ferrão de uma abelha, tudo em imagens de página inteira, algumas até em página dupla. O fato de animais tão simples terem órgãos e partes corporais como nós foi uma revelação surpreendente para um mundo que nunca tinha visto um inseto ampliado, e também uma oposição direta à doutrina aristotélica, revelação semelhante à descoberta de Galileu de que a Lua tinha vales e montes como a Terra.

Micrographia foi publicado no ano da peste negra, que em seu auge mataria um em cada sete londrinos. No ano seguinte, Londres foi devastada pelo grande incêndio. Contudo, apesar de todo esse caos e sofrimento, as pessoas leram o livro de Hooke, que se tornou um best-seller. O livro empolgou tanto Samuel Pepys, o famoso jornalista, administrador naval e depois membro do Parlamento, que ele ficou até as duas da manhã o devorando, antes de defini-lo como "o livro mais criativo que já li em toda minha vida".[11]

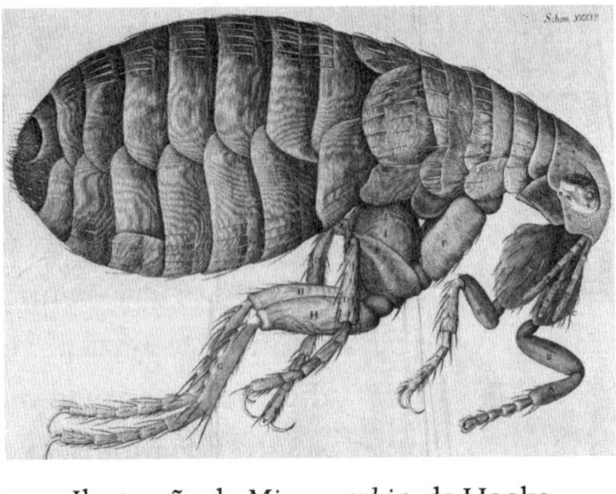

Ilustração de *Micrographia*, de Hooke.

Embora tenha entusiasmado uma nova geração de estudiosos, Hooke também provocou piadas e ceticismo entre os que tinham dificuldade em aceitar seus desenhos às vezes ridículos, baseados em observações feitas com um instrumento em que não confiavam. O ponto máximo aconteceu quando, ao assistir a uma sátira científica contemporânea escrita pelo dramaturgo inglês Thomas Shadwell, Hooke foi humilhado ao perceber que os experimentos ridicularizados no palco eram basicamente os seus, extraídos de seu adorado livro.[12]

Um dos que não duvidaram das afirmações de Hooke foi o cientista amador Anton van Leeuwenhoek (1632-1723), nascido em Delft, na Holanda.[13] Seu pai fabricava os cestos em que a famosa cerâmica azul e branca de Delft era embalada para ser enviada ao mundo todo; a mãe vinha de uma família envolvida em outra especialidade de Delft, a fermentação de cerveja. Aos dezesseis anos, o jovem Anton arranjou emprego como caixa e guarda-livros de um comerciante de roupas, e em 1654 abriu seu próprio negócio, vendendo tecidos, fitas e botões. Logo acrescentaria outra ocupação ao seu cotidiano, em nada relacionada ao trabalho: cuidar da manutenção e conservação da Prefeitura de Delft.

Leeuwenhoek nunca fez faculdade e não sabia latim, na época a linguagem da ciência. Apesar de ter vivido até os noventa anos, só saiu da Holanda duas vezes, uma para conhecer Antuérpia, na Bélgica, e outra para ir à Inglaterra. Mas Leeuwenhoek gostava de ler, e um dos livros que o inspiraram foi o best-seller de Hooke. O livro mudou a vida dele.

No prefácio, *Micrographia* explicava como construir microscópios rudimentares. Na condição de comerciante de tecidos, Leeuwenhoek devia ter alguma experiência em polir lentes, pois precisava delas para examinar amostras de linho. Depois de ler *Micrographia*, ele se tornou um fanático fabricante de lentes, dedicando horas e horas a criar microscópios e utilizá-los em suas observações.

Nos primeiros trabalhos, Leeuwenhoek simplesmente repetiu os experimentos de Hooke, mas logo os superou. Os microscópios de Hooke eram os melhores da época em termos tecnológicos, e ele maravilhara a Royal Society com ampliações que variavam de vinte a cinquenta vezes.

Por isso, nem dá para imaginar o espanto quando, em 1673, o secretário da Royal Society, Henry Oldenburg, recebeu uma carta informando que um inculto guarda-livros e comerciante de tecidos da Holanda havia "construído microscópios que superavam de longe os vistos até agora".[14] De fato, aos 41 anos, Leeuwenhoek conseguia produzir ampliações dez vezes maiores que as de Hooke.

O que tornava os microscópios de Leeuwenhoek tão poderosos não era um projeto mais sofisticado, porém um artesanato superior. Na verdade, eram instrumentos simples, construídos com lentes individuais polidas em fragmentos de vidro selecionados, ou até mesmo grãos de areia, e montados em placas feitas de ouro e prata às vezes extraídas da própria mina. Leeuwenhoek fixava ao microscópio os espécimes que observava e construía um novo aparelho a cada estudo, talvez porque fosse tão difícil encontrar a posição correta para o objeto quanto criar as lentes. Fosse qual fosse a razão, ele não falava a respeito com ninguém e era muito sigiloso com seus métodos, porque, como Newton, queria evitar "contradições ou censuras dos outros". Durante sua longa vida, produziu mais de quinhentas lentes, embora até hoje ninguém saiba exatamente como as criou.

Enquanto chegavam as notícias das realizações de Leeuwenhoek, as Marinhas da Inglaterra e da Holanda trocavam tiros de canhão nas guerras Anglo-Holandesas, mas estar em guerra contra o país de Leeuwenhoek não deteve Oldenburg, que instou o holandês a divulgar suas descobertas, o que ele fez. Em sua primeira carta, intimidado pela importância da famosa Royal Society, Leeuwenhoek se desculpou por qualquer eventual falha em seu trabalho. Segundo suas palavras, aquele era "somente o resultado de meu impulso e curiosidade independentes; pois em minha cidade natal não há filósofos que pratiquem esta arte além de mim; por favor, não reprovem minhas mal traçadas linhas e a liberdade que tomei em estabelecer minhas noções aleatórias".[15]

As "noções" de Leeuwenhoek foram uma revelação ainda maior que as de Hooke. Pois se este tinha visto em detalhes partes do corpo de pequenos insetos, Leeuwenhoek focalizou, de corpo inteiro, criaturas que eram pequenas demais para ser vistas a olho nu, verdadeiras sociedades de organismos de cuja existência ninguém suspeitava, alguns dos quais mil ou até 10 mil vezes menores que o menor animal visível. Ele os chamou de "animálculos". Hoje os chamamos de microrganismos.

Enquanto Galileu se deliciava analisando a paisagem da Lua e examinando os anéis de Saturno, Leeuwenhoek se deleitava em observar com suas lentes novos mundos de criaturas bizarras e diminutas. Numa de suas cartas, ele descreveu o mundo que existia numa gota d'água:

> Agora vi muito claramente essas pequenas enguias, ou vermes, todas amontoadas e se agitando. ... A água parecia viva com esses multifários animálculos. ... Devo dizer, de minha parte, que nunca chegou a meus olhos visão mais agradável que esses milhares de criaturas vivas observadas numa pequena gota d'água.[16]

Mas se às vezes Leeuwenhoek fazia o relato de sua visão onisciente de mundos inteiros, em outros relatos ele falava da ampliação de criaturas individuais a ponto de descrever diversas novas espécies nos mínimos detalhes. Ele descreveu, por exemplo, uma criatura com "dois pequenos chifres que estavam sempre se movendo, como as orelhas de um cavalo ... [um corpo arredondado], só que de alguma forma iam de uma ponta à outra do corpo; em cada extremidade havia uma cauda".[17] Durante o período de cinquenta anos, Leeuwenhoek nunca compareceu a uma reunião da Royal Society, mas escreveu centenas de cartas, a maior parte delas preservada. Oldenburg as corrigia e traduzia para o inglês ou o latim, e a Royal Society as publicava.

O trabalho de Leeuwenhoek foi uma sensação. O mundo ficou perplexo ao se inteirar de que havia universos inteiros de criaturas numa gota d'água, classes de vida totalmente ocultas aos nossos sentidos. Mais ainda, quando apontou seus microscópios para tecidos humanos e células espermáticas e capilares sanguíneos, Leeuwenhoek passou a revelar nossa própria estrutura, mostrando que ela não era nada excepcional, que tínhamos muito em comum com outras formas de vida.

A exemplo de Hooke, houve quem duvidasse das observações de Leeuwenhoek, preferindo acreditar que ele inventava aquilo tudo. Sua réplica chegou na forma de depoimentos assinados por respeitáveis testemunhas oculares, escrivães públicos e até um pastor da congregação de Delft. A maioria dos cientistas acreditou nele, inclusive Hooke, que conseguiu reproduzir algumas de suas pesquisas. Quando a notícia se espalhou, visitantes de todas as partes apareceram na loja de Leeuwenhoek querendo ver os animaizinhos. Carlos II, fundador e patrono da Royal Society, pediu que Hooke mostrasse a réplica de um dos experimentos de Leeuwenhoek, e Pedro, o Grande, da Rússia visitou o holandês pessoalmente. Nada mau para um sujeito que administrava uma fábrica de tecidos.

Em 1680, Leeuwenhoek foi eleito, *in absentia*, membro do conselho da Royal Society, e continuou a trabalhar enquanto viveu, até os 91 anos. Nenhum outro caçador de micróbios pôde se comparar a ele nos 150 anos seguintes.

Em seu leito de morte, a última coisa que Leeuwenhoek fez foi pedir a um amigo que traduzisse suas últimas duas cartas para o latim e as enviasse à Royal Society. Preparou ainda um presente para a instituição: um estojo preto e dourado com seus melhores microscópios, alguns dos quais nunca havia mostrado a ninguém. Hoje, só alguns desses microscópios continuam intactos. Em 2009, um deles foi vendido em leilão por 312 mil libras.[18]

Em sua longa vida, Leeuwenhoek ajudou a estabelecer muitos aspectos do que se tornou a biologia – microbiologia, embriologia, entomologia, histologia –, fazendo com que um biólogo do século XX definisse suas cartas como "a série mais importante de comunicados que uma sociedade científica jamais recebeu".[19] Igualmente importante – como Galileu na física e Lavoisier na química –, Leeuwenhoek ajudou a estabelecer uma tradição científica no campo da biologia. Como escreveu o pastor da Nova Igreja de Delft à Royal Society sobre a morte de Leeuwenhoek, em 1723:

> Anton van Leeuwenhoek considerava que a verdade na filosofia natural pode ser mais vantajosamente estudada pelo método experimental, apoiado pela evidência dos sentidos; por essa razão, com diligência e incansável trabalho,

> ele produziu com as próprias mãos certas lentes de grande excelência, com a ajuda das quais descobriu muitos segredos da natureza, agora famosos em todo o mundo filosófico.[20]

Se Hooke e Leeuwenhoek foram de certa forma os Galileu da biologia, o papel de Newton coube a Charles Darwin (1809-1882).[21] Bem a propósito, ele está enterrado a poucos metros de Newton, na abadia de Westminster. Entre os homens que transportaram os ataúdes de ambos estavam dois duques e um conde, além de presidentes da Royal Society do passado, do presente e do futuro. Embora o sepultamento de Darwin numa abadia pudesse parecer incongruente para alguns, "teria sido uma infelicidade", disse o bispo de Carlisle nas exéquias, "se tivesse ocorrido algo para dar peso e valor à tola noção ... de que existe necessariamente um conflito entre o conhecimento da natureza e a crença em Deus".[22] O funeral foi um final glorioso para o homem cuja principal descoberta científica fora recebida a princípio com muita indiferença, e depois com ceticismo e malícia.

Um dos que o subestimaram de início foi o próprio editor de Darwin, John Murray, que concordou em lançar o livro no qual ele elaborava sua teoria, mas com tiragem de apenas 1.250 exemplares. Murray tinha boas razões para se preocupar, pois os que haviam lido o texto de Darwin antes da publicação se mostraram pouco entusiasmados. Um dos primeiros resenhadores chegou a recomendar que Murray nem o publicasse, por ser "uma exposição imperfeita e comparativamente frágil de sua teoria", segundo escreveu. Em seguida o crítico sugeria que Darwin redigisse um livro sobre pombos, e que incluísse nele uma *breve* exposição de sua teoria. "Todo mundo se interessa por pombos", escreveu ele. "O livro ... logo estará em todas as mesas."[23] A sugestão foi transmitida a Darwin, que a rejeitou. Não que ele próprio estivesse muito confiante em que seu livro seria vendido. "Só Deus sabe o que o público vai pensar", observou.[24]

Mas Darwin não tinha motivos para se preocupar. *A origem das espécies, ou a preservação de raças favorecidas na luta pela vida* se tornaria o *Principia* da biologia. Publicado em 24 de novembro de 1859, os 1.250 exemplares foram imediatamente adquiridos por ansiosos livreiros, e desde então não parou de ser impresso. (Mas a edição não foi toda vendida, como diz a lenda, no dia do lançamento.) Esse era um reconhecimento gratificante para um homem que teve a paixão e a paciência de passar vinte anos acumulando evidências de suas ideias – empreendimento tão monumental que um de seus efeitos colaterais foi uma monografia de 684 páginas sobre percevejos.

Os predecessores de Darwin conheciam muitos detalhes descritivos das formas de vida, das bactérias aos mamíferos, mas não tinham a menor indicação sobre a questão fundamental do que fazia as espécies apresentarem as características de que dispõem. Como os físicos antes de Newton ou os químicos antes da tabela periódica, os biólogos pré-darwinianos conheciam os dados, mas não sabiam como encaixá-los. Nem poderiam, pois, antes de Darwin, a jovem disciplina da biologia encontrava-se acorrentada pela convicção de que as origens e inter-relações entre diferentes formas de vida estavam além da ciência. Convicção, aliás, apoiada pela aceitação literal da história bíblica da Criação, segundo a qual a Terra e todas as suas formas de vida foram criadas em seis dias, e que, desde aquele tempo, as espécies não haviam mudado.

Não que faltassem pensadores ponderando sobre a ideia de evolução das espécies, e muitos especulavam sobre isso desde os gregos, incluindo o próprio avô de Darwin, Erasmus Darwin. No entanto, as teorias evolutivas pré-darwinianas eram vagas e não muito mais científicas que as doutrinas religiosas que elas pretendiam substituir. Em consequência, embora se falasse da ideia de evolução antes de Darwin, a maioria das pessoas, incluindo cientistas, aceitava que os seres humanos encontravam-se no alto de uma pirâmide de espécies mais primitivas, todas com características fixas, projetadas por um Criador cujos pensamentos jamais poderíamos compartilhar.

Darwin mudou isso. Se antes dele existia um terreno fértil de especulações sobre a evolução, sua teoria sobrepujou todas as outras árvores, com um exemplo majestoso de ciência rigorosa. Para cada argumento ou parcela de evidência apresentada por seus precursores, Darwin ofereceu uma centena. E mais importante ainda, ele descobriu o *mecanismo* por trás da evolução – a seleção natural –, transformando-a em teoria testável e cientificamente digna de respeito, libertando a biologia de sua dependência de Deus e possibilitando que ela se tornasse uma verdadeira ciência embasada em leis físicas (como a física e a química).

Nascido na casa da família em Shrewsbury, Inglaterra, no dia 12 de fevereiro de 1809, Charles era filho de Robert Darwin, o médico da cidade, e Susannah Wedgwood, cujo pai fundara a empresa de cerâmica que levava seu nome. Os Darwin eram uma família abastada e ilustre, mas Charles foi péssimo aluno, detestando a escola. Depois ele escreveu que tinha memória ruim para aprendizados rotineiros e "nenhum talento especial". Estava se depreciando, pois também reconhecia que possuía "grande curiosidade sobre os fatos e seus significados" e "energia mental demonstrada pelo trabalho contínuo e vigoroso em algum tema".[25] Para um cientista – e para qualquer inovador –, essas duas últimas características são talentos especiais, e seriam muito úteis a Darwin.

A curiosidade e a determinação de Darwin ficam bem ilustradas por um incidente ocorrido quando ele cursava a faculdade em Cambridge e era obcecado pelo hobby de colecionar besouros. "Certo dia", escreveu, "ao arrancar a casca de uma velha árvore, vi dois raros besouros, e peguei um em cada mão; depois vi um terceiro de outra espécie, que não podia perder, por isso enfiei o que estava em minha mão direita na boca."[26] Só de um jovem com uma personalidade desta pode surgir um homem com a tenacidade de reunir 684 páginas sobre percevejos. (Embora tenha escrito, antes de concluir: "Eu odeio percevejos como ninguém jamais odiou."[27])

Foram muitos anos até Darwin encontrar sua vocação. Sua jornada começou no outono de 1825, quando, aos dezesseis anos, o pai não o mandou para Cambridge, mas para a Universidade de Edimburgo, a fim de estudar medicina, seguindo os passos do pai e do avô. Mas foi uma péssima escolha. Darwin era tremendamente suscetível, e na época as cirurgias implicavam copiosos jorros de sangue e gritos dos pacientes, cortados sem auxílio de anestesia. Mesmo assim, a hipersensibilidade não impediria que, anos depois, Charles dissecasse cães e patos em busca de evidências de apoio à teoria da evolução. Provavelmente fatal para seus estudos médicos foi a falta de interesse e motivação. Como escreveria depois, ele estava convencido de que o pai deixaria recursos bastantes "para eu subsistir com algum conforto", e essa expectativa era "suficiente para impedir qualquer esforço extremado de aprender medicina".[28] Assim, na primavera de 1827, Charles deixou Edimburgo sem ter se formado.

Cambridge foi sua segunda parada. O pai o mandou para lá a fim de estudar teologia e seguir a carreira clerical. Desta vez Darwin concluiu o curso, e em décimo lugar entre 178 formandos. Essa colocação o surpreendeu, mas talvez refletisse o fato de ele ter desenvolvido um genuíno interesse por geologia e história natural – como fica evidenciado pela coleção de besouros. Ainda assim, Darwin parecia destinado à vida científica, que, na melhor das hipóteses, seria um passatempo, enquanto dedicasse suas energias profissionais à Igreja. Todavia, ao voltar para casa de uma turnê geológica de pós-graduação no norte do País de Gales, ele encontrou uma carta que lhe oferecia outra opção: a oportunidade de velejar pelo mundo no HMS *Beagle*, sob o comando de um certo capitão Robert Fitzroy.

A carta fora enviada por John Henslow, professor de botânica em Cambridge. Apesar das boas notas, Darwin não se destacara muito em Cambridge. No entanto, Henslow vira nele algum potencial, e certa vez teria observado: "Que sujeito é esse Darwin que faz boas perguntas!" O cumprimento parece brando, mas mostra que, para o professor, Darwin tinha alma de cientista.[29] Henslow ficou amigo do aluno curioso e sugeriu o nome de Darwin quando lhe pediram que recomendasse um jovem para o cargo de naturalista na viagem.

A carta de Henslow para Darwin foi a culminação de uma série de eventos improváveis. Tudo começou quando o capitão anterior do *Beagle*, Pringle Stokes, deu um tiro na cabeça. A bala não o matou, mas ele morreu de gangrena. Fitzroy, primeiro-tenente de Stokes, conduziu o navio de volta para casa, mas não deixou de perceber que a depressão de Stokes fora provocada pela solidão de uma viagem de muitos anos no mar, na qual o capitão era proibido de conviver com a tripulação. O tio de Fitzroy tinha cortado a própria garganta com uma navalha alguns anos antes, e quatro décadas depois o próprio Fitzroy seguiria seus passos. Por isso, ele pode ter pressentido que deveria fazer o possível para não seguir o destino de seu capitão. Por conseguinte, aos 26 anos, quando se viu diante da oportunidade de suceder Stokes, Fitzroy decidiu que precisava de um companheiro. Era costume na época que o médico de bordo também atuasse como naturalista, mas Fitzroy mandou uma mensagem dizendo que procurava um jovem "cavalheiro naturalista" da alta sociedade – essencialmente, uma pessoa para servir como seu amigo de aluguel.

Darwin não foi a primeira escolha de Fitzroy para o cargo, que já fora oferecido a vários outros. Se algum deles tivesse aceitado, é provável que Darwin continuasse em sua vida tranquila na Igreja e nunca tivesse criado a teoria da evolução – assim como Newton provavelmente jamais teria concluído e publicado sua grande obra se Halley não o tivesse visitado e perguntado sobre a lei do inverso do quadrado. Mas o cargo oferecido por Fitzroy não pagava nada – a compensação viria da venda de espécimes recolhidos em visitas a terra durante a viagem –, e nenhum dos que foram convidados estava disposto a passar anos no mar sem recompensa financeira. Em consequência, a escolha acabou recaindo sobre um Darwin de 22 anos como uma chance de aventura – evitando que ele iniciasse uma carreira na qual pregaria que a Terra fora criada na noite anterior ao dia 23 de outubro de 4004 a.C. (como se afirma numa análise da Bíblia publicada no século XVII). Darwin aproveitou a oportunidade. Isso mudaria tanto a sua vida quanto a história da ciência.

O *Beagle* zarpou em 1831 e só retornou em 1836. Aquela não foi uma viagem confortável. Darwin residia e trabalhava na minúscula cabine da popa, na parte do navio que mais balançava. Dividia o quarto com outros dois e dormia numa rede estendida acima da mesa de mapas. "Eu só tenho espaço para me virar, e só isso", contou numa carta a Henslow.[30] Não surpreende que tenha sofrido de enjoo marítimo. E embora tivesse feito alguma amizade com Fitzroy – era o único membro da tripulação que tinha alguma intimidade com o capitão, e os dois costumavam jantar juntos –, eles discutiam muito, principalmente sobre a escravidão, que Darwin abominava e que haviam testemunhado várias vezes nas visitas em terra.

Os desconfortos da viagem, contudo, eram compensados por um grande entusiasmo nas descidas a terra. Durante esses períodos, Darwin participou do Carnaval no Brasil, viu o vulcão Osorno em erupção no Chile, viveu a experiência de um terremoto, caminhou pelas ruínas que restavam em Concepción e testemunhou revoluções em Lima e em Montevidéu. Durante todo esse tempo, ele recolheu espécimes e fósseis, acondicionando-os e enviando-os em caixotes para Henslow na Inglaterra, a fim de serem armazenados.

Depois, Darwin definiria essa viagem como o principal evento de formação de sua vida, tanto pelas impressões que deixou em sua personalidade quanto pela nova perspectiva que ele teve do mundo natural. Mas *não foi* durante a viagem que Darwin fez suas famosas descobertas a respeito da evolução, nem mesmo foi naquele momento que começou a aceitar a existência da evolução.[31] Na verdade, ele terminou a viagem da mesma forma que começara – sem nenhuma dúvida em relação à autoridade moral da Bíblia.

No entanto, seus planos para o futuro mudaram. Quando a viagem terminou, ele escreveu a um primo que havia seguido carreira na Igreja: "Sua situação é absolutamente invejável; não me aventuro sequer a vislumbrar situação tão feliz. Para uma pessoa com vocação para assumir o cargo, a vida de um clérigo é ... respeitável e feliz."[32] Apesar das palavras encorajadoras, Darwin já decidira que não tinha vocação para aquela vida, preferindo se encaminhar para o mundo da ciência de Londres.

De volta à Inglaterra, Darwin percebeu que as observações detalhadas em suas cartas ocasionais ao professor Henslow haviam chamado a atenção de alguns cientistas – em especial aquelas relativas à geologia. Logo ele estava dando palestras na prestigiosa Sociedade Geológica de Londres sobre temas como "A relação de certos fenômenos vulcânicos com a formação de cadeias de montanhas e os efeitos das elevações continentais". Entrementes, gozava de uma situação financeira independente, graças ao estipêndio de quatrocentas libras por ano recebido do pai. Por coincidência, essa era a mesma quantia que Newton recebia quando começou a trabalhar na Casa da Moeda. Contudo, nos anos 1830, segundo os Arquivos Nacionais Britânicos, este era "apenas" cinco vezes o pagamento de um artesão (mas ainda suficiente para comprar 26 cavalos ou 75 vacas). O dinheiro permitiu que Darwin tivesse tempo para transformar o diário escrito no *Beagle* em livro e para examinar os muitos animais e espécimes vegetais que recolhera. Foi essa atividade que mudou suas ideias a respeito da natureza da vida.

Como não tivera nenhuma revelação sobre a biologia durante a viagem, provavelmente Darwin esperava que o exame dos espécimes que mandara para casa resultasse num trabalho sólido, mas não revolucionário. Logo surgiram sinais, contudo, de que suas investigações poderiam ser mais estimulantes que o esperado – ele tinha dado alguns espécimes para análise de especialistas, e muitas das respostas o deixaram atônito.

Um grupo de fósseis, por exemplo, indicava "uma lei de sucessão" – que mamíferos extintos na América do Sul haviam sido substituídos por outros de espécie diferente. Outra análise, sobre os rouxinóis das ilhas Galápagos, dizia que só havia três espécies, não as quatro que ele identificara e que eram específicas da ilha, bem como as tartarugas-gigantes lá encontradas. (A história de ele ter se inspirado num momento eureca observando diferenças nos bicos dos tentilhões em diferentes ilhas das Galápagos é apócrifa.[33] De fato, Darwin levara com ele alguns tentilhões, mas não tinha formação em ornitologia, e na verdade os identificara como uma mistura de tentilhões, uirapurus, bicos-largos e parentes dos melros – que não foram catalogados a partir das ilhas.)

Talvez a mais surpreendente resposta dos especialistas dizia respeito a um espécime de ema, ou avestruz da América do Sul, que Darwin e sua equipe cozinharam e comeram antes de perceber sua possível importância, mandando o que restara para a Inglaterra. O animal se revelou pertencente a uma nova espécie que, como a ema comum, tinha sua própria demarcação específica, mas que competia com a ema comum numa zona intermediária. Isso contradizia a sabedoria convencional da época, segundo a qual cada espécie era otimizada por seu hábitat peculiar, sem deixar espaço para regiões ambíguas nas quais espécies similares pudessem competir.

À medida que recebia essas instigantes análises, os pensamentos de Darwin sobre o papel de Deus na Criação evoluíam. Uma das principais influências que recebeu foi a de Charles Babbage, ocupante da cátedra de professor lucasiano de matemática em Cambridge que fora de Newton, mais conhecido por ter inventado uma calculadora mecânica. Babbage organizou uma série de saraus frequentados por livres-pensadores e estava escrevendo um livro no qual argumentava que Deus operava por meio de leis físicas, não por decretos e milagres. A ideia atraiu o jovem Darwin, por fornecer uma base muito promissora para a coexistência entre religião e ciência.

Gradualmente, Darwin foi se convencendo de que as espécies não eram formas de vida imutáveis projetadas por Deus para se enquadrar num grande esquema, mas que tinham se adaptado para se encaixar em seus nichos ecológicos. No verão de 1837 – ano seguinte ao do fim da viagem do *Beagle* –, ele converteu-se à ideia de evolução, embora ainda estivesse longe de formular sua teoria específica a esse respeito.

Darwin começou a rejeitar a noção de que os seres humanos eram superiores, aliás, de que qualquer animal fosse superior a outro, e agora estava convencido de que cada espécie era igualmente maravilhosa, perfeita ou quase perfeita para ocupar seu ambiente e seu lugar no mundo. Para ele, nada disso impedia que Deus tivesse um papel importante. Ele acreditava que Deus tinha criado leis que regiam a reprodução a fim de permitir que as espécies se alterassem de acordo com o necessário para se adaptar às mudanças ambientes.

Mas se Deus tinha criado leis de reprodução que permitiam às espécies se adaptar ao ambiente, quais eram essas leis? Newton entendera o plano de Deus para o Universo físico com a ajuda das leis matemáticas do movimento. Darwin fez o mesmo – ao menos de início –, procurando o mecanismo da evolução, imaginando que era possível explicar o desígnio de Deus para o mundo vivo.

Assim como Newton, Darwin começou a encher uma série de cadernos de anotações com ideias e pensamentos. Analisou as relações entre as espécies e os fósseis que tinha observado em suas viagens; estudou o chimpanzé, o orangotango e os símios do Zoológico de Londres, observando suas emoções, que pareciam humanas; examinou o comportamento de pombos, cães e cavalos reprodutores e ponderou sobre a enorme variação de características que podia ser produzida pelo método de "seleção artificial"; especulou sobre o grande impacto da evolução sobre questões metafísicas e na psicologia humana. Então, por volta de setembro de 1838, Darwin leu o então popular *Essay on Population*, de T.R. Malthus. Isso o colocou na reta final para descobrir o processo pelo qual ocorria a evolução.

Malthus não escreveu um livro agradável. De seu ponto de vista, a miséria era natural e um estágio inevitável da humanidade, pois o aumento da população invariavelmente levaria à competição violenta por alimento e outros recursos. Em vista dos limites da terra e da produção, argumentava ele, esses recursos só aumentariam "aritmeticamente", numa sequência de 1, 2, 3, 4, 5 etc., enquanto a população cresceria a cada geração de acordo com a sequência 1, 2, 4, 8, 16 etc.

Hoje sabemos que um só polvo pode produzir 3 mil ovos numa estação. Se cada ovo se desenvolvesse em novo polvo, que se reproduzisse, na sétima geração o volume de polvos encheria a Terra; em menos de trinta gerações, só os ovos já ocupariam todo o Universo observável.

Darwin não tinha essa informação específica, nem era bom em matemática, mas sabia o suficiente para perceber que o cenário malthusiano não iria acontecer. Sabia que, do prodigioso número de ovos e descendentes que a natureza produz, a competição só deixa sobreviver alguns – na média, os mais bem-adaptados. Ele chamou esse processo de "seleção natural", ressaltando a comparação com a seleção artificial praticada pelos criadores.

Depois, em sua autobiografia, Darwin contou que teve uma revelação: "De repente percebi que, sob essas circunstâncias, as variações favoráveis tendem a ser preservadas, as desfavoráveis, a ser destruídas."[34] No entanto, raramente as novas ideias surgem na cabeça de um descobridor tão de repente, nem se formam com tamanha precisão. A descrição de Darwin parece ter sido a distorção de um ponto de vista retrospectivo otimista. Observações do caderno de anotações que ele mantinha na época revelam uma história diferente. De início, ele apenas farejou o rastro de uma ideia. Levaria vários anos até entendê-la claramente a ponto de registrá-la por escrito.

Uma das razões por que a ideia da seleção natural demorou algum tempo para se desenvolver é que Darwin reconheceu que a eliminação dos menos aptos em cada geração pode aperfeiçoar as características de uma espécie, mas não cria *novas* espécies, indivíduos tão dissimilares da espécie original que não poderiam mais se acasalar e produzir descendentes férteis. Para que isso aconteça, os traços que vigoram nos dissidentes devem ser complementados por uma fonte de características *novas*. Parece que Darwin acabou concluindo isso por puro acaso.

O bico do tentilhão-zebra, por exemplo, normalmente varia de vermelho-claro a vermelho-escuro. Com uma seleção cuidadosa, podem-se criar populações que favorecem uma ou outra cor, mas o tentilhão-zebra com o bico de uma nova cor – digamos, azul – só pode ocorrer por meio do que agora chamamos de mutação, alteração aleatória na estrutura de um gene que resulta em nova forma variante do organismo.

Agora a teoria de Darwin podia enfim se sustentar. Em conjunto, a variação aleatória e a seleção natural criam indivíduos com novas características, propiciando maior chance de propagação às características mais vantajosas. O resultado é que, assim como os criadores produzem animais e plantas com as características que desejam, também a natureza cria espécies mais bem adaptadas a seu ambiente.

A percepção de que o acaso exerce papel importante no desenvolvimento da ciência representou um marco crucial, pois o mecanismo descoberto por Darwin tornou difícil conciliar a evolução com qualquer ideia substantiva acerca do projeto divino. Claro que o próprio conceito de evolução já contradiz a história bíblica da Criação, mas a teoria *específica* de Darwin agora ia além disso, tornando difícil racionalizar as visões aristotélica e do cristianismo tradicional, de que o desencadeamento dos eventos é dirigido por um propósito, e não por leis físicas indiferentes.

A esse respeito, Darwin fez pela nossa compreensão do mundo vivo o mesmo que Galileu e Newton tinham feito para o mundo inanimado: divorciou a ciência de suas raízes, questionando tanto as tradições gregas quanto as religiosas.

Como Galileu e Newton, Darwin era um homem de fé religiosa, por isso a teoria que vinha desenvolvendo representava uma contradição em sua visão de mundo. Ele tentou evitar o conflito aceitando tanto o ponto de vista teológico quanto o científico, cada qual em seu próprio contexto, em vez de conciliar os dois. Mas não conseguiu evitar totalmente a questão, pois em janeiro de 1839 se casou com sua prima em primeiro grau, Emma Wedgwood, cristã devota que não se deixou perturbar pelos pontos de vista do marido. "Quando eu estiver morto", ele escreveu certa vez, "saiba que muitas vezes … chorei por causa disso."[35] Apesar das diferenças, a relação entre os dois era muito forte, e eles formaram um casal dedicado, gerando dez filhos.

Annie Darwin (1841-1851).

Embora muito tenha sido escrito a respeito de conciliar a evolução com o cristianismo, foi a morte de sua segunda filha, Annie, em 1851, aos dez anos, que finalmente destruiu a fé de Darwin no cristianismo, tanto quanto seu trabalho sobre a evolução.[36] Não se sabe ao certo a causa da morte, mas ela sofreu de uma febre alta e graves perturbações digestivas por mais de uma semana. Depois, Darwin escreveu: "Perdemos a alegria da casa e o conforto da nossa velhice. Ela devia saber quanto a amávamos. Ah! Se ela pudesse saber com que profundidade e ternura ainda a amamos e sempre amaremos sua querida expressão de alegria."[37]

O primeiro filho do casal nasceu em 1839. Na época, com apenas trinta anos, Darwin começou a sofrer crises debilitantes de uma doença misteriosa (até hoje). Pelo resto de sua vida, a alegria com que vivia com a família e seu trabalho científico seriam pontuados por frequentes crises de dores incapacitantes que às vezes o deixavam impossibilitado de trabalhar durante meses.

Os sintomas de Darwin despontavam em toda parte, como as pragas da Bíblia: dor de estômago, vômitos, flatulência, dores de cabeça, palpitações cardíacas, tremores, choros histéricos, zumbido no ouvido, cansaço, ansiedade e depressão. As tentativas de cura, algumas das quais Darwin procurou por desespero e contra a vontade, também foram diversas: fricção forte com toalhas molhadas, escalda-pés, fricção com gelo, duchas geladas, as eletroterapias então em voga, com cinturões de choque, medicamentos homeopáticos e bismuto, o tratamento-padrão da era vitoriana. Nada funcionava. E, assim, o homem que aos vinte anos era um vigoroso aventureiro aos trinta tinha se tornado um inválido frágil e recluso.

Com o novo filho e o trabalho dele, além da doença, os Darwin se recolheram, desistindo de festas e do antigo círculo de amizades. Os dias de Darwin se tornaram tranquilos e iguais como "duas ervilhas".[38] Em junho de 1842, ele finalmente concluiu uma sinopse de 32 páginas de sua teoria da evolução; em setembro do mesmo ano, convenceu o pai a lhe emprestar algum dinheiro para comprar um retiro de um hectare em Down Kent, paróquia com cerca de quatrocentos habitantes a 25 quilômetros de Londres. Darwin se referia ao local como "o limite extremo do mundo".[39]

Sua vida ali era como a do próspero pároco rural que ele outrora pretendia ser, e em fevereiro de 1844 tinha usado o tempo livre para expandir seu trabalho num manuscrito de 231 páginas.

O manuscrito de Darwin era um testamento científico, não um trabalho para publicação imediata. Ele o confiou a Emma, acompanhado de uma carta a ser lida caso sofresse "morte súbita" – que, em decorrência da doença, ele temia ser iminente. A carta dizia ser seu "solene e último pedido" que, depois de seu falecimento, o manuscrito se tornasse público.[40] "Se for aceito ao menos por um juiz competente", escreveu, "será um considerável passo para a ciência."[41]

Darwin tinha boas razões para não querer que suas concepções fossem publicadas enquanto ele estivesse vivo. Àquela altura, ele gozava de reputação estelar entre os mais altos círculos da sociedade científica, mas suas novas ideias poderiam ser criticadas. Além disso, Darwin tinha muitos amigos sacerdotes – sem mencionar a esposa beata – que apoiavam o statu quo do criacionismo.

As razões para a hesitação de Darwin foram confirmadas no outono daquele ano, com a publicação de um livro chamado *Vestiges of the Natural History of Creation*, de autor anônimo.* O livro não apresentava uma teoria da evolução válida, mas trançava diversas ideias científicas, inclusive a transmutação de espécies, e se tornou um best-seller internacional. O establishment religioso, porém, se rebelou contra o autor desconhecido. Um dos resenhadores, por exemplo, o acusou de "envenenar os alicerces da ciência, solapando os alicerces da religião".[42]

Alguns membros da comunidade científica não se mostraram muito mais gentis. Os cientistas sempre foram uma turma barra-pesada. Até hoje, com a comunicação facilitada e as viagens que possibilitam melhor cooperação e colaboração, apresentar novas ideias pode abrir uma brecha para violentos ataques. Juntamente com a paixão por suas disciplinas e

---

* Robert Chambers, editor de periódicos populares de Edimburgo, foi oficialmente definido como autor do livro em 1884, treze anos após sua morte, mas Darwin já deduzira que Chambers escrevera o livro depois de um encontro que teve com ele em 1847.

por novas ideias, os cientistas às vezes também revelam certo fervor em se opor a concepções que pareçam equívocas ou simplesmente desinteressantes. Quando a palestra ministrada por um visitante sobre seu trabalho num seminário de pesquisa não se mostrava digna de atenção, um famoso físico que conheço costumava abrir o jornal e começar a ler, exibindo seu aborrecimento. Outro, que gostava de se sentar na parte da frente da sala, se levantava no meio da exposição, anunciava sua opinião negativa e ia embora. A mais interessante demonstração de desinteresse que já vi, contudo, veio de outro cientista bem famoso, um sujeito conhecido por gerações de físicos pelos textos sobre eletromagnetismo usados nos cursos de graduação.

Sentado na fileira da frente de uma sala com menos de doze filas de cadeiras, esse professor ergueu seu copo de plástico de café acima da cabeça e girou-o de um lado para outro, a fim de que todos pudessem ler o que estava escrito no recipiente – menos o intrigado palestrante à sua frente – em grandes letras de forma: ESTA PALESTRA É UMA BOBAGEM! Em seguida, depois de dar sua contribuição, levantou-se e saiu. Ironicamente, a palestra era sobre "A espectroscopia das partículas charm e anticharm". Embora a palavra *charm* (charme) seja aqui um termo técnico, sem relação com o sentido comum da palavra, acho que é justo dizer que esse professor pertencia à categoria "anticharme". De todo modo, se uma ideia considerada ambígua em campo tão esotérico como o das partículas atômicas merece recepção desse tipo, pode-se imaginar a brutalidade com que eram recebidas as "grandes ideias" contestando a sabedoria convencional.

O fato é que, apesar de tudo o que se diz sobre a oposição dos defensores da religião a novas ideias científicas, existe também uma forte tradição de antagonismo por parte dos próprios cientistas. Em geral isso é algo *positivo*, pois, quando uma ideia é equivocada, esse ceticismo serve para evitar que a disciplina tome a direção errada. No entanto, assim que são expostas as evidências adequadas, os cientistas costumam ser bem rápidos na aceitação de novos e estranhos conceitos.

De qualquer maneira, mudar é uma coisa difícil para todos nós, e às vezes cientistas que dedicaram a carreira ao desenvolvimento de um modo de pensar reagem de forma negativa a uma proposta contraditória. Em consequência, a apresentação de qualquer teoria científica nova ou inusitada implica se expor a ataques acusando-a de infundada, errônea ou simplesmente inadequada. Não existe uma maneira absolutamente segura de promover inovações, mas uma forma de fracassar é deixá-las vulneráveis à contestação da sabedoria vigente. De todo modo, essa é a atmosfera geral em que se realizam os avanços revolucionários.

No caso da evolução, Darwin tinha muito a temer, como demonstrou, por exemplo, a reação de seu amigo Adam Sedgwick a *Vestígios*. Proeminente membro de Cambridge e ex-professor de geologia de Darwin, Sedgwick definiu *Vestígios* como um "livro infame", e escreveu uma sarcástica resenha de 85 páginas.[43] Antes de se expor a ataques desse tipo, Darwin teria de reunir uma montanha de provas incontestáveis para embasar sua teoria. Esse trabalho o ocuparia pelos quinze anos seguintes, porém, no final, seria responsável por seu sucesso.

Ao longo dos anos 1840 e 1850, a família de Darwin aumentou. Seu pai morreu em 1848, deixando aquela boa herança imaginada por Darwin décadas antes, enquanto estudava medicina – cerca de 50 mil libras, o equivalente a milhões de dólares hoje. Darwin investiu com sabedoria, ficou muito rico e nunca teve dificuldades para cuidar de sua grande família. Mas os problemas estomacais continuaram a atormentá-lo, fazendo com que se tornasse cada vez mais recluso, impedindo-o até de comparecer aos serviços funerários do pai por causa da doença.

Durante todo esse tempo, Darwin continuou a desenvolver suas ideias. Observando e fazendo experiências com animais, com os pombos sobre os quais seu colega sugeriu que ele escrevesse e, claro, com os tais percevejos. Também realizou experiências com plantas. Numa dessas séries de pesquisas, testou a noção vigente de que as sementes não poderiam chegar ainda viáveis às ilhas distantes no oceano. Atacou a questão por diversos ângulos: deixou sementes de jardim durante semanas em salmoura (para simular água do mar); estudou sementes nas patas e em dejetos de pássaros;

alimentou uma coruja e uma águia do Zoológico de Londres com pardais recheados de sementes para depois examinar os excrementos. Todos os seus estudos levaram à mesma conclusão. Darwin descobriu que as sementes eram mais móveis e resistentes do que as pessoas imaginavam.

Outro tema a que Darwin dedicou tempo considerável foi a questão da diversidade. Por que a seleção natural produzia tantas variações entre as espécies? Nesse caso, ele se inspirou nos economistas em voga na época, que costumavam falar sobre o conceito de "divisão do trabalho". Adam Smith tinha demonstrado que as pessoas eram mais produtivas quando se especializavam, e não quando cada uma tentava criar um artigo completo. A ideia fez com que Darwin teorizasse que uma dada extensão de terra poderia sustentar mais vida se seus habitantes fossem altamente especializados na exploração dos diferentes recursos naturais.

Se sua teoria estivesse correta, Darwin esperava encontrar mais vida diversificada em áreas onde houvesse grande competição por limitados recursos, e foi atrás de evidências que confirmassem ou contradissessem a ideia. Esse tipo de pensamento era típico da nova abordagem que Darwin adotava quanto à evolução. Enquanto outros naturalistas procuravam provas da evolução no desenvolvimento de árvores familiares comparando fósseis e formas de vida em épocas diferentes, Darwin estudava a distribuição e a relação entre espécies numa mesma época.

Para processar essas evidências, Darwin precisava falar com outras pessoas. Mesmo fisicamente isolado, ele começou a trocar informações com muita gente, utilizando o serviço dos correios, assim como Newton – usando em especial um novo programa de baixo custo chamado *penny post* para montar uma grande rede de naturalistas, criadores e outros correspondentes que lhe forneciam informações sobre variações e hereditariedade. Essas idas e vindas permitiram-lhe cotejar suas ideias com as experiências práticas sem se expor ao ridículo de revelar seu propósito final. Também propiciou uma seleção gradual dos colegas mais receptivos a seus pontos de vista – e até comunicar suas ideias heterodoxas para esse grupo seleto.

Por volta de 1856, Darwin já tinha divulgado sua teoria em detalhes para alguns amigos mais próximos. Estes incluíam Charles Lyell, o mais destacado geólogo da época, e o biólogo T.H. Huxley, o maior especialista do mundo em anatomia comparativa. Seus confidentes, em especial Lyell, recomendaram que publicasse seus resultados antes que alguém o fizesse. Darwin estava então com 47 anos e já trabalhava em sua teoria há dezoito.

Em maio de 1856, Darwin começou a se dedicar ao que pretendia ser um tratado técnico dirigido a seus pares. Decidiu chamá-lo de *Seleção natural*. Em março de 1858, já avançara até dois terços do tamanho do livro, chegando a 250 mil palavras. Então, em junho, Darwin recebeu pelo correio um manuscrito e uma carta explicativa de um conhecido que trabalhava no Oriente, Alfred Russel Wallace.

Wallace sabia que Darwin trabalhava na teoria da evolução e perguntou-lhe se ele poderia entregar a Lyell um manuscrito – o texto esboçava uma teoria da seleção natural concebida de maneira independente por Wallace. Assim como Darwin, ele tinha inspirado sua teoria na visão de Malthus sobre a superpopulação.

Darwin entrou em pânico. Aquele era o pior cenário, sobre o qual os amigos já o haviam alertado: outro naturalista reproduzira os aspectos mais importantes de sua pesquisa.

Newton se enfureceu quando ouviu rumores sobre um trabalho semelhante ao seu, mas Darwin era outro tipo de pessoa. Ficou angustiado com a situação, sem conseguir encontrar uma boa alternativa. Poderia esconder o manuscrito recebido ou correr para publicar seu texto primeiro, mas estas eram opções antiéticas; ou poderia ajudar Wallace a ser publicado e abrir mão dos créditos do trabalho de toda a sua vida.

No dia 18 de junho de 1858, Darwin enviou o manuscrito a Lyell, com uma carta:

> [Wallace] me enviou hoje este manuscrito em anexo, pedindo que o encaminhasse a você. Parece-me que vale a pena ser lido. Infelizmente, suas advertências se realizaram – de que alguém iria se antecipar a mim. ... Nunca vi tamanha coincidência; se Wallace tivesse lido a sinopse que escrevi em 1842, não poderia ter feito resumo melhor! Até os termos empregados apare-

> cem como títulos dos meus capítulos. Por favor, devolva-me [o manuscrito], porque ele não expressou desejos para que eu o publique, mas decerto vou escrever imediatamente me oferecendo para enviar a algum periódico. Toda a minha originalidade, seja qual for, será destruída, mas meu livro, se chegar a ter algum valor, não irá se deteriorar; pois todo o trabalho consiste na aplicação da teoria. Espero que aprove o esboço de Wallace, para que eu possa falar com ele sobre sua opinião.[44]

A DECISÃO SOBRE QUEM deveria receber os créditos da teoria ficava evidente nas observações de Darwin, de que o valor de seu livro estava nas aplicações que havia detalhado. Wallace não realizara um exaustivo estudo das evidências da seleção natural, como Darwin, e também não conseguira duplicar as detalhadas análises de Darwin de como as mudanças tinham magnitude a ponto de gerar novas espécies, e não apenas novas "variedades", que hoje chamamos de subespécies.

Lyell respondeu propondo um acordo: ele e outro amigo próximo de Darwin, o botânico Joseph Dalton Hooker, leriam o texto de Wallace e um resumo das ideias de Darwin para a prestigiosa Linnean Society of London, e os dois trabalhos seriam publicados simultaneamente no *Proceedings* da instituição. O plano deixou Darwin aflito, e os acontecimentos não poderiam transcorrer em momento pior. Ele encontrava-se acometido por suas moléstias habituais, seu velho amigo e biólogo Robert Brown morrera recentemente e seu décimo e mais novo filho, Charles Waring Darwin, de dezoito meses, estava gravemente enfermo, com febre escarlate.

Darwin deixou que Lyell e Hooker lidassem com a questão do modo que achassem melhor, e, em 1º de julho de 1858, o secretário da Linnean Society leu os textos de Darwin e Wallace para mais de trinta congregados ali presentes. As exposições não provocaram vaias nem aplausos, somente um silêncio de pedra. Depois veio a leitura de outros seis textos acadêmicos. Se alguém ainda estava acordado depois dos cinco primeiros, o último era um longo tratado descrevendo a vegetação de Angola.

Nem Wallace nem Darwin compareceram à sessão. Wallace continuava no Oriente, sem ao menos saber dos acontecimentos em Londres. Depois, ao ser informado, aceitou de bom grado a forma equânime como a matéria havia sido tratada, e nos anos seguintes sempre tratou Darwin com respeito e até com afeição. Mesmo que não se encontrasse doente na época, o mais provável é que Darwin não tivesse mesmo ido à reunião, pois ele e a esposa estavam enterrando o segundo filho morto, Charles Waring, na igreja da paróquia.

Com a exposição na Linnean Society, depois de vinte anos de idas e vindas e muito trabalho árduo dedicado à sua teoria, Darwin afinal expunha suas ideias ao público. A reação imediata foi anticlimática. O fato de ninguém presente ter percebido a importância do que ouvira foi bem representado pelo comentário do presidente da instituição, Thomas Bell, que, ao sair da reunião, lamentou, como narrou depois, o ano não ter sido "marcado por nenhuma dessas descobertas inusitadas que revolucionam instantaneamente, por assim dizer, [nosso] Departamento de Ciência".[45]

Depois da apresentação na Linnean Society, Darwin agiu depressa. Em menos de um ano, ele transformou sua *Seleção natural* na obra-prima *A origem das espécies*. Era um livro mais curto, voltado para público amplo. Ele concluiu o manuscrito em abril de 1859. Na época estava exausto e, em suas próprias palavras, "fraco como uma criança".[46]

Sempre ciente da necessidade de criar um consenso a seu favor, Darwin fez com que Murray, seu editor, distribuísse inúmeros exemplares do livro, e pessoalmente enviou cartas de autocrítica a muitos dos endereçados. Ele teve muito cuidado em minimizar quaisquer objeções teológicas ao escrever seu livro. Argumentava que um mundo regido por leis naturais é superior ao mundo regido por milagres arbitrários, mas continuava acreditando numa deidade distante, e fez o possível para que *A origem das espécies* não criasse a impressão de que sua teoria era um passo em direção ao ateísmo. Pelo contrário, ele esperava mostrar que a natureza trabalhava em prol de benefícios de longo prazo das coisas vivas, levando as espécies a progredir em direção à "perfeição" física e mental, de forma consistente com a ideia de um Criador benevolente.

"Existe uma grandeza nesta visão da vida", escreveu ele, "a de ter sido originalmente alentada em alguma ou algumas formas, ... enquanto este planeta continuou a girar de acordo com a lei fixa da gravidade, a partir de um começo tão simples, [passou] a incontáveis formas de infinita beleza que foram evoluindo e continuam a evoluir."[47]

A REAÇÃO A *A origem das espécies* não foi silenciosa. O velho mentor e professor de Darwin em Cambridge, Sedgwick, por exemplo, escreveu: "Li seu livro com mais dor que prazer. ... Li partes com absoluta tristeza, por considerá-las totalmente falsas e horrivelmente perniciosas."[48]

Mesmo assim, ao apresentar uma teoria superior, bem apoiada por evidências e em época um pouco mais arejada, *A origem das espécies* não despertou a mesma ira que *Vestígios*. Em uma década, o debate entre cientistas já estava quase encerrado. Por ocasião da morte de Darwin, dez anos depois, a evolução já era unanimemente aceita como tema dominante no pensamento vitoriano.

Darwin já era um cientista respeitado, mas a publicação de seu livro o transformou em figura pública, como Newton depois do *Principia*. Ele foi aclamado com honras e reconhecimento internacionais. Fez jus à prestigiosa Medalha Copley, da Royal Society; recebeu proposta para um doutorado honorário em Oxford e Cambridge; foi agraciado com a Ordem do Mérito pelo rei da Prússia; eleito membro correspondente da Academia Imperial de Ciências de São Petersburgo e da Academia de Ciências da França; e foi nomeado membro honorário da Sociedade Imperial de Naturalistas de Moscou e da Sociedade Missionária da Igreja Anglicana da América do Sul.

Assim como Newton, a influência de Darwin se estendeu bem além de suas teorias científicas, influenciando novas maneiras de pensar sobre aspectos da vida totalmente correlacionados. Como escreveu um grupo de historiadores: "Em todas as partes, o darwinismo se tornou sinônimo de naturalismo, materialismo ou filosofia evolutiva. Darwin ilustrou formas de competição, cooperação, libertação, subordinação, progresso, pessimismo, guerra e paz. Sua política podia ser liberal, socialista ou conservadora, e sua religião, ateísta ou ortodoxa."[49]

Do ponto de vista da ciência, contudo, o trabalho de Darwin, como o de Newton, estava apenas começando. Sua teoria propôs um princípio fundamental que determinava a maneira como as características das espécies mudavam com o tempo em resposta às pressões ambientais, mas os cientistas da época continuaram no escuro em relação aos mecanismos de funcionamento da hereditariedade.

Ironicamente, na mesma época em que o trabalho de Darwin era apresentado à Linnean Society, Gregor Mendel (1822-1884), cientista e monge num mosteiro em Brno – hoje parte da República Tcheca –, estava envolvido num programa de oito anos de experiências que indicariam um mecanismo para a hereditariedade, ao menos de forma resumida. Sua proposta era de que características simples são determinadas por dois genes, cada qual fornecido por um genitor.[50] Mas o trabalho de Mendel transcorreu lentamente, e Darwin não chegou a ter notícia dele.

De toda forma, a compreensão da realização material do mecanismo de Mendel exigiria os avanços da física do século XX – em especial a teoria quântica e seus derivados, como técnicas de difração de raios X, o microscópio eletrônico e transistores capazes de criar computadores digitais. Essas tecnologias acabaram por revelar a detalhada estrutura da molécula do DNA e do genoma, permitindo o estudo da genética no nível molecular, finalmente capacitando os cientistas para começar a entender as engrenagens de como ocorrem a herança genética e a evolução.

Isso é só o começo. A biologia procura entender a vida em todos os seus níveis, aprofundando-se até as estruturas e as reações bioquímicas dentro da célula – os atributos da vida que são os resultados mais diretos da informação genética de que somos portadores. O grande objetivo, nada menos que a engenharia reversa da vida, sem dúvida ainda está bem longe no futuro – assim como a unificação da teoria de tudo dos físicos. Mas, independentemente de quanto compreendermos os mecanismos da vida, o princípio organizacional básico da biologia deverá continuar tendo como origem aquela epifania do século XIX, a teoria da evolução.

Darwin nos anos 1830, 1850 e 1870.

O próprio Darwin não era um espécime dos mais bem-adaptados, mas sobreviveu até uma idade avançada. Nos anos finais, seus problemas crônicos de saúde melhoraram, embora ele se sentisse muito cansado. Mesmo assim, continuou trabalhando até o fim, publicando seu último trabalho, *The Formation of Vegetable Mould through the Action of Worms*, em 1881. No mesmo ano, começou a sentir dores no peito quando se movimentava, e por volta do Natal sofreu um ataque cardíaco. Na primavera seguinte, em 18 de abril, teve outro ataque cardíaco e quase não voltou à consciência. Chegou a murmurar que não tinha medo de morrer, o que afinal aconteceu horas depois, por volta das quatro horas da manhã seguinte. Tinha 73 anos. Numa de suas últimas cartas, escrita a Wallace, ele chegou a dizer: "Tenho tudo para ser feliz e me sentir satisfeito, mas a vida se tornou muito cansativa."[51]

PARTE III

Além dos sentidos humanos

"Este é o melhor momento possível para se estar vivo, quando quase tudo que achávamos que sabíamos está errado."

Tom Stoppard, *Arcadia*, 1993

10. Os limites da experiência humana

Dois milhões de anos atrás, os seres humanos criaram a primeira grande inovação quando aprenderam a transformar uma pedra em instrumento de corte. Essa foi nossa experiência inicial de domar a natureza para servir aos nossos propósitos. Quase nenhuma outra descoberta, desde então, representou epifania tão grandiosa nem resultou em mudança mais radical da maneira como vivemos. Contudo, cem anos atrás, foi feita outra descoberta de igual poder e significado para nosso modo de viver. Assim como o uso da pedra, ela envolve algo que está presente em toda parte, uma coisa que sempre esteve diante de nossos olhos, ainda que invisível, desde o início dos tempos. Estou falando do átomo – e das estranhas leis quânticas que os regem.

A teoria do átomo obviamente é a chave para a compreensão da química, mas os conhecimentos adquiridos pelo estudo do mundo atômico também revolucionaram a física e a biologia. E assim, quando os cientistas aceitaram a realidade do átomo e começaram a decifrar seu funcionamento e suas leis, eles descortinariam uma grande perspectiva que transformou a sociedade, lançando luz sobre temas que abrangem das forças e partículas fundamentais da natureza ao DNA e à bioquímica da vida, além da possibilidade de criação de novas tecnologias para moldar o mundo moderno.

As pessoas falam em revolução tecnológica, dos computadores, da informação e da era nuclear, mas tudo isso se reduz a uma coisa só: a transformação do átomo em ferramenta. Hoje, nossa capacidade de manipular o átomo é que torna possível todas essas coisas, da televisão aos cabos de fibra ótica que transportam os sinais para a tela, dos telefones aos computadores, da tecnologia da internet aos equipamentos de ressonância magnética. Chegamos até a usar o conhecimento do átomo para a iluminação – a luz das lâmpadas fluorescentes, por exemplo, são emitidas quando os elétrons dos átomos, estimulados por uma corrente elétrica, dão "saltos quânticos" para estados de energia mais baixos. Hoje, até nossos eletrodomésticos mais cotidianos – fornos, relógios, termostatos – têm componentes que dependem da compreensão do quantum para ser projetados.

A grande revolução que levou à compreensão do funcionamento dos átomos e das leis quânticas do mundo atômico data do começo do século XX. Anos antes, já se notara que o que chamamos hoje de "física clássica" (a física baseada nas leis do movimento de Newton, e não nas leis quânticas) não explicava um fenômeno conhecido como radiação de corpo negro, que agora sabemos estar relacionada a propriedades quânticas do átomo. Essa falha isolada da teoria newtoniana não foi vista de imediato como uma bandeira vermelha. Imaginou-se que os físicos estavam um pouco confusos sobre a aplicação da física newtoniana ao problema, e que a radiação de corpo negro seria compreendida pelo modelo clássico quando a confusão fosse dissipada. Com o tempo, porém, os físicos descobriram outros fenômenos atômicos que também resistiam às explicações fornecidas pela teoria newtoniana, e afinal perceberam que deviam jogar muita coisa de Newton fora, assim como a geração anterior tivera de descartar Aristóteles.

A revolução quântica aconteceu num período conflituoso, que durou vinte anos. O fato de essa revolução se concluir em duas décadas, e não em séculos ou milênios, é resultado do número imensamente maior de cientistas envolvidos no problema, e não uma indicação de que a nova maneira de pensar foi mais facilmente aceita. Na verdade, a nova filosofia por trás da teoria quântica ainda é motivo de acaloradas discussões em certos meios. A imagem do mundo surgida depois desses vinte anos é uma heresia para qualquer pessoa, como Einstein, que insistia em descartar o papel do acaso nos eventos ou em acreditar nas habituais leis de causa e efeito.

A espinhosa questão da causalidade no mundo quântico só tomou forma no fim da revolução quântica, e vamos ver isso adiante. Mas havia outro problema no caminho, tanto filosófico quanto prático: os átomos eram pequenos demais para serem vistos ou mesmo medidos individualmente – só no final do século XX os cientistas conseguiram "ver" pela primeira vez a imagem de uma molécula.[1] Por conseguinte, no século XIX, na melhor das hipóteses, todos os experimentos relacionados aos átomos só conseguiam revelar fenômenos decorrentes do comportamento médio de números imensos desses minúsculos objetos invisíveis. Seria legítimo considerá-los reais? Apesar do trabalho de Dalton com o átomo, poucos cientistas acreditavam nisso. Mesmo os químicos, que usavam o conceito por sua utilidade na compreensão de fenômenos que podiam observar e medir, tendiam a empregar o átomo como mera hipótese de trabalho, isto é, as reações químicas aconteciam *como se* fossem a reorganização dos átomos formadores dos compostos. Outros consideravam os átomos apropriados para a filosofia, mas não para a ciência, e tentavam descartar a ideia. O químico alemão Friedrich Wilhelm Ostwald disse: eles são "conjecturas hipotéticas que não levam a conclusões verificáveis".[2]

A hesitação é compreensível, pois havia séculos a ciência tinha se separado da filosofia exatamente ao estabelecer que as concepções da natureza deveriam se apoiar em experimentos e observações. Ao insistir na verificação como critério para a aceitação de qualquer hipótese, os cientistas conseguiram descartar antigas especulações não verificáveis ou simplesmente equivocadas – como se demonstrou em muitas verificações das teorias de Aristóteles. Em seu lugar, surgiram leis matemáticas que conferiam precisão às previsões quantitativas.

A existência dos átomos *não* era diretamente testável, mas a *hipótese* de sua existência levou a leis testáveis, e elas se mostraram válidas – por exemplo, o conceito de átomo pôde ser usado para deduzir, matematicamente, a relação entre temperatura e pressão nos gases. Então, o que fazer com o átomo? Essa era a grande pergunta da época. A resposta não estava clara. Por isso, durante a maior parte do século XIX, o átomo pairou como um espírito fantasmagórico sobre os ombros dos físicos, uma entidade intangível sussurrando os segredos da natureza em seus ouvidos.

A questão do átomo afinal foi respondida de maneira tão definitiva que hoje não há mais dúvidas: se quisermos que a ciência progrida, devemos dirigir nosso foco para além da nossa experiência sensorial direta. No início do século XXI, nossa aceitação do mundo invisível estava tão estabelecida que ninguém piscou quando foi anunciada a descoberta da famosa "partícula de Higgs" (ou bóson), embora ninguém tenha posto os

Laboratórios de física para o estudo de partículas elementares da matéria, em 1926 e hoje (a posição do túnel do acelerador de partículas, de 27 quilômetros de circunferência e alguns metros abaixo do solo, é indicada pelo círculo branco).

olhos numa partícula de Higgs, nem sequer observado o resultado tangível de partículas de Higgs interagindo com algum aparato que as tornasse *indiretamente* visíveis – da mesma forma que, digamos, uma tela fluorescente torna os elétrons "visíveis" quando brilha, ao ser atingida por eles.

A evidência de que a partícula de Higgs existe é puramente matemática, inferida a partir de certas assinaturas numéricas características da informação eletrônica. Essa informação foi gerada por fragmentos – como a radiação – resultantes de mais de 300 trilhões de colisões de prótons-prótons e analisados estatisticamente bem depois do fato, utilizando quase duzentas instalações computadorizadas em cerca de trinta países. Hoje, é isso que os físicos querem dizer quando afirmam: "Nós vimos uma partícula de Higgs."

Com a Higgs e todas as outras partículas subatômicas que os cientistas já "viram", o outrora indivisível átomo agora parece mais um universo de objetos, 1 bilhão de bilhão desses universos em cada gota d'água, minúsculos mundos não apenas invisíveis para nós, como também separados por *diversos graus* da observação humana direta. Por isso, nem adiantaria tentar explicar o bóson de Higgs para um físico do século XIX; já seria problemático explicar do que estamos falando quando disséssemos que "vimos" um deles.

Esse estilo de observação, distante da experiência sensorial humana, criou novas exigências para os cientistas. A ciência de Newton se baseava no que podia ser percebido pelos sentidos, talvez com o auxílio de um microscópio ou telescópio, mas ainda havia o olho humano numa ponta do dispositivo. A ciência do século XX continuaria dedicada à observação, mas passou a aceitar uma definição bem mais abrangente de "ver", incluindo evidências estatísticas indiretas, como as usadas na partícula de Higgs. Em vista dessa nova atitude em relação ao significado de "ver", os físicos do século XX tiveram de desenvolver imagens mentais correspondentes a teorias que envolvem bizarros conceitos de vanguarda como o quantum, conceitos que se encontram bem além da nossa experiência humana e estão enraizados na matemática abstrata.

A nova maneira de fazer física refletiu-se numa crescente divisão entre os físicos. A preeminência do papel da matemática avançada nas teorias da física, por um lado, e o surgimento de sofisticadas técnicas de experimentação, por outro, provocaram uma separação cada vez maior nas especializações formais da física experimental e teórica. Mais ou menos ao mesmo tempo, as artes visuais evoluíram de forma comparável, produzindo uma divisão entre artistas da representação tradicional e os pioneiros do cubismo e da abstração como Cézanne, Braque, Picasso e Kandinsky, que, como os novos teóricos quânticos, também "viam" o mundo de maneira nova e radical.

Na música e na literatura, um novo espírito começou a contestar as normas da rígida Europa do século XIX. Stravinsky e Schoenberg questionaram os pressupostos de tonalidade e ritmo tradicionais do Ocidente; Joyce, Virginia Woolf e suas contrapartes no continente fizeram experiências com novas formas narrativas. Em 1910, o filósofo, psicólogo e educador John Dewey escreveu que o pensamento crítico em geral envolvia "a disposição para enfrentar uma situação de desassossego e perturbação mentais".[3] Isso não vale só para o pensamento crítico, aplica-se também a qualquer empenho criativo. Tanto na arte quanto na ciência, nenhum desses pioneiros encontrou caminho fácil.

A IMAGEM QUE ACABEI de pintar da ciência no início do século XX conta com a vantagem da visão retrospectiva. Os físicos que estudavam o átomo no fim do século XIX não perceberam o que estava para acontecer. Aliás, é impressionante olhar para trás e notar que, apesar da bomba-relógio do átomo armada na soleira da porta, aqueles físicos viam sua disciplina como algo mais ou menos estabilizado, e aconselhavam os jovens estudantes a evitar a física, pois não restava mais nada muito estimulante a pesquisar.

O chefe do Departamento de Física de Harvard, por exemplo, ficou famoso por afastar futuros alunos dizendo que tudo que era importante já havia sido descoberto. Do outro lado do oceano, em 1875, o chefe do Departamento de Física da Universidade de Munique avisou que não valia mais a pena se dedicar à matéria, pois "a física é um ramo do conhecimento que já está quase completo".[4] Até onde chega a arte da previsão, esse conselho se compara ao pronunciamento do construtor do *Titanic*, de que o navio era "o máximo da perfeição concebível pelo cérebro humano". A física dos anos 1900, assim como o *Titanic*, era considerada inexpugnável, mas a versão praticada naquela época estava destinada a naufragar.

Um dos companheiros que ouviu o triste aviso do chefe do Departamento de Física de Munique foi Max Planck (1858-1947).[5] Jovem magro, quase esquelético, já naquela idade exibindo uma calva avançada, de óculos, Planck irradiava um ar de seriedade incompatível com sua idade. Nascido em Kiel, na Alemanha, ele era produto de uma longa linhagem de pastores, professores e juristas, e se encaixava perfeitamente na matriz da física do século XIX: diligente, responsável e, segundo suas próprias palavras, "sem inclinação para aventuras questionáveis".[6] Essas não eram exatamente as palavras que se esperaria ouvir de alguém cujo trabalho desbancaria o de Newton, mas Planck não tinha planos de começar uma revolução. Na verdade, durante muitos anos ele nem sequer apoiou o movimento acionado por sua descoberta.

Apesar da falta de inclinação para aventuras, Planck começou sua carreira assumindo um risco – ao ignorar o conselho do chefe do departamento e se matricular no curso de física. A inspiração para estudar física viera de um professor do ensino médio que o imbuiu de uma paixão para "investigar a harmonia reinante entre a exatidão da matemática e a multiplicidade das leis naturais",[7] e Planck acreditou em si mesmo o bastante para seguir sua paixão. Anos mais tarde ele diria a um de seus alunos: "Minha máxima sempre foi esta: considere cada passo antecipadamente e com cuidado, mas depois, se você acreditar que pode se responsabilizar por ele, não deixe que nada o detenha."[8] Essa declaração não tem a ginga da campanha clássica da Nike, que diz "*Just do it*", nem se compara aos ousados pronunciamentos que costumamos ouvir de esportistas famosos. Contudo, a seu modo, o calado e convencional Planck dava voz à mesma força interior.

Tendo se decidido pela física, Planck tinha de escolher o tema de sua pesquisa de doutorado. De novo fez uma opção ousada e importante. Escolheu a termodinâmica, a física do calor. Naquele período, essa era uma área obscura da física, porém ela o havia atraído no curso médio, e Planck mais uma vez preferiu seguir seus interesses a trabalhar no que estava na moda.

Na época, o punhado de cientistas que aceitava o átomo tinha começado a entender o mecanismo por trás da termodinâmica como resultado estatístico do movimento de átomos individuais. Por exemplo, se em dado momento houver uma nuvem de fumaça confinada numa pequena região de um recipiente, a termodinâmica nos diz que num momento futuro a nuvem estará mais espalhada, em vez de concentrada. Esse processo define o que os físicos chamam de "flecha do tempo" – o futuro é a direção no tempo em que a fumaça se dispersa, o passado é a direção em que ela se concentra. Isso é intrigante, pois as leis do movimento aplicadas a cada átomo *individual* da fumaça (e do ar) não dão indícios de que direção do tempo é o futuro e qual é o passado. Mas o fenômeno pode ser explicado por meio de uma análise estatística dos átomos: a "flecha do tempo" só aparece quando observamos o efeito cumulativo de muitos átomos.[9]

Planck não gostava de debates desse tipo. Ele via os átomos como fantasia, e adotou como objetivo de sua pesquisa de doutorado a obtenção de resultados verificáveis dos princípios da termodinâmica sem utilizar o conceito do átomo – aliás, sem fazer *qualquer suposição* sobre a estrutura interna das substâncias. "Apesar do grande sucesso que a teoria atômica teve até agora", ele escreveu, "no fim ela terá de ser abandonada em favor da suposição da matéria contínua."[10]

Planck não era clarividente. O que seria afinal abandonado não era a teoria atômica, e sim as resistências a ela. Aliás, da conclusão de seu trabalho podia ser vista como uma prova a *favor*, e não *contra*, da existência dos átomos.

Como meu nome é difícil de pronunciar, quando faço reserva num restaurante costumo me anunciar como Max Planck. É muito raro o nome ser reconhecido, porém, uma das vezes em que foi, me perguntaram se eu era parente do "cara que inventou a teoria quântica". "Eu *sou* esse cara", respondi. O maître, com pouco mais de vinte anos, não acreditou. Disse que eu era jovem demais. "A teoria quântica foi inventada por volta de 1960", disse. "Durante a Segunda Guerra Mundial, como parte do Projeto Manhattan."

A conversa parou por aí, no entanto, eu gostaria de ter falado não sobre a imprecisão histórica, mas sobre a confusão do que significa "inventar" uma teoria na física. A palavra "inventar" significa criar alguma coisa que não existia antes. Descobrir, por outro lado, significa se tornar ciente de algo que não era conhecido. As teorias podem ser vistas dos dois modos: como estruturas matemáticas inventadas por cientistas para descrever o mundo ou como expressão de leis da natureza que existem independentemente de nós, e que os cientistas descobrem.

Em parte essa é uma questão metafísica: até que ponto devemos aceitar as imagens pintadas por nossas teorias como realidade literal (que nós descobrimos), ou como meros modelos (que inventamos) de um mundo que também poderia ser interpretado de outras maneiras, digamos, por pessoas (ou alienígenas) que pensassem diferente de nós. Deixando a filosofia de lado, a diferença entre invenção e descoberta apresenta outra dimensão, que tem a ver com os processos: nós fazemos descobertas com pesquisa e frequentemente por acaso; criamos invenções por planejamento e elaboração de um projeto; o acaso desempenha papel menor que a tentativa de acerto e erro.

Quando se envolveu com a relatividade, Einstein decerto sabia o que queria fazer e o fez, então, podemos dizer que a relatividade foi uma invenção. Mas com a teoria quântica foi diferente. Nos estágios que levaram ao seu desenvolvimento, na maioria das vezes, "descobrir", ou até "trombar com", seriam termos mais adequados que "inventar". Aquilo em que os (muitos) descobridores trombaram acabou sendo, como no caso de Planck, exatamente o contrário do que esperavam – como se Edison tivesse descoberto a escuridão artificial enquanto tentava inventar a luz artificial. Além disso, às vezes eles não entendiam bem o significado do próprio trabalho, e apresentavam argumentos em contrário quando os outros o interpretavam.

Planck não conseguiu provar a existência nem a não existência de átomos em sua dissertação de doutorado de 1879 sobre termodinâmica. Pior ainda, o resultado não o levou a parte alguma em termos profissionais. Seus professores de Munique não entenderam; Gustav Kirchhoff, especialista em termodinâmica de Berlim, achou que a dissertação estava errada;

e dois outros pioneiros fundadores do campo, Hermann von Helmholtz e Rudolf Clausius, preferiram não ler o trabalho. Quando não recebeu a resposta às suas cartas, Planck viajou a Bonn para bater na porta da casa de Clausius, mas o professor se recusou a recebê-lo. Infelizmente, além desses poucos cientistas, no que dizia respeito à termodinâmica, "ninguém ... tinha nenhum interesse", como disse um dos colegas de Planck.[11]

A falta de interesse não perturbou Planck, mas resultou numa sequência de anos desalentadores, em que ele morou na casa dos pais enquanto trabalhava na universidade como palestrante, sem receber nada, obtendo o mínimo para seu sustento, ao cobrar diretamente dos estudantes que frequentavam suas aulas – como Mendeleiev já havia feito.

Sempre que menciono essa história para alguém, recebo olhares de surpresa. Por alguma razão, as pessoas esperam que artistas sintam tanto amor pela arte que façam qualquer tipo de sacrifício para levar adiante os seus trabalhos, como morar nos sótãos mais esquálidos ou até na casa dos pais; mas não veem os físicos como tipos apaixonados. Eu conheci dois colegas estudantes na faculdade que passaram por fracasso semelhante ao de Planck. Um deles, infelizmente, tentou se matar. O outro convenceu o Departamento de Física de Harvard que o deixasse trabalhar numa mesa de uma sala lotada, sem remuneração. (Um ano depois ele foi contratado.) Um terceiro colega, que não conheci, tinha sido reprovado alguns anos antes e desde então vinha apresentando suas queridas (e totalmente errôneas) teorias a vários membros da faculdade, que as ignoraram, até que um dia resolveu convencê-los empunhando uma faca. Foi interceptado pela segurança e nunca mais voltou. Os casos populares não contam histórias famosas de físicos desvalorizados arrancando a própria orelha, mas, em meus três anos como aluno de graduação em Berkeley, fui testemunha dessas três histórias que atestam a paixão pela física.

Assim como meu colega estudante desempregado que acabou em Harvard, Planck também faria boas pesquisas em seu período como "voluntário". Elas acabaram por lhe proporcionar um emprego remunerado, mas isso levou cinco anos. Finalmente, por pura perseverança, sorte e – dizem alguns – por intervenção de seu pai, Planck conseguiu um cargo de professor na Universidade de Kiel. Quatro anos depois, seu trabalho causou tamanha impressão que ele foi chamado pela Universidade de Berlim, onde foi efetivado como professor em 1892, o que o tornou membro do pequeno grupo de elite da termodinâmica. Mas isso foi só o começo.

EM BERLIM, a paixão de Planck pela pesquisa continuou totalmente concentrada na compreensão da termodinâmica num contexto em que não fosse preciso "apelar" para o conceito de átomo – isto é, acreditando que as substâncias eram "interminavelmente divisíveis", e não constituídas por componentes estruturais discretos. Essa diferença de abordagem, na cabeça de Planck, era o tema mais urgente de toda a física. Como fazia parte do meio acadêmico, ele não tinha um chefe que pudesse lhe dizer o contrário – ao menos não diretamente. Isso foi muito bom. Suas ideias estavam tão longe da principal corrente da física que, no verão de 1900,

Max Planck, por volta de 1930.

poucos meses antes de Planck anunciar a descoberta que abalaria o mundo, o historiador oficial do Encontro Internacional de Física em Paris era da opinião de que, além de Planck, havia no máximo três pessoas no mundo que consideravam a questão importante. Pelo jeito, muito pouco havia mudado naqueles 21 anos desde que ele apresentara sua dissertação.

Em ciência, como em qualquer outra atividade, há um monte de pessoas normais fazendo perguntas normais, e muitas vão se dar bem na vida. Mas os pesquisadores que se destacam costumam ser aqueles que fazem as perguntas estranhas, que nunca foram pensadas ou não atraíram o interesse dos outros. Esses indivíduos têm o problema de serem considerados esquisitos, excêntricos, talvez malucos – até o momento em que passam a ser vistos como gênios.

Claro que um cientista que pergunte "O sistema solar está em cima do lombo de um alce gigante?" também é um pensador original – como deve ter sido, suponho, o sujeito da faca que mencionei antes. Por isso, é preciso ser seletivo ao se observar um grupo de livres-pensadores, e é aí que reside o problema: não é fácil diferençar as pessoas cujas ideias são apenas *esquisitas* das pessoas cujas ideias são esquisitas e *verdadeiras*. Ou esquisitas porém destinadas a resultar em algo que seja verdadeiro, às vezes depois de um bom tempo e de muitos passos em falso. Planck era um pensador original formulando perguntas que pareciam não interessar aos seus colegas físicos. Mas elas eram exatamente as indagações que a física clássica não conseguia responder.

Os químicos do século XVIII tinham encontrado no estudo dos gases uma espécie de Pedra de Roseta, uma chave para decifrar importantes princípios científicos. Planck procurou sua Pedra de Roseta na radiação de corpo negro, fenômeno termodinâmico identificado e batizado por Gustav Kirchhoff em 1860. Hoje, a "radiação de corpo negro" é um termo conhecido entre os físicos: trata-se da forma de radiação eletromagnética emitida por um corpo literalmente negro mantido a uma temperatura fixa.

"Radiação eletromagnética" soa como uma coisa complicada, para não dizer perigosa, algo que os drones disparam em acampamentos da Al-Qaeda. Mas ela se refere a toda uma família de ondas de energia – por exemplo, micro-ondas, ondas de rádio, luz visível e ultravioleta, raios X e radiação gama – que, uma vez dominadas, têm amplo espectro de efeitos práticos, alguns deles letais, mas todas fazem parte do mundo que passamos a aceitar.

Nos tempos de Kirchhoff, o conceito de radiação eletromagnética ainda era novo e cheio de mistério. A teoria que a descrevia – no contexto das leis de Newton – se originava do trabalho do físico escocês James Clerk Maxwell, que continua a ser um herói da física até hoje (é comum ver nos campi universitários camisetas estampando seu rosto ou suas equações). A razão de toda essa adoração é que nos anos 1860 ele realizou a maior unificação da história da física: explicou as forças elétricas e eletromagnéticas como manifestações do mesmo fenômeno, o "campo eletromagnético", demonstrando que a luz e outras formas de radiação são ondas de energia eletromagnética. Para um físico, a elucidação de relações profundas entre diferentes fenômenos, como a que fez Maxwell, é uma das maiores proezas que alguém pode realizar.

Era um sonho e uma esperança de Newton que algum dia surgisse um Maxwell, pois ele sabia que sua teoria não estava completa. Newton tinha descoberto as *leis de movimento*, que explicavam como os objetos reagem à força. No entanto, para usá-las, essas leis teriam de ser suplementadas por distintas *leis de força*, descrendo qual a força atuante nos objetos sob consideração. Newton havia providenciado as leis de um tipo de força – a gravidade –, mas sabia que devia haver outros.

Nos séculos seguintes a Newton, duas outras forças da natureza se revelaram gradualmente à física: a eletricidade e o magnetismo. Ao criar uma teoria quantitativa para essas forças, em certo sentido, Maxwell complementou o programa newtoniano (isto é, "clássico"): além das leis do movimento de Newton, agora os cientistas dispunham de teorias de todas as forças que se manifestam na nossa existência cotidiana. (No século XX, nós descobriríamos duas forças adicionais, as forças "forte" e "fraca", cujos efeitos não são aparentes nas coisas do dia a dia, mas que agem em minúsculas regiões do núcleo atômico.)

Antes, empregando a lei da gravidade de Newton junto com suas leis do movimento, os cientistas podiam descrever apenas fenômenos gravitacionais, como as órbitas dos planetas e as trajetórias de projéteis de artilharia. Agora, utilizando a teoria das forças elétrica e magnética de Maxwell em combinação com as leis do movimento de Newton, os físicos podiam analisar uma nova e imensa gama de fenômenos, como a radiação e sua interação com a matéria. Na verdade, os físicos acreditavam que, com a adição da teoria de Maxwell ao seu arsenal, em princípio eles poderiam explicar todo e qualquer fenômeno natural que observamos no mundo – daí o exagerado otimismo dos físicos do fim do século XIX.

Newton escreveu: "Há certas forças pelas quais as partículas dos corpos, por causas até aqui desconhecidas, são mutualmente impelidas em direção uma da outra, e se juntam em figuras regulares, ou são repelidas e se afastam."[12] Isso, segundo ele acreditava, causava "movimentos locais que não podem ser detectados por causa da pequenez das partículas em movimento; ... [mas] se alguém tiver a boa sorte de descobrir todas elas, eu poderia quase dizer que terá desnudado toda a natureza dos corpos".[13] O que os físicos haviam descoberto com o eletromagnetismo realizava aquele sonho de compreender as forças que agem entre as minúsculas partículas dos corpos – os átomos. Contudo, o sonho de Newton, de que sua teoria seria capaz de explicar as propriedades dos objetos materiais, nunca se tornaria realidade. Por quê? Porque embora os físicos tivessem descoberto as leis das *forças* elétricas e magnéticas, quando elas eram aplicadas aos átomos, as leis do *movimento* de Newton não vigoravam.

Apesar de ninguém ter percebido na época, as deficiências da física newtoniana se revelavam de forma mais drástica exatamente no fenômeno que Planck tinha escolhido estudar: a radiação de corpo negro. Quando os físicos utilizavam a física de Newton para calcular quanta radiação o material deveria emitir em diferentes frequências, os cálculos não apenas se mostravam errados, mas também levavam a um resultado absurdo: um corpo negro emitia uma quantidade infinita de radiação de alta frequência.

Se esses cálculos estivessem corretos, o fenômeno da radiação de corpo negro significava que uma lareira acesa ou um forno quente com a porta aberta não emanariam apenas o aconchegante calor da radiação infravermelha de baixa frequência e o tranquilizador brilho avermelhado da luz vermelha de frequência mais alta, mas também estariam nos bombardeando com perigosos raios violeta, raios X e raios gama de alta frequência. A lâmpada elétrica, recém-inventada na época, deixaria de ser uma ferramenta útil para a iluminação artificial e se transformaria numa arma de destruição em massa, pela radiação resultante de sua operação em alta temperatura.

Quando Planck começou seu trabalho nesse campo, todo mundo já sabia que os cálculos da radiação de corpo negro estavam errados, mas ninguém sabia por quê. Enquanto a maioria dos físicos interessados no problema coçava a cabeça, alguns poucos se concentravam em produzir várias fórmulas matemáticas casuísticas para descrever as observações experimentais. Para cada frequência, essas fórmulas calculavam a intensidade de radiação emitida por um corpo negro a qualquer dada temperatura, mas elas eram meramente descritivas, criadas para fornecer os resultados necessários, e não deduzidas a partir de uma compreensão teórica. Nenhuma delas se mostrava precisa para todas as frequências.

Planck começou a trabalhar no desafio de fornecer uma descrição precisa da radiação emitida por corpos negros em 1897. A exemplo dos outros, ele não desconfiou que o problema indicava que havia algo errado na física de Newton. Achava que a descrição física usada para o material do corpo negro devia ter algum furo. Depois de muitos anos de trabalho, ele não tinha chegado a lugar nenhum.

Finalmente, Planck resolveu trabalhar de trás para a frente, e, assim como outros físicos aplicados, simplesmente encontrou uma fórmula que funcionava. Ele se concentrou em duas fórmulas casuísticas – uma que descrevia com precisão a luz de baixa frequência emitida como radiação de corpo negro e outra que fazia o mesmo com altas frequências. Depois de muitas tentativas e erros, ele conseguiu "costurar" as duas numa fórmula casuística própria, uma elegante expressão matemática que criou só para combinar os aspectos corretos das duas fórmulas anteriores.

A gente costuma pensar que, depois de passar anos trabalhando num problema, vai merecer fazer uma importante descoberta no final. Contudo, Planck só conseguiu uma fórmula que parecia funcionar muito bem – por razões desconhecidas –, mas sem dispor de dados suficientes para verificar o poder de previsão de sua equação num experimento qualquer.

Planck anunciou sua fórmula em 19 de outubro de 1900, num encontro na Sociedade Física de Berlim. Assim que a reunião terminou, um experimentalista chamado Heinrich Rubens foi para casa e começou a reunir números para verificar a fórmula em seu volumoso banco de dados. O que ele descobriu o deixou atônito: a fórmula de Planck era muito mais precisa do que ele imaginava.

Rubens ficou tão entusiasmado que continuou trabalhando quase a noite toda, esmiuçando arduamente a matemática da equação de Planck com diferentes frequências e comparando as previsões com os registros de suas observações. Na manhã seguinte, correu até a casa de Planck para dar a incrível notícia: a concordância era assustadoramente precisa, e para *todas* as frequências. A fórmula de Planck era precisa demais para ser uma adivinhação casual. Devia *significar* alguma coisa. O único problema é que nem Planck nem ninguém sabia o que significava. Parecia mágica, uma fórmula que tinha princípios profundos e misteriosos por trás dela, mas que fora "deduzida" por pura adivinhação.

Quando escolheu trabalhar na teoria da radiação de corpo negro, o objetivo de Planck era explicá-la sem recorrer ao conceito de átomos. Em certo sentido, ele havia conseguido. Mas tirara aquela fórmula do nada, por isso sentia-se obrigado a responder à pergunta *"Por que funciona?"*. O sucesso deve ter sido animador, mas era frustrante não saber a razão.

Sempre paciente, Planck se concentrou – talvez por puro desespero – nas pesquisas de um grande defensor do átomo, o físico austríaco Ludwig Boltzmann (1844-1906). Havia décadas Boltzmann vinha lutando para obter exatamente o oposto do que Planck conseguira provar, que os átomos deviam ser levados a sério. No processo, havia feito progressos no desenvolvimento de técnicas do que hoje chamamos de física estatística (embora não tenha conseguido convencer muitas pessoas da importância de seu trabalho).

A atitude de Planck, de se voltar para a pesquisa de Boltzmann, ainda que relutante, é um comportamento que vale a pena reconhecer: lá estava um evangelista da física sem o átomo procurando salvação intelectual no trabalho de um homem que defendia precisamente a teoria a que se opunha fazia tanto tempo. Esse tipo de abertura para ideias que contradizem as próprias convicções é a maneira como a ciência *deve* ser feita, é a razão de Einstein ter se tornado depois grande admirador de Planck; mas não é a maneira como a ciência *costuma* ser feita. Aliás, não é o modo como funciona a maioria dos empreendimentos humanos. Por exemplo, quando a internet, os smartphones e outras mídias estavam em ascensão, companhias estabelecidas como a Blockbuster, as gravadoras, grandes redes de livrarias e mídias de notícias tradicionais resistiram ao novo modo de vida e de fazer negócios, assim como os físicos daquela época tiveram problemas para aceitar o átomo e o quantum. Por isso, essas empresas foram suplantadas por pessoas e empresas mais jovens e com mais flexibilidade mental, como a Netflix, o YouTube e a Amazon. O que o próprio Planck diria depois sobre a ciência também parece se aplicar a qualquer ideia revolucionária: "Uma nova verdade científica não triunfa porque convence seus oponentes e os faz ver a luz, mas porque seus oponentes acabam morrendo e surge uma nova geração que se familiariza com ela."*[14]

Ao ler o trabalho de Boltzmann, Planck notou que, na descrição estatística da termodinâmica, o austríaco achara necessário utilizar um truque matemático no qual a energia é tratada como se fosse emitida em porções discretas, algo como ovos em comparação à farinha, que parece ser interminavelmente divisível. Isto é, você só pode ter um número integral de ovos, como um, dois ou duzentos, mas pode medir 76,5437124375 gramas de farinha, ou qualquer outra quantidade desejada. Pelo menos é o que parece ao cozinheiro, pois na verdade a farinha não é interminavelmente divisível, mas composta por elementos discretos – pequenos grãos individuais – que podem ser vistos através de microscópio.

---

* Planck costuma ser citado erroneamente, como se tivesse enunciado uma versão mais mortal: "A ciência avança um funeral de cada vez."

O truque de Boltzmann era apenas um expediente de cálculo. No fim, ele sempre fazia o tamanho da porção se aproximar de zero, indicando que a energia poderia ser emitida em qualquer quantidade, não só em porções discretas. Mas, para sua grande surpresa, Planck descobriu que poderia deduzir sua fórmula se aplicasse os métodos de Boltzmann ao problema do corpo negro, mas *só se pulasse o último passo* e deixasse a energia como uma quantidade que, como ovos, só fosse repartida em múltiplos de uma porção fundamental (muito minúscula). O mestre-cuca Planck chamou essa porção básica de energia de "quantum", da palavra em latim para "quanto".

Em resumo, essa foi a origem do conceito de quantum. A teoria quântica não surgiu de incansáveis esforços de um cientista em busca de um princípio fundamental, até suas conclusões lógicas; ou da motivação de descobrir uma nova filosofia ou física; mas de um homem que era como um cozinheiro olhando pela primeira vez ao microscópio e descobrindo, para sua surpresa, que afinal a farinha é igual aos ovos, composta de discretas unidades individuais, e que só pode ser repartida em múltiplos dessas minúsculas porções.

Planck descobriu que o tamanho da porção, ou quantum, é diferente para frequências de luz distintas – e que, para a luz visível, ele corresponde a diferentes cores. Em especial, descobriu que um quantum de energia de luz é igual à frequência multiplicada por um fator de proporcionalidade, que ele chamou de h e que hoje é conhecido como constante de Planck. Se ele tivesse dado o último passo estabelecendo que h é igual a zero, a energia seria considerada interminavelmente divisível. Ao não fazer isso, optando por fixar h, ao comparar sua fórmula com os dados experimentais, Planck afirmava que – ao menos no que diz respeito à radiação de corpo negro – a energia existe em pacotes minúsculos e fundamentais, não pode simplesmente assumir qualquer valor.

O que significava essa teoria? Planck não fazia ideia. De certa forma, ele apenas tinha conseguido criar uma enigmática teoria para explicar seu enigmático palpite. Mesmo assim, anunciou a "descoberta" na reunião de novembro de 1900 da Sociedade Física de Berlim. Hoje chamamos esse anúncio de nascimento da teoria quântica. A nova teoria ganharia o Prêmio Nobel de 1918 e acabaria virando do avesso o campo da física. Mas ninguém, nem Planck, sabia disso na época.

Para a maioria dos físicos, parecia que o longo estudo de Planck acerca da radiação de corpo negro só havia tornado sua teoria ainda mais misteriosa e obscura. O que havia de bom nisso? O próprio Planck, contudo, aprendera uma coisa importante com a experiência. Tinha finalmente "entendido" a radiação de corpo negro usando uma imagem em que o material negro parecia feito de minúsculos osciladores, como molas, que ele acabou admitindo serem átomos ou moléculas, convencendo-se de que os átomos existiam. Ainda assim, nem ele nem ninguém naquela época percebeu que os quanta que ele estava definindo seriam uma característica fundamental da natureza.

Alguns dos contemporâneos de Planck acharam que em algum momento se encontraria um jeito de não depender do quantum para utilizar

Ludwig Boltzmann, por volta de 1900.

a fórmula do corpo negro. Outros consideraram que o quantum acabaria explicado, não como princípio fundamental da natureza, mas como resultado de alguma característica ainda desconhecida de materiais, em tudo coerente com a física tal como eles a conheciam – por exemplo, uma propriedade mecânica corriqueira resultante da estrutura interna dos átomos, ou da forma como os átomos interagem. E alguns físicos simplesmente descartaram o trabalho de Planck como absurdo, apesar de ele ter sido verificado por dados experimentais.

Ao atacar Planck, por exemplo, sir James Jeans, conhecido físico que havia trabalhado no problema, mas que, ao contrário de Planck, não conseguira deduzir a fórmula completa, escreveu: "Claro que estou ciente de que a lei de Planck está de acordo com os experimentos, ... enquanto minha lei, obtida [da de Planck] ao estabelecer $h = 0$, não está de acordo com os experimentos. Isso não altera minha convicção de que o valor $h = 0$ é o único que deve ser adotado."[15] Certo, essas irritantes observações experimentais são um estorvo – melhor ignorá-las. Ou, como escreveu Robert Frost em 1914: "Por que abandonar uma convicção/ Só porque ela deixou de ser verdadeira."[16]

A conclusão é de que, a não ser pelo incômodo provocado em James Jeans, o trabalho de Planck não criou muito alarde. Fosse por acreditarem que o trabalho era absurdo, fosse imaginando que haveria uma explicação mais simples, os membros da comunidade da física não se entusiasmaram, como se fossem os fãs de um festival de rock em que se tentasse aplicar as leis antidrogas. As drogas demorariam um bom tempo a chegar. Nos cinco anos seguintes, de fato, ninguém realizou nenhuma outra pesquisa para desenvolver aquela ideia – nem Plank nem outra pessoa. Isso só aconteceria em 1905.

Eu disse que, quando Planck propôs a ideia do quantum, ninguém percebeu que se tratava de um princípio fundamental da natureza. Mas logo depois entrou em campo um novo jogador, com atitude bem diferente. Desconhecido e recém-saído da faculdade quando Planck fez seu pronunciamento, ele viu o trabalho sobre o quantum como algo profundo, até inquietante. "Era como se o chão tivesse se aberto sob nossos pés, sem uma base sólida à vista em lugar algum", escreveria ele depois.[17]

Esse homem que assimilou o trabalho de Planck sobre o quantum e demonstrou sua validade não é conhecido, na cultura popular, por ter tomado essa atitude, mas por ter assumido uma postura contrária e, na tradição de Jeans, se opor à ideia, a despeito das muitas observações que pareciam revelar sua verdade. Estamos falando de Albert Einstein (1879-1955).

Einstein tinha 25 anos e ainda não havia concluído a dissertação de doutorado quando adotou e desenvolveu o conceito de quantum de Planck. No entanto, quando chegou aos cinquenta anos, ele passou a se opor ao que havia desenvolvido. As razões que fizeram Einstein mudar de posição sobre a teoria quântica foram basicamente filosóficas, ou metafísicas, não científicas. As ideias que ele propôs aos 25 anos diziam respeito "meramente" a uma nova maneira de entender a luz como energia formada por partículas quânticas. As noções sobre o quantum surgidas nos anos seguintes – e que Einstein rejeitou – diziam respeito a um jeito fundamentalmente novo de ver a *realidade*.

À medida que a teoria quântica se desenvolveu, ficou claro que, para aceitá-la, era preciso adotar uma nova visão do que significa existir, do que significa existir em algum lugar específico e até do que significa um evento ser a causa de outro. O novo ponto de vista quântico representou uma ruptura ainda maior da nossa intuitiva visão de mundo newtoniana do que a visão mecânica de Newton em relação à perspectiva causal de Aristóteles. Einstein, por mais que desejasse rever a *física*, morreria sem aceitar a revisão radical da *metafísica* surgida de seu próprio trabalho.

Quando entrei em contato com a teoria quântica, umas duas décadas depois da morte de Einstein, claro que tive acesso à sua formulação moderna, com todas as ideias radicais a que ele se opusera apresentadas de forma corriqueira, apesar dos aspectos estranhos de uma teoria agora bem desenvolvida e verificada. A "estranheza quântica" de que às vezes as pessoas falam – como, por exemplo, a possibilidade de alguma coisa estar em dois lugares ao mesmo tempo – já era considerada um fato consumado. Às vezes resultava em algumas discussões interessantes à mesa de bar, mas nada que fizesse os universitários perderem o sono. Ainda assim, Einstein era um dos meus heróis, e por isso me incomodava o fato de ter tido tantos problemas para aceitar noções que eu conseguia assimilar sem conflito algum. Eu sabia que não era nenhum Einstein, então, o que eu não enxergava?

Enquanto me engalfinhava com essa questão, meu pai me contou uma história. Na Polônia de antes da guerra, ele e alguns amigos encontraram um veado na estrada, atropelado por algum carro ou caminhão. Comida era coisa escassa na época, por isso eles levaram o veado para casa e o comeram. Meu pai me disse que ninguém via nada de errado em comer um bicho atropelado, mas os americanos – como eu – consideram isso uma coisa nojenta, porque fomos criados para acreditar nisso. Percebi então que não é preciso se voltar para questões profundas envolvendo o cosmo ou as fortes convicções morais para ver que as pessoas têm problema para aceitar certas ideias. Essas ideias estão em toda parte, e dependem principalmente do fato de as pessoas preferirem continuar acreditando no que sempre acreditaram.

As implicações metafísicas da teoria quântica eram a versão do bicho atropelado aplicada a Einstein. Por ter sido criado acreditando nas noções tradicionais de causalidade, é normal que ele tenha se recusado a aceitar um conceito tão radicalmente diferente em suas implicações. Se tivesse nascido oito décadas depois, e sido meu colega de turma, Einstein teria convivido com a estranheza da teoria quântica, e provavelmente reagiria da mesma maneira que eu – e todos os outros estudantes. Na época, tudo aquilo já fazia parte do ambiente intelectual vigente. Mesmo reconhecendo os aspectos inusitados do mundo quântico, na falta de experimentos que o contradigam, ninguém pensa em voltar lá para trás.

Apesar de ter lutado para manter certos aspectos centrais do ponto de vista newtoniano, Einstein nunca foi um pensador convencional, nem costumava dar créditos indevidos a figuras de autoridade. Aliás, essa tendência de pensar diferente e de contestar as autoridades era tão pronunciada que lhe causou problemas durante a adolescência, ainda como aluno de um *gymnasium* de Munique – o equivalente ao nosso ensino médio. Quando tinha quinze anos, pouco antes de ser expulso da escola por se mostrar desrespeitoso com os professores e ser visto como influência negativa para outros estudantes, um de seus professores disse-lhe que ele nunca seria ninguém. Mais tarde, Einstein chamaria o *gymnasium* de "máquina de educar", o que não queria dizer que a instituição realizava um bom trabalho, mas que emitia poluição prejudicial ao pensamento.

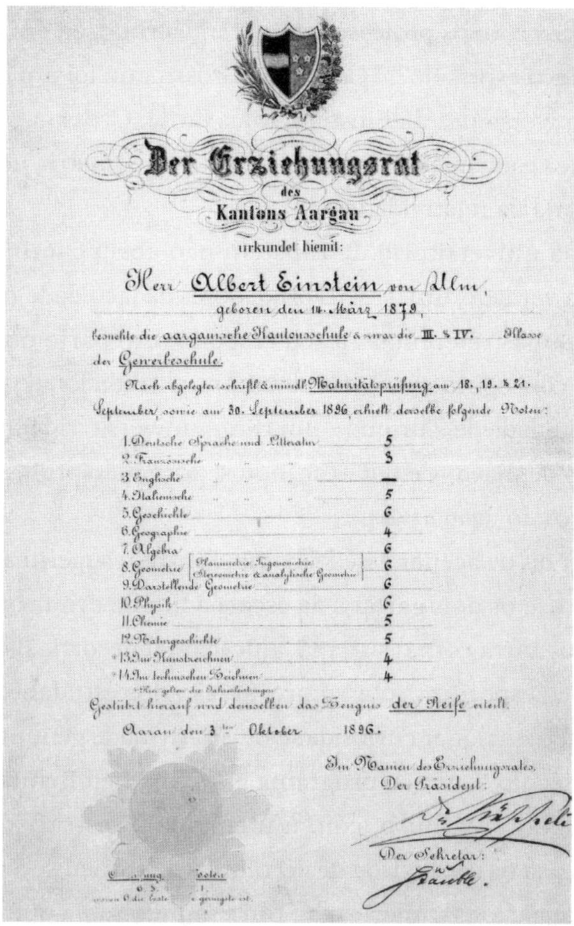

Der Erziehungsrat
des
Kantons Aargau
urkundet hiemit:

Herr Albert Einstein von Ulm,
geboren den 14. März 1879,
besuchte die aargauische Kantonsschule & zwar die III. & IV. Klasse
der Gewerbeschule.

Nach abgelegter schriftl & mündl. Maturitätsprüfung am 18., 19. & 21. September, sowie am 30. September 1896, erhielt derselbe folgende Noten:

1. Deutsche Sprache und Litteratur 5
2. Französische " " " 5
3. Englische " " " —
4. Italienische " " " 5
5. Geschichte 6
6. Geographie 4
7. Algebra 6
8. Geometrie (Planimetrie, Trigonometrie, Stereometrie & analytische Geometrie) 6
9. Darstellende Geometrie 6
10. Physik 6
11. Chemie 5
12. Naturgeschichte 5
*13. Im Kunstzeichnen 4
*14. Im technischen Zeichnen 4

*Hier gelten die Jahresleistungen

Gestützt hierauf wird demselben das Zeugnis der Reife erteilt.

Aarau den 3ten Oktober 1896.

Im Namen des Erziehungsrates,
Der Präsident:

Der Sekretär:

Boletim de Einstein na escola suíça, de 1896. Os graus variavam numa escala de 1 a 6, sendo 6 a nota máxima.

Para sorte da física, o desejo de entender o Universo triunfou sobre a aversão de Einstein à educação formal. Depois de expulso do ensino médio ele apelou para o Instituto de Tecnologia Federal da Suíça, em Zurique. Foi reprovado no exame de admissão, porém, depois de uma breve passagem pelo ensino médio suíço, acabou admitido pelo Instituto Federal em 1896. Não gostou dali mais que do *gymnasium*, nem ia muito às aulas, mas se formou, estudando com afinco as anotações feitas por um colega e amigo, Marcel Grossmann, que Einstein definiria depois como "o estudante impecável, enquanto eu era sonhador e desordeiro. Ele estava em bons termos com os professores e entendia tudo; eu era um pária descontente e pouco estimado".[18] Conhecer Grossmann foi um golpe de sorte na carreira universitária de Einstein. Mais tarde, Grossmann se formaria em matemática e ensinaria a Einstein a exótica geometria necessária para concluir a teoria da relatividade.

O diploma universitário de Einstein não abriu caminho para o sucesso fácil. Na verdade, um de seus professores da faculdade maldosamente escreveu péssimas referências a seu respeito. Em parte por causa disso, Einstein não conseguiu arranjar um emprego tradicional quando se graduou pela faculdade de Zurique – um cargo universitário em física e matemática, como desejava –, e então acabou se tornando professor particular de dois garotos do *gymnasium*.

Pouco depois de aceitar esse trabalho, Einstein sugeriu a seu empregador que retirasse os dois garotos da escola a fim de evitar uma influência destrutiva. Sua birra com o sistema educacional decorria da discordância quanto ao foco específico sobre a preparação dos estudantes para as provas, eliminando qualquer curiosidade ou criatividade genuínas. Por ironia, cerca de um século depois, o programa No Child Left Behind, criado pelo presidente George W. Bush, com um currículo restrito à resolução de questões baseada na capacidade de decorar fatos, tornou-se a pedra angular da política educacional americana. Todo mundo sabia que Bush não era nenhum Einstein, mas parece que, em termos de habilidade política para convencer as pessoas a aceitar seus pontos de vista, Einstein também não era nenhum Bush: o empregador para quem ele criticou as influências fatais do *gymnasium* o demitiu.

O pai de Einstein escreveu o seguinte sobre a difícil situação: "Meu filho está profundamente infeliz com seu estado atual de desemprego. A cada dia aumenta seu sentimento de que sua carreira está a esmo, ... e cresce a sensação de ser um peso para nós, pessoas de poucas posses."[19] Essa carta foi enviada ao físico Friedrich Wilhelm Ostwald, de Leipzig, para quem Albert havia mandado uma reimpressão de seu primeiro texto científico, com um pedido de emprego. Nem Albert nem o pai receberam resposta. Dez anos depois, Ostwald seria o primeiro a propor Albert para o Prêmio Nobel. Mas em 1901 ninguém se impressionava com o intelecto de Einstein a ponto de lhe dar um emprego que se adequasse à sua capacidade.

A vida profissional de Einstein só se estabilizou em 1902, quando o pai de Marcel Grossmann o apresentou ao diretor da agência suíça de patentes em Berna, que o convidou para fazer um exame escrito. Einstein foi bem no exame, e o diretor lhe ofereceu um cargo. O trabalho consistia em ler requisições de patentes altamente técnicas e traduzi-las para linguagem simples, a fim de que superiores hierárquicos menos inteligentes as entendessem. Einstein começou a trabalhar ali, naquele verão, em caráter experimental.

Aparentemente Einstein se deu bem no trabalho, apesar de lhe recusarem, em 1904, a promoção de secretário de patentes de terceira classe para secretário de patentes de segunda classe. Enquanto isso, seus trabalhos em física não mereciam atenção, ainda que ele os considerasse gratificantes. Os dois primeiros trabalhos, escritos em 1901 e 1902, tratavam da hipótese relacionada à força universal entre moléculas; segundo sua própria apreciação posterior, eles não valiam nada.[20] Estes foram seguidos por três outros textos de qualidade discutível, que também tiveram pouco impacto no mundo da física. No ano seguinte nasceu seu primeiro filho, mas ele não publicou nenhum texto científico.

Os problemas financeiros crônicos de Einstein e a carreira de físico estagnada deviam ser um desalento, mas ele gostava de seu trabalho, considerando-o intelectualmente estimulante e comentando que lhe propiciava, depois do expediente, "oito horas de ócio" durante as quais podia exercer sua paixão e pensar em física. Ele também fazia pesquisas depois do expediente e furtava horas do escritório de patentes, escondendo depressa os cálculos na gaveta quando alguém se aproximava. Todo esse trabalho resultou num desfecho espetacular: em 1905, Einstein produziu três trabalhos revolucionários que o promoveram de secretário de patentes de terceira classe para físico de primeira classe.

Cada um desses trabalhos mereceria um Prêmio Nobel, embora só um tenha vencido. Pode-se entender por que o Comitê do Nobel hesitou em conferir prêmios múltiplos para o mesmo indivíduo, mas infelizmente, nos anos seguintes, a instituição se tornaria famosa por equívocos muito menos compreensíveis. Só para citar alguns físicos, o comitê errou ao não premiar cientistas como Arnold Sommerfeld, Lise Meitner, Freeman Dyson, George Gamow, Robert Dicke e Jim Peebles.*

Não conceder o prêmio a Lise Meitner foi especialmente clamoroso, pois há milhares de anos as mulheres eram universalmente barradas nas universidades e não tinham oportunidades de emprego que lhes permitissem contribuir para a compreensão do mundo. Isso começou a mudar mais ou menos cem anos atrás, numa transformação social que ainda está em progresso. Pioneira tanto como cientista quanto como mulher, Lise Meitner foi a segunda mulher a se doutorar em física pela Universidade de Viena. Depois de se graduar, convenceu Max Planck a deixar que estudasse com ele, apesar de ele nunca ter admitido uma mulher em suas aulas. Lise acabou colaborando com um jovem químico berlinense chamado Otto Hahn, e os dois foram responsáveis por diversas inovações, sendo a mais importante a descoberta da fissão nuclear. Infelizmente, foi Hahn quem recebeu o Prêmio Nobel de Química em 1944 por esse trabalho, e não Lise Meitner.**

---

* Sommerfeld foi um importante pioneiro da teoria quântica; Lise Meitner, como já mencionei, foi autora de muitas descobertas, inclusive a da fissão nuclear; Dyson foi importante na teoria quântica do eletromagnetismo; Gamow, Dicke e Peebles explicaram e previram a radiação de micro-ondas de fundo, mas o prêmio foi concedido a Arno Penzias e Robert Wilson, que a detectaram por acaso e não faziam ideia do que tinham encontrado.

** Mas, assim como Mendeleiev, Lise Meitner foi reconhecida pela União Internacional de Química Pura e Aplicada, que em 1997 deu o nome de meitnério ao elemento 109. Lise morreu em 1968.

Um dos atrativos mais inebriantes da física teórica é o potencial que suas ideias têm de causar grande impacto sobre a maneira como pensamos e até como vivemos. Sim, leva anos para entender e assimilar o assunto, para entender as técnicas e as questões. Sim, muitos problemas que você aborda se mostram insolúveis. Sim, a maioria das ideias se revela absurda, e na maior parte dos casos você demora meses para produzir uma minúscula contribuição para um corpus de trabalho muito mais amplo. Quem quiser ser físico teórico precisa ser teimoso e persistente, vibrar com a pequena descoberta e com aspectos mínimos da matemática que parecem funcionar como mágica e revelar um segredo da natureza desconhecido antes de ser publicado. Mas existe sempre outra possibilidade: a de elaborar ou trombar com uma ideia tão poderosa que se revele muito mais que um segredinho da natureza, algo capaz de mudar a maneira como seus colegas – e até a humanidade – veem o Universo. Foi esse tipo de ideia que Einstein produziu três vezes, durante um só ano, no escritório de patentes.

Dessas três teorias revolucionárias, a que deu fama a Einstein foi a relatividade. Seu trabalho nessa área transformou nosso conceito de espaço e tempo, mostrando que as duas coisas estão intimamente relacionadas e que as mensurações dessas duas quantidades não são absolutas, pois dependem do estado do observador.

A questão que Einstein se propôs resolver com a relatividade foi um paradoxo surgido da teoria do eletromagnetismo de Maxwell: qualquer observador que meça a velocidade da luz encontrará o mesmo resultado, independentemente de sua velocidade relativa em relação à fonte de luz.

Segundo o espírito de Galileu, podemos empregar um simples experimento mental para compreender por que essa afirmação contradiz nossa experiência cotidiana. Imagine um vendedor de sanduíches de pé na plataforma de uma estação enquanto o trem passa. Uma bola (ou qualquer objeto material) jogada para diante por um passageiro dentro do trem em movimento parece, ao vendedor, estar se movendo mais depressa que uma bola que o próprio vendedor lance com o mesmo impulso. Isso porque, do ponto de vista do vendedor, a bola no trem se move na velocidade com que o passageiro no trem a lança *mais* a velocidade do trem. No entanto, um facho de luz disparado de um trem em movimento, segundo dizia a teoria de Maxwell, *não* se desloca mais depressa. Tanto para o vendedor quanto para o passageiro, o facho de luz parece se propagar na mesma velocidade. Para os físicos, que querem reduzir tudo a uma questão de princípio, isso exige uma explicação.

Qual o princípio que diferencia a luz da matéria? Durante anos, esta foi a questão abordada pelos cientistas, e a concepção mais popular afirmava que isso tinha a ver com um meio ainda não detectado pelo qual as ondas se propagavam. Mas Einstein tinha outras ideias. Ele percebeu que a explicação não estava obscurecida por alguma propriedade desconhecida da luz, mas na nossa compreensão de *velocidade*. Como velocidade é distância dividida por tempo, pensou Einstein, ao dizer que a velocidade da luz é constante, a teoria de Maxwell nos diz que não pode haver um acordo universal na mensuração da distância e do tempo. Não existem relógios universais nem trenas universais, demonstrou Einstein, pois todas as medições dependem do movimento do observador – da mesma maneira requerida para que todos os observadores meçam a mesma velocidade da luz. O que cada um de nós observa e mede, portanto, não é mais que a nossa própria visão, e não uma realidade com a qual todos possam concordar. Essa é a essência da teoria da relatividade especial de Einstein.

A relatividade não exige a substituição da teoria newtoniana, mas a modifica: as leis de movimento de Newton deviam ser alteradas, reconstruídas, para se manter confortáveis na nova estrutura do espaço e tempo de Einstein, na qual o resultado das mensurações depende do movimento do observador. Para objetos e observadores se movendo a velocidades relativamente baixas em relação uns aos outros, a teoria de Einstein é essencialmente equivalente à de Newton. Só quando as velocidades em questão se aproximam da velocidade da luz é que os efeitos da relatividade se tornam notáveis.

Como só se revelam em circunstâncias extremas, os efeitos da relatividade são bem menos importantes na nossa vida cotidiana que a teoria quântica; esta explica a própria estabilidade dos átomos que nos constituem. Mas ninguém na época sabia das implicações de longo alcance do quantum. Mesmo assim, a relatividade atingiu a comunidade física como um terremoto. A visão de mundo de Newton vinha orientando a ciência havia mais de duzentos anos, e agora lá estava a primeira fenda em sua estrutura.

A teoria newtoniana baseava-se na existência de uma única realidade objetiva. Espaço e tempo formavam uma estrutura fixa, um palco sobre o qual transcorriam os eventos do mundo. Todos os observadores estariam assistindo à mesma peça, não importa onde estivessem ou como se movessem, como Deus nos observando do lado de fora. A relatividade vinha contradizer essa visão. Ao afirmar que não existe uma peça só – que, como na nossa vida cotidiana, a realidade vivenciada por cada um é pessoal e depende do nosso movimento e posição –, Einstein começou a demolir o mundo de Newton, assim como Galileu dera início ao processo de desmantelamento de Aristóteles.

O trabalho de Einstein teve importantes implicações para a cultura dos físicos. Estimulou novas gerações de pensadores e tornou mais fácil que começassem a confrontar velhas ideias. Foi um livro sobre relatividade escrito por Einstein para garotos do ensino médio, por exemplo, que inspirou Werner Heisenberg (que conheceremos logo mais) a estudar física; e foi a abordagem da relatividade de Einstein que deu a Niels Bohr (que também conheceremos adiante) coragem para imaginar que o átomo seguiria leis radicalmente diferentes daquelas de nossa existência cotidiana.

Ironicamente, entre todos os grandes físicos que assimilaram e entenderam a teoria da relatividade de Einstein, foi o próprio Einstein quem menos se deixou impressionar. Em sua visão, ele não advogava a superação de um dos principais aspectos da visão de mundo newtoniana, mas apenas apresentando algumas correções – que tinham pouco efeito sobre a maioria das observações experimentais da época, mas eram importantes porque consertavam um defeito na estrutura lógica da teoria. Ademais, era fácil fazer as alterações matemáticas necessárias para tornar a teoria de Newton compatível com a relatividade. E assim, embora posteriormente considerasse a teoria quântica uma desmontagem da física newtoniana, nas palavras do físico e biógrafo Abraham Pais, Einstein "não considerava a teoria da relatividade nada revolucionária".[21] Para ele, a relatividade era o tema menos importante dos escritos de 1905. Muito mais profundos, a seu ver, eram os outros dois artigos, sobre o átomo e o quantum.

O texto de Einstein sobre o átomo analisava um efeito chamado movimento browniano, descoberto em 1827 por Robert Brown, um velho amigo de Darwin. O "movimento" se refere às sinuosidades misteriosas e aleatórias de minúsculas partículas, como os grãos de pólen, quando suspensas na água. Einstein explicou-o como resultado de moléculas microscópicas bombardeando as partículas flutuantes de todos os lados e com uma frequência muito alta. Embora as colisões individuais sejam fracas demais para mover a partícula, Einstein demonstrou estatisticamente que a magnitude e a frequência dos movimentos da partícula observada podiam ser explicadas pelas raras ocasiões em que, por puro acaso, um grande número de partículas atingia a partícula mais de um lado que de outro, fazendo com que ela se movesse.

O ensaio produziu sensação imediata, tão estrondoso que até o arqui-inimigo do átomo, Friedrich Wilhelm Ostwald, depois de ler o trabalho, comentou ter ficado convencido de que os átomos eram reais. De forma inexplicável, o grande defensor do átomo, Boltzmann, jamais soube do trabalho de Einstein, nem da mudança de atitude que ele provocou. Em parte por desespero (causado pela recepção de suas ideias), Boltzmann se suicidou no ano seguinte. Isso foi muito triste porque, com o ensaio de Einstein sobre o movimento browniano e outro texto que escreveu em 1906, os físicos afinal se convenceram da realidade de objetos que não podiam ver nem tocar – ideia que Boltzmann vinha tentando apregoar, sem muito sucesso, desde os anos 1870.

Em três décadas, utilizando novas equações que descreviam o átomo, os cientistas começavam a explicar os princípios subjacentes da química, finalmente encontrando provas e explicações para as ideias de Dalton e Mendeleiev. Passaram também a trabalhar no sonho de Newton, de entender as propriedades dos materiais, baseados nas forças que agiam em suas partículas constituintes, isto é, nos átomos. Nos anos 1950, os cientistas iriam mais fundo, pondo seus conhecimentos sobre o átomo a serviço de uma compreensão mais profunda da biologia. Na segunda metade do século XX, a teoria do átomo desembocaria na revolução tecnológica, do computador e da informação. O que começou como análise de um movimento do pólen se desdobraria em ferramenta que iria moldar o mundo moderno.

No entanto, as leis das quais todos esses empreendimentos práticos dependiam, as equações que descrevem as propriedades do átomo, não viriam da física clássica de Newton nem de sua remendada forma "relativística". A descrição do átomo exigiria novas leis da natureza – as leis quânticas –, e o conceito de quantum foi tema do outro ensaio revolucionário de Einstein em 1905.

Em seu artigo, que ostentava o título "Sobre um ponto de vista heurístico relativo à produção e transformação da luz", Einstein pegou as ideias de Planck e as transformou em princípios físicos essenciais. Einstein sabia que, assim como a teoria da relatividade, a teoria quântica era uma contestação a Newton. Mas, àquela altura, a teoria quântica não mostrava os sinais da abrangência dessa contestação nem das inquietantes implicações filosóficas que causaria quando estivesse mais desenvolvida, por isso Einstein não sabia o que havia forjado.

Como o "ponto de vista" apresentado por Einstein em seu ensaio implicava o tratamento da luz como partícula quântica, e não como onda – como estava bem descrito na teoria de Maxwell –, seu artigo não foi aceito tão de imediato quanto os outros trabalhos revolucionários de 1905. Aliás, demoraria mais de uma década para a comunidade física aceitar suas ideias. Em relação aos sentimentos de Einstein referentes à matéria, é revelador lembrar uma carta que ele escreveu a um amigo em 1905, antes da publicação dos três ensaios.[22] A respeito de seu texto sobre a relatividade, Einstein observava que parte dele "vai interessá-lo". Enquanto isso, definia seu artigo sobre o quantum como "muito revolucionário". Realmente, foi o trabalho que acabou tendo maior impacto, e foi ele, especificamente, que lhe garantiu o Prêmio Nobel em 1921.

Não foi por acaso que Einstein pegou o quantum onde Planck o havia deixado. Assim como Planck, ele tinha começado a carreira trabalhando com temas relacionados ao papel dos átomos naquele território longínquo, a termodinâmica. Ao contrário de Planck, porém, Einstein era um forasteiro, sem contato com a maior parte da física contemporânea. Em relação aos átomos, Einstein e Planck buscavam objetivos opostos, pois enquanto a pesquisa de doutorado de Planck tinha como propósito libertar a física da ideia de átomo, Einstein dizia que sua meta nos primeiros textos, escritos entre 1901 e 1904, era "encontrar fatos que garantam quanto possível a existência de átomos de tamanhos definidos",[23] objetivo que atingiu afinal com sua revolucionária análise de 1905, de como o movimento aleatório dos átomos produzia o movimento browniano.

Apesar de ter ajudado os físicos a se reconciliar com os átomos, Einstein introduziu, com seu trabalho sobre a noção de quantum de Planck, algo que os colegas consideraram ainda mais difícil de engolir: uma nova teoria "atômica" da luz. Ele foi levado a isso depois de estudar a pesquisa de Planck sobre a radiação de corpo negro. Não satisfeito com a análise de Planck, desenvolveu seu próprio instrumental matemático para avaliar o fenômeno. Embora tenha chegado à mesma conclusão – que a radiação de corpo negro só poderia ser explicada pelo conceito de quantum –, sua explicação apresentava uma diferença crucial, ainda que aparentemente técnica: Planck assumira que a característica discreta da energia que analisou se devia à maneira como os átomos ou moléculas no corpo negro oscilavam ao emitir radiação; Einstein viu a natureza discreta como uma propriedade inerente da própria *radiação*.

Einstein percebeu a radiação de corpo negro como a prova de um novo e radical princípio da natureza: *toda* energia eletromagnética irradia-se em pacotes discretos, e a radiação é formada de partículas semelhantes a átomos de luz. Foi com essa sacada que ele se tornou o primeiro a perceber que o princípio quântico é revolucionário – um aspecto fundamental do nosso mundo, e não somente um truque matemático casuístico utilizado para explicar a radiação de corpo negro. Ele chamou as partículas de radiação de "quanta de luz". Em 1926, as quanta de luz ganhariam seu nome atual: *fótons*.

Tivesse ficado por aí, e a teoria dos fótons de Einstein seria apenas um modelo alternativo, como o de Planck, elaborado para explicar a radiação de corpo negro. Contudo, se fosse realmente fundamental, a ideia de fóton deveria elucidar a natureza de outros fenômenos. Einstein encontrou seu exemplo num fenômeno chamado efeito fotoelétrico.

O efeito fotoelétrico é o processo pelo qual a luz, ao colidir com um metal, faz com que ele emita elétrons. Estes últimos podem ser captados como uma corrente elétrica a ser empregada em diversos dispositivos. A técnica se tornaria importante no desenvolvimento da televisão e ainda é usada em geringonças como detectores de fumaça e nos sensores das portas de elevador. Nesta última aplicação, um feixe de luz passa pelo vão da porta, colidindo com um receptor fotoelétrico do outro lado e gerando uma corrente; ao entrar no elevador, você interrompe o feixe e, por conseguinte, a corrente, e os fabricantes de elevadores criaram um mecanismo para que a interrupção na corrente impeça que as portas se fechem.

O físico alemão Heinrich Hertz descobriu, em 1887, que o brilho da luz no metal pode criar correntes elétricas, e foi o primeiro a produzir e detectar ondas eletromagnéticas emitidas pela aceleração de cargas elétricas; a unidade de frequência, o hertz, deve seu nome a ele. Mas Hertz não conseguiu explicar o efeito fotoelétrico, pois o elétron ainda não havia sido descoberto. Essa descoberta só seria feita no laboratório do físico britânico J.J. Thomson em 1897 – três anos depois da morte de Hertz, aos 36 anos, de uma doença rara que provoca inflamação dos vasos sanguíneos.

A existência do elétron oferecia uma explicação simples do efeito fotoelétrico: quando colidem com um metal, as ondas de energia luminosa excitam os elétrons no metal, projetando-os no espaço sob a forma de faíscas, raios e correntes. Inspirado pelo trabalho de Thomson, os físicos começaram a estudar esse efeito em detalhes. No entanto, os longos e dificultosos experimentos acabaram revelando aspectos do efeito fotoelétrico que não se encaixavam na imagem teórica.

Quando se aumenta a intensidade do feixe de luz, por exemplo, o resultado são mais elétrons emitidos pelo metal, mas sem afetar a energia desses elétrons. Isso contradiz a previsão da física clássica, pois uma luz mais intensa transporta mais energia, e assim, ao ser absorvida, deveria produzir elétrons mais velozes e mais carregados de energia.

Einstein ponderou sobre essas questões durante muitos anos, e em 1905 afinal percebeu a conexão quântica: os resultados poderiam ser explicados se a luz fosse composta por fótons. A imagem de Einstein do efeito fotoelétrico era a seguinte: cada fóton de luz que colide com o metal transfere sua energia para um elétron específico. A energia transportada por cada fóton é proporcional à frequência da luz, ou sua cor, e se o fóton transmitir energia suficiente, isso fará com que o elétron se libere. Luz de frequência mais alta consiste em fótons de energia mais alta. Por outro lado, se apenas a intensidade da luz for aumentada (e não a frequência), a luz consistirá em mais fótons, mas não fótons energéticos. Por conseguinte, uma luz mais intensa resulta em mais elétrons emitidos, porém a energia dos elétrons não será alterada – exatamente como se observava.

A proposta de que a luz era formada por fótons – partículas – contradizia a já estabelecida teoria do eletromagnetismo de Maxwell, segundo a qual a luz viaja em ondas. Einstein sugeriu – corretamente – que a característica ondulatória clássica "maxwelliana" vigora quando fazemos observações óticas envolvendo efeitos puros de um grande número de fótons, o que acontece em circunstâncias normais.

Uma lâmpada de cem watts, por exemplo, emite aproximadamente 1 bilhão de fótons a cada bilionésimo de segundo. Em comparação, a natureza quântica da luz só aparece em emissões de luz de muito baixa intensidade – ou no caso de certos fenômenos, como o efeito fotoelétrico, cujo mecanismo depende da natureza discreta dos fótons. Mas as especulações de Einstein não foram suficientes para convencer outros físicos a aceitar suas ideias radicais, e por isso foram recebidas com um ceticismo quase universal.

Um dos meus comentários favoritos do trabalho de Einstein foi a recomendação escrita em 1913, por Planck e vários outros destacados físicos, para a prestigiosa Academia de Ciências da Prússia:

> Em resumo, pode-se dizer que quase não existe um problema entre os tantos existentes na física moderna para o qual Einstein não tenha dado contribuição notável. O fato de às vezes ter errado o alvo em suas especulações, como,

por exemplo, na hipótese dos quanta de luz, não pode pesar muito contra ele, pois nem nas ciências mais exatas é possível introduzir novas ideias sem por vezes correr algum risco.[24]

IRONICAMENTE, UM DOS oponentes iniciais da teoria dos fótons, Robert Millikan, foi quem afinal realizou medições precisas confirmando a lei de Einstein que descrevia a energia dos fotoelétrons ejetados – trabalho que lhe valeu o Prêmio Nobel de 1923 (junto com sua medição da carga do elétron). Quando Einstein recebeu o Prêmio Nobel em 1921, a inscrição dizia apenas: "Para Albert Einstein por seus serviços à física teórica e em especial por sua descoberta da lei do efeito fotoelétrico."[25]

Albert Einstein em 1921.

O Comitê do Nobel preferiu reconhecer a fórmula de Einstein e ignorar a revolução intelectual pela qual ele a tinha deduzido. Em nenhum prêmio houve menção aos quanta de luz nem à contribuição de Einstein para a teoria quântica. Abraham Pais chamou isso de "eufemismo histórico, mas também um reflexo acurado do consenso da comunidade dos físicos".[26]

As dúvidas sobre o fóton e sobre a teoria quântica em geral seriam afinal assentadas na década seguinte, com a criação de uma teoria formal da "mecânica quântica" que abalaria as leis do movimento de Newton como um dos princípios fundamentais que regem a maneira como os objetos se movem e reagem às forças. Quando a teoria foi afinal estabelecida, Einstein reconheceu seu sucesso, mas agora seria sua vez de se opor ao quantum.

Embora se recusasse a aceitar a teoria quântica como palavra final, Einstein nunca deixou de acreditar que ela seria substituída por outra teoria ainda mais fundamental, que restauraria o conceito tradicional de causa e efeito. Em 1905, ele publicou seus três artigos mais importantes alterando o curso da física. Pelo resto da vida, tentou em vão repetir a façanha – porém, para *reverter* o que tinha começado. Em 1951, numa de suas últimas cartas ao amigo Michele Besso, Einstein admitiu o próprio fracasso: "Todos esses cinquenta anos de ponderações não me deixaram mais próximo da resposta à questão do que são os quanta de luz."[27]

11. O reino invisível

Logo depois de concluir meu doutorado, obtive um cargo de professor no Caltech e comecei a procurar algum tema para continuar trabalhando, a fim de não ter de sair da faculdade e arranjar um emprego mais lucrativo como garçom no grêmio da escola. Certa tarde, depois de um seminário, conversei com o físico Richard Feynman sobre uma teoria chamada teoria das cordas. Entre todos os físicos, Feynman, na época com uns sessenta anos, provavelmente era o cientista mais respeitado do mundo. Hoje muitos veem a teoria das cordas como a principal candidata a teoria unificada de todas as forças da natureza, o Santo Graal da física teórica. Mas naquela época poucas pessoas tinham ouvido falar dela, e a maioria dos que sabiam a respeito não dava muita importância, inclusive Feynman. Ele estava falando sobre esse assunto quando um colega da Universidade de Montreal que visitava o departamento se aproximou. "Eu acho que a gente não deve desencorajar os jovens a investigar novas teorias só por não serem aceitas pelos físicos estabelecidos", ele disse a Feynman.[1]

Será que Feynman rejeitava a teoria das cordas por representar uma ruptura tão grande com suas convicções que ele não seria mais capaz de ajustar seu raciocínio? Ou teria chegado às mesmas conclusões acerca de suas deficiências, mesmo que ela não representasse uma ameaça às suas teorias já estabelecidas? Não podemos saber, mas Feynman explicou ao visitante que não me desaconselhava a trabalhar em algo novo, só recomendava certa cautela, pois eu poderia perder muito tempo se a coisa não funcionasse. O visitante replicou: "Bom, eu estou trabalhando na minha teoria há doze anos", e começou a descrevê-la em detalhes. Quando terminou, Feynman virou-se para mim e disse, na cara do homem: "É exatamente isso que quero dizer com perder tempo."

As fronteiras da pesquisa são sempre nebulosas, e qualquer cientista ativo está sujeito a desperdiçar suas energias seguindo pistas desinteressantes ou infrutíferas. Todavia, uma das características que distinguem um físico bem-sucedido é a manha (ou sorte) de escolher problemas que se mostram esclarecedores e solucionáveis.

Comparei a paixão dos físicos com a dos artistas, mas sempre achei que os artistas têm uma grande vantagem sobre os físicos. Na arte, não interessa quantos colegas e críticos digam que seu trabalho não presta, ninguém pode *provar nada*. Em física eles podem. Em física, não consola muito o fato de você ter tido uma "bela ideia" se ela não está correta. E assim, em física, como em qualquer tentativa de inovação, é preciso manter um delicado equilíbrio: ter cuidado com os problemas da pesquisa que você escolher e ao mesmo tempo não ser tão cuidadoso a ponto de não descobrir nada de novo. Por isso, o sistema de estabilidade no emprego é tão valioso para a ciência – permite o erro, essencial para fomentar a criatividade.

Em retrospecto, a impressão é de que a estimulante teoria de Einstein sobre os fótons e os quanta de luz deveria ter disparado muitas pesquisas relacionadas à emergente teoria quântica. Contudo, para os contemporâneos de Einstein, para os quais ainda não havia evidências do fóton, mas muitas razões de ceticismo, trabalhar com o fóton exigiria um bocado de coragem para se envolver numa aventura intelectual.

Mesmo os jovens físicos – com uma visão de mundo mais maleável, em geral mais desinibidos para lidar com um problema que pode não funcionar ou levar ao ridículo – entravam e saíam sem incluir a louca teoria dos fótons em seus doutorados e pós-doutorados.

Quase dez anos transcorreram praticamente sem progresso algum. O próprio Einstein já passava dos trinta, idade já avançada para um teórico pioneiro, e usava seu tempo numa ideia revolucionária diferente: a extensão ou generalização de sua teoria da relatividade especial de 1905 para incluir a gravidade. (A relatividade especial era uma modificação das leis do movimento de Newton; a relatividade geral substituiria a lei da gravidade de Newton, mas exigiu que Einstein alterasse a relatividade especial.) A falta de atenção de Einstein à teoria do fóton levou Robert

Millikan a escrever: "A despeito ... do que parece ser o sucesso total da equação de Einstein [para o efeito fotoelétrico], a teoria física [do fóton] da qual é a expressão se mostrou tão inalcançável que o próprio Einstein, creio, não mais a apoia."[2]

Millikan estava enganado. Einstein não tinha desistido do fóton, só estava com a atenção voltada para outro assunto naquele momento. No entanto, nem o fóton nem o consequente conceito de quantum estavam mortos. Pelo contrário, logo passariam a primeiro plano graças a Niels Bohr (1885-1962), jovem de vinte e poucos anos que ainda não havia escolhido seu caminho nem tinha experiência o bastante para saber que se arriscava a perder tempo contestando nossas ideias sobre as leis que regem o mundo.

Quando estava no ensino médio, Niels Bohr aprendeu que os gregos haviam inventado a filosofia natural, e que as equações de Isaac Newton, ao descrever como os objetos reagem à força da gravidade, representavam o primeiro grande passo para entender como o mundo funciona, pois permitiram aos cientistas fazer previsões quantitativas exatas a respeito de objetos que caem ou estão em órbita.[3] Bohr também deve ter aprendido que, pouco antes de ele ter nascido, Maxwell havia acrescentado ao trabalho de Newton uma teoria de como os objetos geram as forças elétricas e magnéticas, e a elas reagem, ampliando a visão de mundo de Newton até o que agora reconhecemos como seu zênite.

Nos anos de formação de Bohr, os físicos pareciam ter uma teoria das forças e do movimento que incluía todas as interações da natureza conhecidas na época. O que Bohr não sabia quando entrou para a Universidade de Copenhague, na virada do século, para cursar a graduação, é que depois de mais de duzentos anos de enorme sucesso, a visão de mundo newtoniana começava a se esfacelar.

Como já vimos, essa contestação aconteceu porque, embora a nova teoria de Maxwell de início possibilitasse estender as leis do movimento de Newton para toda uma nova série de fenômenos, no final, ela revelava que fenômenos como a radiação de corpo negro e o efeito fotoelétrico violavam as previsões da física (clássica) de Newton. Mas os avanços teóricos de Einstein e Planck só foram possíveis porque inovações técnicas propiciaram aos experimentalistas explorar novos processos físicos envolvendo o átomo. Foram esses eventos que inspiraram Bohr, pois ele tinha muito amor pela pesquisa experimental e um considerável discernimento para realizá-la.

Os anos transcorridos até a dissertação de Bohr foram realmente muito estimulantes para qualquer interessado em física experimental. Durante esse período, progressos técnicos, como o desenvolvimento de tubos de vidro a vácuo com uma fonte de elétrons embutida – um predecessor dos "tubos de raios catódicos" que formavam as telas das antigas televisões –, levaram a inúmeras revelações importantes. Por exemplo: a descoberta dos raios X por Wilhelm Röntgen (1895); a descoberta do elétron por Thomson (1897); a descoberta do físico neozelandês Ernest Rutherford de que certos elementos químicos como o urânio e o tório liberam misteriosas emanações (1899-1903). Na verdade, Rutherford (1871-1937) classificou não um, mas três membros daquele zoológico de raios misteriosos – os raios alfa, beta e gama. Essas emanações, ele especulou, eram os fragmentos produzidos quando átomos de um elemento se desintegravam espontaneamente para formar átomos de outro elemento.

Em especial, as descobertas de Thomson e Rutherford foram uma revelação, pois se referiam ao átomo e suas partes, que, como se viu, não podem ser descritas utilizando-se as leis de Newton e sua estrutura conceitual. Portanto, como acabou se percebendo, aquelas observações exigiam uma nova abordagem da física.

Embora os progressos teóricos e experimentais da época fossem vertiginosos, a reação inicial da comunidade de físicos àqueles resultados foi tomar um calmantezinho e fingir que nada estava acontecendo. Assim, não só o quantum de Planck e o fóton de Einstein foram esquecidos, mas também todos aqueles experimentos revolucionários.

Antes de 1905, os que pensavam que o átomo fosse um absurdo metafísico trataram aquelas conversas sobre elétrons – supostos componentes do átomo – com a mesma seriedade com que um ateu assistiria a um debate para saber se Deus é homem ou mulher. Surpreende mais o fato de que mesmo os que *acreditavam* no átomo não gostassem dos elétrons – porque os elétrons eram "parte" do átomo, e o átomo deveria ser "indivisível". O elétron parecia uma coisa tão fantástica que um destacado físico disse a Thomson que achou que ele estava "gozando da cara deles" quando ouviu seu enunciado.[4]

Da mesma forma, a ideia de Rutherford de que o átomo de um elemento podia decair num átomo de outro foi descartada como se tivesse sido proposta por um barbudo usando bata de alquimista. Em 1941, os cientistas aprenderiam como converter mercúrio em ouro – literalmente, o sonho dos alquimistas –, bombardeando esse metal com nêutrons num reator nuclear.[5] Mas em 1903 os colegas de Rutherford não tinham o necessário sentido aventureiro para aceitar suas ousadas afirmações relativas a essa transmutação de elementos – ainda que, ironicamente, se *aventurassem* a brincar com as bugigangas radioativas que Rutherford providenciava, sujeitando-se à radiação das emissões de um processo que não acreditavam estar acontecendo.

Ernest Rutherford.

A torrente de estranhos trabalhos de pesquisa, tanto de físicos teóricos quanto de experimentais, deve ter parecido a muitos o equivalente físico do que hoje é a literatura de psicologia social, em que pesquisadores costumam relatar descobertas abiloladas como "Pessoas que chupam uvas sofrem mais acidentes de automóvel". Na verdade, embora parecessem fantásticas, as conclusões dos físicos estavam corretas. No final, o acúmulo de evidências experimentais, mais os argumentos teóricos de Einstein, obrigou os físicos a aceitar o átomo e suas partes.

Para o trabalho que o levou à descoberta do elétron, Thomson recebeu o Prêmio Nobel de Física em 1906, enquanto Rutherford recebeu o Nobel em 1908 – mas o de Química –, para o que era equivalente a descobrir que os alquimistas estavam no caminho certo.

Este era então o cenário em 1909, quando Niels Bohr entrou no campo da pesquisa física. Ele era somente cinco anos mais novo que Einstein, mas isso foi suficiente para situá-lo numa nova geração, ingressando num campo que já tinha afinal aceitado tanto o átomo quanto o elétron – embora não o fóton.

Em sua dissertação de doutorado, Bohr escolheu analisar e criticar as teorias de Thomson. Quando a concluiu, requisitou e obteve uma bolsa para trabalhar em Cambridge, a fim de observar de perto as reações produzidas pelo grande homem. O debate de ideias é um fator-chave na ciência, por isso, as críticas de Bohr a Thomson não eram a mesma coisa que um estudante de arte se aproximar de Picasso e dizer que seus rostos eram angulosos demais – mas era quase isso. Thomson também não se mostrou muito ansioso para conceder audiência a seu crítico em início de carreira. Bohr ficou lá quase um ano, mas Thomson não debateu a dissertação com ele – nem sequer a leu.

A desatenção de Thomson acabou se revelando uma bênção disfarçada, pois, enquanto definhava em Cambridge sem realizar seu plano de enfrentá-lo, Bohr conheceu Rutherford, que foi fazer uma visita à instituição. O próprio Rutherford trabalhara com Thomson no início da carreira, mas naquela época já era um dos mais destacados experimentalistas do mundo e dirigia um centro de estudo de radiação na Universidade de

Manchester. Ao contrário de Thomson, Rutherford apreciou as ideias de Bohr e convidou-o para trabalhar em seu laboratório.

Rutherford e Bohr formavam uma dupla improvável. Rutherford era imenso, cheio de energia, alto e robusto, com rosto forte e voz trovejante, tão volumosa que às vezes perturbava a operação dos equipamentos mais sensíveis. Bohr tinha uma natureza impressionável e era muito mais delicado, tanto na aparência quanto nos modos, com bochechas caídas, voz macia e um pequeno problema de dicção. Rutherford tinha o pesado sotaque da Nova Zelândia; Bohr falava um inglês rudimentar com sotaque dinamarquês. Quando era contrariado numa conversa, Rutherford ouvia com interesse, mas deixava o assunto morrer sem replicar. Bohr adorava uma discussão e tinha dificuldade de elaborar pensamentos criativos se não houvesse outra pessoa no recinto para debater suas ideias.

A parceria com Rutherford foi um golpe de sorte para Bohr. Embora ele tivesse ido para Manchester pensando em realizar experimentos com o átomo, quando chegou, ficou obcecado pelo modelo teórico do átomo desenvolvido por Rutherford, baseado em seus estudos experimentais. Foi com seu trabalho teórico realizado com aquele "átomo de Rutherford" que Bohr reviveu a ideia adormecida de quantum, conseguindo o que o trabalho de Einstein com o fóton não alcançara: pôr a ideia de quantum num mapa de onde ele nunca mais sairia.

Quando Bohr chegou a Manchester, Rutherford estava realizando experiências para investigar a distribuição da carga elétrica no átomo. Ele decidira estudar a questão analisando a maneira como partículas carregadas são defletidas quando disparadas num átomo, como balas. Para funcionar como projéteis carregados, Rutherford escolheu partículas alfa – que ele próprio havia descoberto e hoje sabemos ser apenas núcleos de hélio carregados positivamente.

Rutherford ainda não havia elaborado seu modelo de átomo, mas supunha que o átomo se conformaria bem em outro modelo, desenvolvido por Thomson. O próton e o núcleo ainda não eram conhecidos, e no modelo de

Thomson o átomo consistia em um fluido difuso de carga positiva na qual circulavam minúsculos elétrons, em número suficiente para se contrapor à eletricidade positiva.[6] Como os elétrons pesavam muito pouco, Rutherford imaginava que, como bolas de gude no trajeto de uma bala de canhão, eles teriam pouco efeito no curso das grandes partículas alfa. Era o fluido mais pesado de carga positiva – e a matéria em que ele se distribuía – que Rutherford pretendia estudar.

O aparato de Rutherford era simples. Um feixe de partículas alfa era criado a partir de substâncias radioativas como o rádio e disparado numa delgada lâmina de ouro. Além da lâmina havia uma pequena tela. Quando atravessavam a lâmina, as partículas alfa atingiam a tela, produzindo um minúsculo e esmaecido clarão de luz. Postado diante da tela com uma lente de aumento, era possível, com algum esforço, registrar a posição e determinar o grau com que a partícula alfa fora defletida pelos átomos na lâmina.

Embora Rutherford fosse mundialmente famoso, seu trabalho e o ambiente de trabalho não eram glamorosos. O laboratório ficava num porão escuro e úmido, com canos passando pelo teto e o chão. O teto era tão baixo que era preciso se abaixar para não bater a cabeça, e o piso, tão irregular que ainda se podia tropeçar num dos canos antes de passar a dor na cabeça. Rutherford não tinha paciência para fazer as medições, e numa ocasião, depois de dois minutos de tentativas, começou a esbravejar e desistiu. Seu assistente, o alemão Hans Geiger, por outro lado, era "o demônio" das tarefas tediosas. Por ironia, mais tarde, ele negaria o valor de sua habilidade ao inventar o contador Geiger.

Rutherford esperava que a maior parte das partículas alfa, pesadas e carregadas positivamente, passasse pela lâmina nos espaços entre os átomos de ouro, muito distantes entre si para causar deflexão perceptível. Mas teorizou que algumas passariam por um ou mais átomos, desviando-se um pouquinho do caminho direto, repelidas pelas difusas cargas positivas. O experimento realmente elucidou a estrutura do átomo, porém, mais por uma questão de sorte do que pela maneira como foi concebido.

De início, todos os dados coletados por Geiger corroboraram as expectativas de Rutherford, parecendo coerentes com o modelo de Thomson. Algum tempo depois, um dia, em 1909, Geiger sugeriu um "pequeno projeto de pesquisa" para ajudar um jovem estudante de graduação chamado Ernest Marsden a dar os primeiros passos. Rutherford, que tinha assistido a uma aula sobre a teoria das probabilidades no Departamento de Matemática, percebeu que havia uma chance muito pequena de que algumas partículas alfa fossem defletidas num ângulo maior do que o detectável por seu aparato. Assim, sugeriu a Geiger que Marsden realizasse uma variante do experimento a fim de examinar essa possibilidade.

Marsden começou o trabalho procurando partículas que tivessem sofrido desvios maiores que o previsto por Geiger – e até grandes deflexões que, caso ocorressem, violariam tudo que Rutherford "sabia" sobre a estrutura dos átomos. Do ponto de vista de Rutherford, esse trabalho era quase uma gigantesca perda de tempo. Em outras palavras, tratava-se de excelente projeto para um aluno de graduação.

Marsden observou com cuidado as partículas alfa atravessarem a lâmina de ouro como o esperado, sem deflexões radicais. Mas, então, o inimaginável aconteceu: surgiu uma cintilação na tela de anteparo, bem

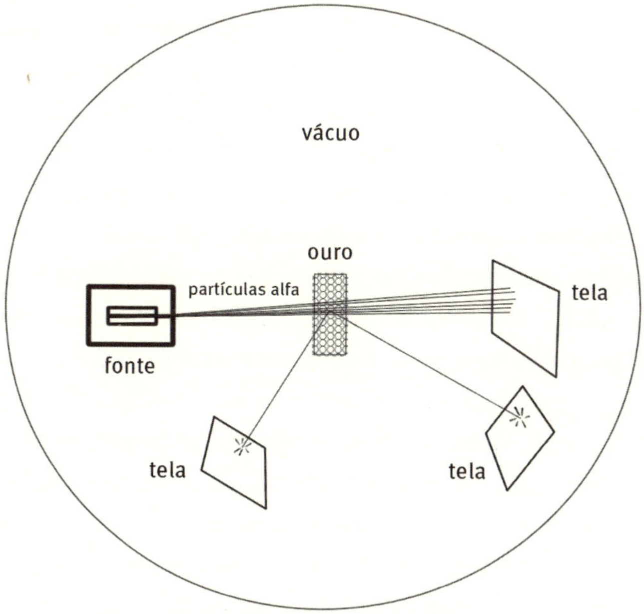

Experimento com lâmina de ouro de Rutherford.

longe do centro. No fim, dos muitos milhares de partículas alfa observadas por Marsden, só um punhado era defletido em ângulos maiores, porém, uma ou duas voltavam quase como bumerangues. Isso foi o suficiente.

Quando ouviu a notícia, Rutherford disse que aquele era o "acontecimento mais incrível que já acontece[ra] na minha vida.[7] Quase tão incrível como disparar um projétil de quarenta centímetros num pedaço de papel de seda, ele voltar e atingir o atirador". A reação refletia o resultado de seus cálculos matemáticos, segundo os quais teria de haver alguma coisa inconcebivelmente minúscula e potente na lâmina de ouro capaz de causar grandes deflexões pouco frequentes como aquela. Assim, Rutherford não havia afinal elucidado os detalhes do modelo de Thomson – tinha descoberto que o modelo de Thomson estava errado.

Antes da execução do experimento de Marsden, o projeto parecia estranho, o tipo de atividade que Feynman disse para eu evitar. No entanto, um século depois, o experimento foi universalmente aclamado como algo brilhante. Sem ele, provavelmente não teria havido "átomo de Bohr". Isso significa que uma teoria coerente do quantum só teria surgido – supondo-se que surgisse – muitos anos depois. Por sua vez, teria tido um grande efeito sobre o que chamamos de progresso tecnológico. Teria atrasado o desenvolvimento da bomba atômica, por exemplo, salvando a vida de inúmeros japoneses civis, mas custando a vida de inúmeros soldados aliados na invasão do Japão. Também teria atrasado diversas outras invenções, como o transistor, e por conseguinte o início da era da informática. É difícil dizer exatamente que efeitos haveria se aquele projeto isolado e aparentemente sem sentido de um graduando não se realizasse, mas é certo afirmar que o mundo hoje seria bem diferente. Mais uma vez, vemos aqui a linha tênue que divide um projeto estapafúrdio e doidivanas de uma ideia inovadora, que pode mudar tudo.

No fim, Rutherford supervisionou vários outros experimentos em que Geiger e Marsden observaram mais de 1 milhão dessas cintilações. A partir desses dados, Rutherford formularia a teoria sobre a estrutura do átomo, bem diferente da de Thomson. Embora ainda retratasse os elétrons se movendo em órbitas concêntricas, na estrutura de Rutherford a carga positiva não estava mais espalhada, mas concentrada no minúsculo centro do átomo. Contudo, Geiger e Marsden logo se separariam. Os dois foram lutar em lados opostos, na Primeira Guerra Mundial, e depois utilizaram seus conhecimentos científicos nos lados opostos na Segunda Guerra Mundial:[8] enquanto Marsden trabalhava numa nova tecnologia de radar, Geiger, entusiasta do nazismo, se envolvia no desenvolvimento de uma bomba atômica alemã.

O átomo de Rutherford é o modelo que todos aprendemos no colégio, no qual elétrons orbitam o núcleo como os planetas em torno do Sol. Como muitos conceitos científicos, ele parece descomplicado quando reduzido a um símile a ser exposto em sala de aula, porém, a verdadeira genialidade da ideia encontra-se justamente nas complexidades "técnicas" que se perdem no processo de destilação que produz essas imagens tão simples. É útil ter uma imagem intuitiva, mas o que torna viva uma ideia da física são as consequências matemáticas nela envolvidas. É por isso que não basta ao físico ser sonhador, é preciso também ser um técnico.

Para o sonhador Rutherford, o experimento dizia que grande parte da massa atômica e todas as suas cargas positivas deviam estar acumuladas no centro, numa bolinha incrivelmente minúscula de matéria carregada, tão densa que uma xícara do material pesaria cem vezes mais que o monte

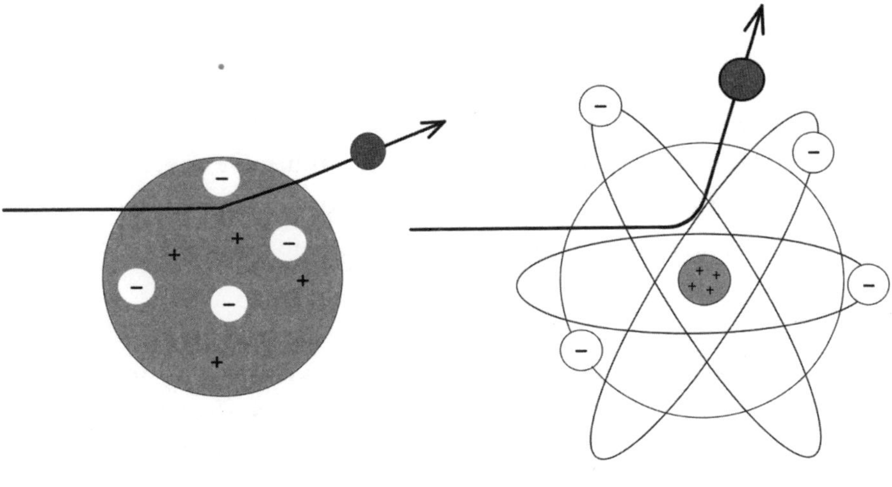

A prevista deflexão de partículas alfa nos átomos de Thomson (esquerda) e de Rutherford.

Everest.[9] (O fato de eu e você não pesarmos tanto é uma prova de que o núcleo é somente um pontinho minúsculo no centro do átomo, que é formado principalmente de espaço vazio.) Mais tarde ele chamaria essa região central do átomo de "núcleo".

O técnico Rutherford remoeu os cálculos matemáticos complexos e específicos para descobrir que, se a imagem que havia ideado era verdadeira, seu experimento produziria exatamente as observações que a equipe realizara. A maioria das partículas alfa, velozes e pesadas, atravessaria a lâmina de ouro fora dos minúsculos centros atômicos e, por isso, seriam apenas levemente afetadas. Enquanto isso, algumas – as que passassem perto de um núcleo – encontrariam um intenso campo de força, provocando grande deflexão. A força desse campo devia parecer ficção científica para Rutherford. Contudo, embora ainda não possamos criar esses campos no nosso mundo macro, eles existem no interior dos átomos.

O ponto importante que Rutherford havia descoberto é que a carga positiva do núcleo está compactada no centro, e não espalhada. Por outro lado, sua imagem de elétrons orbitando o núcleo como os planetas em torno do Sol estava completamente errada – e ele sabia disso.

Primeiro, a analogia com o sistema solar ignora as interações *entre* os planetas do sistema solar, bem como *entre* os diferentes elétrons de um átomo. Essas interações são bem diversas. Os planetas, que têm um bocado de massa, mas nenhuma carga elétrica, interagem pela gravidade; os elétrons, que têm carga, mas pouca massa, interagem por meio da força eletromagnética. A gravidade é uma força extremamente fraca, por isso a tensão que os planetas exercem entre si é tão minúscula que, para muitos propósitos práticos, pode ser ignorada; os elétrons, no entanto, exercem enorme força de repulsão eletromagnética que logo rompe essas lindas órbitas circulares.

Outra questão patente é que tanto planetas quanto elétrons que se movem em círculo emitem ondas de energia – energia gravitacional, no caso dos planetas, energia eletromagnética, no caso dos elétrons. Mais uma vez, como a gravidade é muito fraca, nos bilhões de anos de existência do nosso sistema solar, os planetas só perderam uma pequena porcentagem de sua energia. (Aliás, o efeito nem era conhecido até a teoria da gravidade de Einstein prevê-lo, em 1916.) Por outro lado, como a força eletromagnética é muito forte, de acordo com a teoria de Maxwell, os elétrons em órbita de Rutherford irradiariam toda sua energia e cairiam no núcleo em um centésimo de milionésimo de segundo. Em outras palavras, se o modelo de Rutherford fosse verdadeiro, o Universo tal como o conhecemos não existiria.

Se há previsão capaz de afundar qualquer teoria, esta é a suposição de que o Universo não existe. Então, por que essa teoria foi levada a sério?

Isso ilustra outra questão importante sobre o progresso na física: a maioria das teorias não é abrangente e de grande alcance, mas constitui modelos específicos representando uma situação específica. Assim, mesmo quando sofrem reveses e falham em algumas situações, eles podem ser úteis.

No caso da teoria de Rutherford, os físicos que trabalhavam com esse átomo gostaram do resultado, pois o modelo fazia previsões corretas a respeito do núcleo. Eles imaginaram que algum experimento futuro revelaria fatos essenciais que ainda faltavam para estabelecer a questão de como os elétrons entravam na imagem, e por que o átomo era estável. O que poucos notaram foi que o átomo *não* precisava de uma explicação mais inteligente, mas de uma explicação revolucionária. O pálido e modesto Niels Bohr, no entanto, tinha uma visão diferente das coisas. Para o jovem Bohr, o átomo de Rutherford e suas contradições eram um palheiro que escondia uma agulha de ouro. E ele estava determinado a encontrá-la.

Bohr formulou uma questão para si mesmo: se o átomo não emite ondas de energia, como exige a teoria clássica (ao menos de acordo com o modelo de Rutherford), seria porque ele não obedece às leis clássicas? Para seguir essa linha de raciocínio, Bohr consultou o trabalho de Einstein sobre o efeito fotoelétrico. Questionou o que significaria se a ideia do quantum fosse aplicada também ao átomo. Isto é, e se o átomo, como os quanta de luz de Einstein, só pudesse ter certas energias? A ideia o levou a revisar o modelo de Rutherford e a criar o que viria a se chamar átomo de Bohr.

Bohr explorou sua ideia concentrando a atenção no átomo de hidrogênio, o mais simples, que consiste em um único elétron orbitando um núcleo formado por um só próton. A dificuldade do empreendimento de Bohr é ilustrada pelo fato de que nem se sabia ao certo se o hidrogênio tinha mesmo essa estrutura simples – Bohr teve de deduzir que o hidrogênio só tinha um elétron a partir de uma série de experimentos realizados por Thomson.[10]

A física newtoniana diz que um elétron pode circular em torno de um núcleo (que, no caso do hidrogênio, é apenas um próton) a qualquer distância, desde que sua velocidade e energia tenham os valores adequados, que são determinados pela distância. Quanto menor a distância do elétron para o próton, mais baixa deve ser a energia do átomo. E se, a exemplo de Einstein, nós pudéssemos contradizer a teoria newtoniana e acrescentar uma nova lei determinando que – por alguma razão ainda não conhecida – o átomo não tenha uma energia qualquer, mas apenas um valor que varie dentro de um conjunto discreto de possibilidades. Como o raio orbital é determinado pela *energia*, essa restrição nos valores de energia permitidos seria traduzida numa restrição dos *raios* possíveis em que o elétron orbita. Quando fazemos essa suposição, dizemos que a energia do átomo e os raios das órbitas dos elétrons são "quantizados".

Bohr postulou que, se as propriedades de um átomo forem quantizadas, o átomo não pode espiralar *continuamente* em direção ao núcleo e perder energia, como prevê a teoria newtoniana clássica. Em vez disso, ele pode perder energia somente em "pedaços", ao saltar de uma órbita permitida à outra. Segundo o modelo de Bohr, quando um átomo é excitado por uma carga de energia – por exemplo, de um fóton –, a energia absorvida faz com que o elétron salte para uma das órbitas mais distantes e de maior energia. Cada vez que ocorre um salto de volta para uma órbita menor e de mais baixa energia, um quantum de luz – um fóton – é emitido com uma frequência correspondente à diferença de energia entre as duas órbitas.

Agora vamos supor que, mais uma vez por alguma razão ainda desconhecida, exista uma órbita *interna* mínima permitida – uma órbita de mais baixa energia, que Bohr chamou de "estado fundamental". Nesse caso, quando atinge esse estado, o elétron não pode mais perder energia, e por isso não cai no núcleo, como prevê o modelo de Rutherford. Bohr esperava que esquema semelhante, ainda que mais complicado, funcionasse também para os outros elementos com múltiplos elétrons: ele via a quantização como a chave para a estabilidade do átomo de Rutherford e, portanto, de toda a matéria do Universo.

Assim como o trabalho de Planck sobre a radiação de corpo negro e a explicação de Einstein sobre o efeito fotoelétrico, as ideias de Bohr não foram deduzidas de uma teoria geral do quantum, mas de conceitos casuísticos, ideados para explicar uma só coisa – neste caso, a estabilidade do átomo de Rutherford. O fato de a imagem de Bohr (bem como a de Planck e Einstein) estar essencialmente correta é uma demonstração da engenhosidade humana, que avançou apesar da falta de uma "teoria mãe" geratriz do modelo.

Depois Bohr explicaria que suas ruminações sobre o átomo se cristalizaram após uma conversa casual com um amigo em fevereiro de 1913. Esse amigo lembrou-o das leis de um campo chamado espectroscopia – o estudo da luz irradiada de um elemento gasoso que tenha sido "excitado", digamos, por uma carga elétrica ou um calor intenso. Há muito já se sabia que – por razões que não eram compreendidas –, nessas situações, cada elemento gasoso emite um grupo específico de ondas eletromagnéticas caracterizadas por uma série limitada de frequências. Essas frequências são chamadas linhas espectrais e formam uma espécie de impressão digital que pode identificar o elemento. Depois da conversa com o amigo, Bohr percebeu que poderia empregar seu modelo do átomo para prever como seria a impressão digital do hidrogênio, ligando assim sua teoria a um teste de dados experimentais. Em ciência, é esse passo que eleva uma ideia, ou uma "bela" noção, da categoria de promissora para a de teoria séria.

Quando concluiu seus cálculos matemáticos, o próprio Bohr se surpreendeu com o resultado: as diferenças de energia entre as "órbitas permitidas" reproduziam com precisão todas as frequências das muitas séries de linhas espectrais observadas. É difícil imaginar a alegria que, aos 27 anos,

Bohr sentiu ao perceber que, com seu modelo simples, tinha reproduzido todas as enigmáticas fórmulas espectroscópicas e explicado sua origem.

Bohr publicou sua obra-prima sobre o átomo em julho de 1913, depois de trabalhar arduamente para aquele triunfo. Entre o verão de 1912 até o momento de inspiração, em fevereiro de 1913, ele teve de batalhar com suas ideias dia e noite, dedicando tantas horas ao trabalho que até seus mais diligentes colegas ficaram espantados. Na verdade, chegaram a pensar que ele iria cair de cansaço. Um incidente diz tudo: Bohr tinha marcado seu casamento para o dia 1º de agosto de 1912, e se casou, mas cancelou a lua de mel na linda paisagem da Noruega para passar o tempo no quarto de hotel em Cambridge ditando um texto sobre seu trabalho à nova esposa.

Por ser uma miscelânea, a nova teoria de Bohr era, nitidamente, apenas o começo. Ele chamou as órbitas permitidas de "estados estacionários", por exemplo, pois, ao não irradiarem, como exigia a teoria clássica, os elétrons comportavam-se como se não se movessem. Por outro lado, ele falava muito sobre o "estado de movimento" dos elétrons, retratando-os em movimento circular ao núcleo em suas órbitas permitidas, até saltarem para uma órbita de energia mais baixa, ou serem excitados pela radiação recebida e pularem para um estado de energia mais alta. Estou mencionando isso para ilustrar o fato de que Bohr utilizava duas imagens contraditórias. Este é um método utilizado por muitos pioneiros da física teórica. Em literatura, recomenda-se não misturar metáforas, mas em física, quando sabemos que uma metáfora não é totalmente adequada, é comum misturá-la com outra (mas com cuidado).

Nesse caso, Bohr não estava muito orgulhoso da imagem clássica de átomo semelhante a um sistema solar, mas esse foi seu ponto de partida. E para criar a teoria, ele usou as equações da física clássica que relacionavam o raio e a energia das órbitas dos elétrons, enquanto desenvolvia novas ideias quânticas, como o princípio dos estados estacionários, criando assim uma imagem modificada.

De início, o átomo de Bohr provocou reações conflitantes. Na Universidade de Munique, um influente físico chamado Arnold Sommerfeld

(1868-1951) reconheceu imediatamente o trabalho como um marco na ciência e começou a burilar a ideia, em especial explorando sua relação com a relatividade. Enquanto isso, Einstein dizia que Bohr fizera "uma das maiores descobertas [de todos os tempos]".[11] Contudo, mais revelador de quanto o átomo de Bohr espantou os físicos da época foi outro comentário feito por Einstein. O homem que teve a coragem de propor não só a existência dos quanta de luz, como também a ideia de que espaço, tempo e gravidade eram imbricados, disse que lhe ocorrera ideia semelhante à do átomo de Bohr, mas não teve coragem de publicá-la, por sua "extrema novidade".

A coragem necessária para a publicação se reflete em outras reações provocadas por Bohr. Na Universidade de Göttingen, importante instituição alemã, houve um consenso, como Bohr relatou, "de que a coisa toda era um tremendo absurdo, beirando a fraude". Um cientista de Göttingen, perito em espectroscopia, expressou por escrito a posição da universidade: "É lamentável, no mais alto grau, que a literatura tenha sido contaminada por informações tão distorcidas, revelando tanta ignorância."[12] Um dos grandes decanos da física britânica, Lord Rayleigh, por sua vez, afirmou que não conseguia se convencer de que "a natureza se comportava daquela maneira".[13] Mas acrescentou – presciente – que "homens com mais de setenta anos não devem se apressar em expressar opiniões sobre novas teorias".[14] Outro destacado físico britânico, Arthur Eddington, tampouco se mostrou entusiasmado, descartando as ideias quânticas de Planck e Einstein como "invenção alemã".[15]

Até Rutherford reagiu negativamente. Uma das razões disso era o fato de ele não ser muito chegado à física teórica. No entanto, o que mais o incomodou no trabalho de Bohr – que, afinal, era uma revisão do seu modelo do átomo – foi que o colega dinamarquês não apresentava um mecanismo para o elétron realizar aqueles saltos entre níveis energéticos. Por exemplo, se, ao passar de um nível de energia correspondente a uma órbita menor, o elétron está "saltando" para uma nova órbita, e não "espiralando" continuamente para o centro, em que consiste o caminho desse "salto", o que acontece para provocá-lo?

Como se revelou com o tempo, a objeção de Rutherford ia direto ao cerne da questão. Na verdade, o mecanismo nunca foi descoberto. Quando a teoria quântica amadureceu e se transformou numa teoria geral da natureza, ficou claro que essas questões não têm resposta, portanto, não têm lugar na ciência moderna.

O que acabou convencendo o mundo da física acerca da exatidão das ideias de Bohr – e, em consequência, também dos trabalhos de Planck e Einstein – aconteceu em um período de dez anos, de 1913 a 1923.[16] Aplicando suas ideias e de outros a átomos de elementos mais pesados que o hidrogênio, Bohr percebeu que, ao ordenar os elementos pelos números atômicos, e não pelos pesos atômicos, como fizera Mendeleiev, eles eliminavam alguns erros da tabela periódica.

O peso atômico é determinado pelo número de prótons e nêutrons no núcleo do átomo. O número atômico, em comparação, é igual ao número de prótons, que, como os átomos não têm carga elétrica, é também o número de elétrons que o átomo possui. Átomos com mais prótons no núcleo em geral têm mais nêutrons também, mas nem sempre; por isso, as duas medidas podem diferir em suas implicações na ordem dos elementos. Bohr concluiu que o número atômico é o parâmetro adequado para servir de base à tabela periódica, pois são os prótons e elétrons que determinam as propriedades químicas de um elemento, e não os nêutrons. Demorou mais de cinquenta anos, mas, graças a Bohr, a ciência podia agora explicar por que a misteriosa tabela periódica de Mendeleiev funcionava.

Com a transformação das ideias quânticas numa estrutura geral que substituiria as leis de Newton, os físicos conseguiram formular equações a partir das quais, a princípio, o comportamento de todos os átomos poderia ser deduzido – ainda que na maior parte dos casos fosse necessária a posterior tecnologia de supercomputadores para essa dedução. Mas ninguém teve de esperar pelos supercomputadores para verificar a nova teoria de Bohr, pois ele cotejou suas ideias com a realidade de uma maneira ousada e um tanto escandalosa: na tradição de Mendeleiev, previu as propriedades de um elemento ainda não descoberto – ironicamente, elemento sobre o qual Mendeleiev, baseado em seu sistema no peso atômico, se enganara.

O elemento foi descoberto pouco depois, em 1923, e chamou-se háfnio, numa referência a Háfnia, o nome latino de Copenhague, cidade natal de Bohr. Com isso, nenhum físico (ou químico) podia mais duvidar da verdade das teorias de Bohr.[17] Cinco décadas depois, em 1997, o nome de Bohr se juntaria ao de Mendeleiev na tabela periódica, inspirando o nome do elemento 107, o bóhrio. No mesmo ano, seu ex-mentor – e às vezes crítico – foi também homenageado com o nome do elemento 104, o rutherfórdio.*

* Além de Mendeleiev, Bohr, Rutherford e Lise Meitner – que já mencionei –, há doze outros cientistas cujos nomes batizaram elementos químicos: Vasili Samarsky-Bykhovets (samário), Johan Gadolin (gadolínio), Marie Sklodowska-Curie e Pierre Curie (cúrio), Albert Einstein (einstêinio), Enrico Fermi (férmio), Alfred Nobel (nobélio), Ernest Lawrence (laurêncio), Glenn T. Seaborg (seabórgio), Wilhelm Röntgen (roentgênio), Nicolau Copérnico (copernício) e Georgy Flyorov (fleróvio).

12. A revolução quântica

Apesar de todas as mentes brilhantes e vorazes concentradas no quantum, e das verdades isoladas que haviam adivinhado ou descoberto no início dos anos 1920, ainda não havia uma teoria geral do quantum, nem qualquer indicação de que ela fosse possível. Bohr conseguiu reunir certos princípios que, se verdadeiros, explicavam por que os átomos eram estáveis e quais eram suas linhas espectrais. Mas por que esses princípios eram verdadeiros e como aplicá-los na análise de outros sistemas? Ninguém sabia.

Muitos físicos quânticos começaram a se sentir desanimados. Max Born (1882-1970), futuro ganhador do Prêmio Nobel que logo criaria o termo fóton, escreveu: "Estou sem esperanças sobre a teoria quântica, tentando encontrar uma receita para calcular o hélio e outros átomos; mas não consigo. ... Os quanta realmente estão uma bagunça desanimadora."[1] Wolfgang Pauli (1900-1958), outro futuro laureado com o Nobel que depois iria formular e propor a teoria matemática da propriedade chamada spin, disse o seguinte: "A física está muito confusa no momento; está difícil demais para mim; eu preferia ser um comediante do cinema ou algo assim, e nunca ter ouvido falar de física."[2]

A natureza nos apresenta enigmas, e nós que temos de resolvê-los. Uma coisa que se pode dizer sobre os físicos é que eles sempre têm muita fé em que esses enigmas abrigam verdades profundas. Acreditamos que a natureza é governada por regras gerais, e não uma miscelânea de fenômenos não relacionados. Os primeiros pesquisadores não sabiam o que seria uma teoria geral do quantum, mas acreditavam que ela existia. O mundo que exploravam se recusava obstinadamente a dar explicações, mas eles imaginavam que poderia ser compreendido. Esse sonho os alimentava. Eles mostravam-se vulneráveis em momentos de dúvida e desespero, como todos nós, mas seguiram adiante em difíceis jornadas que consumiram anos de suas vidas, motivados pela convicção de que haveria uma verdadeira recompensa na linha de chegada. Como em qualquer empreendimento difícil, constatamos que os que venceram tinham fortes convicções, pois os que não tinham muita fé tombaram antes de obter algum resultado.

É fácil entender o desespero de cientistas como Born e Pauli, pois a teoria quântica não era apenas um desafio em si mesmo, ela também surgia num momento difícil da história. A maioria dos pioneiros do quantum trabalhava na Alemanha ou circulava entre a Alemanha e o instituto que Bohr fundara em 1921 na Universidade de Copenhague, portanto, eles estavam destinados a conduzir suas buscas de uma nova ordem científica numa época em que a ordem política e social ao seu redor se dissolvia no caos. Em 1922, o ministro do Exterior da Alemanha foi assassinado. Em 1923, o valor do marco alemão afundou para um trilionésimo de seu valor antes da guerra: eram necessários 500 bilhões desses "dólares alemães" para comprar um quilo de pão. Mesmo assim, os novos cientistas do quantum procuravam se concentrar na compreensão do átomo e, de forma mais geral, nas leis fundamentais da natureza aplicáveis àquela escala diminuta.

Os resultados começaram afinal a aparecer em meados da década. Primeiro aos trancos e barrancos, a partir de um trabalho publicado em 1925 por um homem de 23 anos chamado Werner Heisenberg (1901-1976).

NASCIDO EM WÜRZBURG, na Alemanha, filho de um professor de línguas clássicas, Heisenberg destacou-se ainda jovem pela inteligência e competitividade.[3] O pai encorajava esse espírito competitivo, e Heisenberg estava sempre envolvido em conflitos com seu irmão, um ano mais velho que ele. As disputas terminavam em lutas sangrentas em que os dois se batiam com cadeiras antes de proclamar uma trégua – que só se manteve após seguirem caminhos separados, saindo de casa e não falando mais um com o outro durante o resto da vida. Anos depois, Heisenberg enfrentaria com a mesma ferocidade os desafios apresentados por seu trabalho.

Heisenberg sempre encarava a competição como um desafio pessoal. Não tinha nenhum talento especial para esquiar, mas treinou tanto que virou excelente esquiador. Tornou-se corredor de longos percursos. Aprendeu a tocar piano e violoncelo. Contudo, o mais importante, ao descobrir na escola que tinha talento para a aritmética, desenvolveu grande interesse pela matemática e suas aplicações.

No verão de 1920, Heisenberg optou por um curso de doutorado em matemática, mas, para ser aceito em algum programa, era preciso convencer um membro da faculdade a patrocinar sua admissão. Por intermédio de um conhecido do pai, Heisenberg conseguiu marcar uma entrevista com um renomado matemático chamado Ferdinand von Lindemann, da Universidade de Munique. Na verdade, a entrevista não foi daquelas favoráveis, que às vezes a gente consegue por intervenção de um bom relacionamento. Heisenberg não foi convidado a tomar chá com bolinhos na Floresta Negra nem a contar histórias incríveis sobre sua inteligência, nada disso. A dois anos de se aposentar, Lindemann já estava meio surdo e não muito interessado em primeiranistas – ainda por cima, estava acompanhado de um poodle que latia tão alto que Heisenberg mal conseguia se fazer ouvir. O que parece ter arruinado de vez a chance de Heisenberg, porém, foi ter mencionado que havia lido um livro sobre a teoria da relatividade de Einstein, escrito pelo matemático Hermann Weyl. Ao tomar ciência do interesse do jovem por um livro de física, Lindemann, teórico dos números, de repente encerrou a entrevista dizendo: "Sendo assim, você é um caso perdido para a matemática."[4]

Com esse comentário, provavelmente Lindemann quis insinuar que o interesse pela física era sinal de mau gosto. Mas, como físico, prefiro pensar que na verdade ele estava dizendo que, depois de ter se exposto a tema muito mais interessante, Heisenberg jamais teria paciência para a matemática. De qualquer forma, a arrogância e os preconceitos de Lindemann mudaram o curso da história: se tivesse apoiado Heisenberg, a física teria perdido o homem cujas ideias se tornariam o cerne da teoria quântica.*

---

* Ironicamente, Lindemann já havia tido um contato não muito bem-sucedido com a física. Ele é conhecido como o homem que provou que não se pode obter a "quadratura

De qualquer forma, Heisenberg não viu muitas opções depois de ser rejeitado por Lindemann, e resolveu tentar o prêmio de consolação de um doutorado em física sob orientação de Arnold Sommerfeld, grande entusiasta do átomo de Bohr e que na época elaborava suas próprias contribuições à teoria. Homem pequeno, já meio calvo, com um grande bigode e sem poodles, Sommerfeld ficou impressionado com o que o jovem Heisenberg havia assimilado do livro de Weyl. Não tão impressionado a ponto de aprová-lo de imediato, mas o bastante para orientá-lo provisoriamente. "Pode ser que você saiba alguma coisa; pode ser que você não saiba nada", disse Sommerfeld. "Vamos ver."[5]

Claro que Heisenberg sabia alguma coisa. O suficiente para concluir seu doutorado com Sommerfeld em 1923, subir para um grau mais avançado em 1924, chamado "habilitação", e começar a trabalhar com Born em Göttingen. Mas seu caminho para a imortalidade só começaria depois de uma visita a Niels Bohr em Copenhague, no outono de 1924.

Quando Heisenberg chegou, Bohr estava realizando um estudo equivocado para fazer reparos em seu modelo do átomo, e Heisenberg se juntou a ele. Digo "equivocado" não só porque o estudo fracassou, mas por causa do objetivo: Bohr queria eliminar os fótons de seu modelo, os quanta de luz de Einstein. Pode parecer estranho, já que a ideia fora a inspiração para sua hipótese, de que o átomo poderia estar restrito apenas a certas energias discretas. Mesmo assim, Bohr, bem como outros cientistas, relutou em aceitar a realidade dos fótons, por isso perguntou a si mesmo se não conseguiria criar uma variante de seu átomo original que não os incorporasse.[6] Ele acreditava que sim. Já vimos Bohr transpirar em cima de ideias e acabar vencendo, mas neste caso ele transpirou, porém não venceu.

Quando ainda era estudante, eu e meus amigos idolatrávamos diversos físicos. Einstein por suas ideias radicais e a lógica a toda prova. Feynman e o físico inglês Paul Dirac (1902-1984) por inventar conceitos matemáticos que pareciam até ilegais e aplicá-los para obter resultados impressionantes.

---

do círculo", ou seja, que não se pode construir um quadrado com a mesma área de um dado círculo só com régua e compasso.

(Depois os matemáticos arranjaram um jeito de justificá-los.) E Bohr por sua intuição. Pensávamos neles como heróis, gênios sobre-humanos, com o pensamento sempre claro, as ideias sempre corretas. Isso não é incomum, suponho. Artistas, empreendedores e fãs de esportes estão sempre citando nomes de figuras que consideram os maiorais.

No meu tempo de estudante, nos diziam que a intuição de Bohr a respeito da física quântica era tão impressionante que ele parecia ter "uma linha direta com Deus". Mas as histórias sobre os primeiros tempos da teoria quântica nos informam a respeito de grandes sacadas, e raramente mencionam as inúmeras ideias equivocadas. O que é natural, pois com o tempo as boas ideias sobrevivem, enquanto as más são esquecidas. Infelizmente, isso nos dá a falsa impressão de que a ciência é mais fácil e direta do que na verdade é – pelo menos para certos "gênios".

O grande jogador de basquete Michael Jordan declarou certa vez: "Eu já errei mais de 9 mil lançamentos na minha carreira. Perdi quase trezentos jogos. Tive chance de decidir 26 partidas num lance livre e errei. Já errei muitas vezes na vida. E foi por isso que acabei vencendo."[7] É inspirador saber que mesmo uma grande lenda pode errar e persistir, apesar dos erros. O mesmo vale para qualquer um envolvido num campo de descoberta e inovação: é bom saber das ideias errôneas de Bohr ou dos infrutíferos estudos de alquimia de Newton, reconhecer que nossos ídolos intelectuais também viveram grandes fracassos e tiveram ideias tão equivocadas quanto as nossas.

É interessante que Bohr tenha considerado seu modelo do átomo uma ideia radical demais, mas não surpreende, pois a ciência, assim como a sociedade, se constrói com ideias e convicções compartilhadas, e o átomo de Bohr não era unanimidade. Isso explica por que pioneiros como Galileu e Newton ou Bohr e Einstein – e outros depois – mantinham um pé no passado, mesmo que sua imaginação ajudasse a criar o futuro.

Nesse aspecto, os "revolucionários" da ciência não são diferentes de pensadores de vanguarda de outras áreas. Vamos considerar, por exemplo, Abraham Lincoln, grande defensor da libertação dos escravos no sul dos Estados Unidos, mas que jamais conseguiu se libertar de sua convicção anacrônica de que as raças não poderiam viver juntas "em igualdade social e política".[8] O próprio Lincoln reconhecia que sua posição contra a escravidão podia ser considerada incoerente com a aceitação da desigualdade racial. Mas defendia seu reconhecimento da supremacia caucasiana dizendo que o fato de estar "de acordo com a justiça" não era um fator-chave, pois a supremacia branca era um "sentimento universal" que, "bem ou mal-fundamentado, não pode ser desconsiderado com segurança".[9] Em outras palavras, renunciar à supremacia branca era um passo radical demais até para Lincoln.

Se você perguntar por que as pessoas acreditam nisso ou naquilo, nem sempre elas se mostrarão tão abertas ou conscientes como Lincoln. Poucas dirão, como ele fez, que acreditam em alguma coisa porque todo mundo acredita nela. Ou "porque eu sempre acreditei nisso", ou "porque fui doutrinado para acreditar nisso em casa e na escola". Mas, como observou Lincoln, raramente essas são as razões. Na sociedade, são as convicções comuns, e às vezes a injustiça, que criam a cultura. Na ciência, na arte e em outras áreas nas quais a criatividade e a inovação são importantes, convicções comuns criam barreiras mentais ao progresso. É por isso que as mudanças costumam acontecer aos trancos e barrancos, e foi por isso que Bohr ficou cismado e quis alterar sua teoria.

Se a nova teoria de Bohr estava fadada ao fracasso, ao menos ela teve um efeito muito feliz: obrigou o jovem Heisenberg a pensar intensamente sobre as implicações da teoria original do átomo de Bohr. Gradualmente, suas análises começaram a conduzi-lo para uma nova e radical visão da física: poderia ser viável, e mesmo desejável, abandonar a ideia de uma imagem física do funcionamento interno do átomo – o movimento orbital dos elétrons, por exemplo, que conseguimos imaginar, mas não podemos observar na prática.

A teoria de Bohr, como as da física clássica, embasava-se em valores matemáticos atribuídos a características como posição e velocidade orbital do elétron. No mundo dos objetos estudados por Newton – projéteis, pêndulos, planetas –, a posição e a velocidade podem ser observadas e medidas. Mas os experimentalistas *não conseguem* observar no laboratório se os elétrons de um átomo estão aqui ou ali, nem a velocidade com que se movem, se é que se movem. Se os conceitos clássicos de posição, velocidade, caminho, órbitas e trajetórias não são observáveis no nível atômico, raciocinou Heisenberg, talvez fosse necessário abandonar as tentativas de criar uma ciência do átomo – ou de outros sistemas – que se baseasse nesses processos. Por que se ater a essas velhas ideias? Elas são lastros mentais, decidiu Heisenberg, coisas do *século XVII*.

Será possível, indagou Heisenberg, desenvolver uma teoria baseada somente nos dados atômicos que podem ser diretamente medidos, como as frequências e amplitudes de radiação emitidas pelo átomo?

Rutherford rejeitara o átomo de Bohr porque este não apresentara o mecanismo pelo qual o elétron salta entre os níveis energéticos do átomo; Heisenberg não responderia a essa crítica oferecendo um mecanismo, mas dizendo que ele não existe, que não há caminhos quando se fala de elétrons, ou pelo menos que a questão está fora dos domínios da física – pois os físicos medem a luz absorvida ou emitida nesses processos, mas não conseguem observar os próprios processos. Quando Heisenberg voltou a Göttingen na primavera de 1925, para trabalhar como professor no Instituto de Bohr, seu sonho e seu objetivo eram inventar uma nova abordagem da física baseada só nos dados mensuráveis.

Criar uma ciência radicalmente nova, que abandonasse a descrição intuitiva de Newton da realidade e invalidasse conceitos que todos podemos imaginar e identificar – como posição e velocidade –, seria audacioso para qualquer um, que diria para um Heisenberg de 23 anos. Mas como Alexandre, que mudou o mapa político do mundo aos 22 anos, o jovem Heisenberg lideraria uma marcha para reformular o mapa científico do mundo.

A TEORIA CRIADA por Heisenberg a partir dessa inspiração substituiria as leis do movimento de Newton como a nossa teoria fundamental da natureza. Max Born a chamou de "mecânica quântica", para distinguila das leis de Newton, em geral denominadas mecânica newtoniana ou mecânica clássica.[10] Mas as teorias da física são validadas pela precisão de suas previsões, não por gostos pessoais ou acordos em comum, por isso, pode-se indagar como uma teoria baseada em ideias exóticas, a exemplo da de Heisenberg, poderia "substituir" outra teoria tão bem estabelecida, como a de Newton, depois de tanto sucesso.

A resposta é que, embora a estrutura conceitual por trás da mecânica quântica seja bem diferente da de Newton, as previsões matemáticas das duas teorias só diferem por sistemas em escala atômica ou menor, nos quais as leis de Newton não se aplicam. Assim, quando foi plenamente desenvolvida, a mecânica quântica explicava o estranho comportamento do átomo sem contradizer a bem estabelecida descrição dos fenômenos cotidianos desenvolvida pela teoria de Newton. Heisenberg e outros que trabalhavam no desenvolvimento da teoria quântica sabiam que este era o caso, e desenvolveram uma expressão matemática dessa ideia que propiciou testes valiosos para a teoria em evolução. Bohr chamou-a de "princípio de correspondência".

Como Heisenberg criou uma teoria concreta a partir do que era então pouco mais que uma preferência filosófica? Seu desafio foi traduzir a noção de que a física deveria se basear em "observáveis" – quantidades que medimos – numa estrutura matemática que, como a de Newton, pudesse ser usada para descrever o mundo físico. A teoria criada por Heisenberg se aplicaria a qualquer sistema físico, mas ele a elaborou no contexto do mundo atômico, com o objetivo inicial de explicar as razões do sucesso do modelo casuístico do átomo de Bohr por meio de uma teoria matemática geral.

O primeiro passo de Heisenberg foi identificar as observáveis apropriadas do átomo. Como no mundo atômico o que medimos são as frequências de luz emitidas pelos átomos e a amplitude, ou intensidade, dessas linhas espectrais, foram essas as propriedades que ele escolheu. Em seguida, passou a empregar as técnicas da física matemática tradicional para deduzir a relação entre as "observáveis" newtonianas tradicionais, como posição e velocidade, e os dados das linhas espectrais. Sua meta era usar essa relação para substituir cada observável da física newtoniana por uma contraparte quântica. Esse passo demandava muita criatividade e coragem, pois exigiria que Heisenberg transformasse posição e momentum em entidades matemáticas que pareciam novas e bizarras.

Era necessário um novo tipo de variável porque a posição, por exemplo, podia ser definida especificando-se um ponto único, enquanto os dados espectrais exigiam descrição diferente. Cada uma das várias propriedades da luz emitida pelo átomo, como cor e intensidade, não gera um número só, mas todo um conjunto. Os dados produzem um conjunto porque existe uma linha espectral correspondente ao salto de cada estado inicial do átomo para qualquer estado final – resultando numa notação para qualquer *par* possível dos níveis energéticos de Bohr. Se isso parece complicado, não se preocupe, é complicado mesmo. Aliás, quando Heisenberg chegou a esse esquema, ele mesmo o qualificou de "muito estranho".[11] Contudo, a essência do que ele fez foi eliminar órbitas que se podem visualizar em sua teoria do elétron substituindo-as por quantidades puramente matemáticas.

Os que haviam trabalhado em teorias do átomo antes de Heisenberg queriam descobrir, como Rutherford, uma mecânica por trás dos processos atômicos. Eles pensavam no inacessível conteúdo do átomo como algo

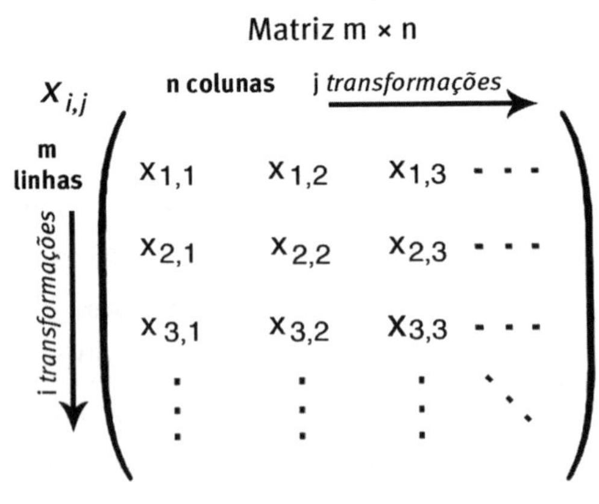

Na teoria de Heisenberg, a posição é representada por uma matriz infinita, ou conjunto de números, e não pelas conhecidas coordenadas espaciais.

real, e tentavam deduzir a natureza das linhas espectrais observadas em palpites sobre o comportamento do que haveria lá dentro – como elétrons em órbita. Essas análises sempre supuseram que os componentes do átomo teriam as mesmas características básicas das coisas às quais estamos habituados no dia a dia. Só Heisenberg pensou diferente, e teve a coragem e a ousadia de afirmar que as órbitas dos elétrons estavam além do alcance da observação, por isso *não eram reais* e não tinham lugar na teoria. Essa seria a abordagem que Heisenberg desenvolveria não só para o átomo, mas para qualquer sistema físico.

Ao insistir nessa análise, Heisenberg abandonou a imagem newtoniana do mundo como arranjo de objetos materiais com existência individual e propriedades definidas como velocidade e localização. Sua teoria, quando refinada, nos obrigaria a aceitar, em seu lugar, o mundo baseado num esquema conceitual diferente, em que o caminho de um objeto e mesmo seu passado e o futuro não são determinados com precisão.

Quando se sabe que no mundo atual muita gente tem problemas para se ajustar às novas tecnologias, como o envio de mensagens e as mídias sociais, pode-se imaginar a abertura mental necessária para se ajustar a uma teoria que dizia que os elétrons e núcleos de que somos formados não têm existência concreta. No entanto, era exatamente isso que pedia a abordagem de Heisenberg. Aquele não era apenas um novo tipo de física, era uma concepção inteiramente nova da realidade. Essas questões levaram Max Born a questionar a divisão secular entre física e filosofia. "Agora estou convencido", escreveu, "de que a física teórica é a atual filosofia."[12]

À medida que essas ideias se encaixavam, e Heisenberg progredia em seus cálculos matemáticos, ele foi ficando cada vez mais animado. No entanto, foi acometido por um acesso de febre do feno tão grave que teve de sair de Göttingen e se retirar para uma ilha rochosa no mar do Norte, onde pouco ou quase nada crescia do solo. Mesmo com o rosto inchado e horrendamente desfigurado, ele continuou trabalhando dia e noite, até concluir a pesquisa que constituiria seu primeiro artigo sobre as ideias que virariam a física de cabeça para baixo.

Quando voltou para casa, Heisenberg anotou suas descobertas, entregou uma cópia ao amigo Pauli e outra a Born. O texto esboçava uma metodologia e se aplicava a dois problemas simples, mas Heisenberg não tinha desenvolvido suas ideias a ponto de calcular nada de interesse prático. Seu trabalho era muito árido, terrivelmente complicado e misterioso. Para Born, a experiência deve ter sido semelhante a conversar com uma dessas pessoas que a gente conhece numa festa, que fala sem parar e não diz coisa com coisa. Diante da perspectiva de ler texto tão difícil, a maioria das pessoas dá uma olhada rapidinha, desiste e vai tomar uma taça de vinho. Mas Born insistiu. No final, ficou tão impressionado com o trabalho de Heisenberg que imediatamente escreveu para Einstein dizendo que as ideias do jovem cientista eram "sem dúvida corretas e profundas".[13]

A exemplo de Bohr e Heisenberg, Born havia se inspirado na relatividade de Einstein, e observou que o foco de Heisenberg no que podia ser medido era análogo à cuidadosa atenção dada por Einstein, ao elaborar a relatividade, aos aspectos operacionais de como o tempo é auferido.[14] Mas Einstein não gostou da teoria de Heisenberg, e este seria o ponto da evolução da teoria quântica em que Einstein e o quantum começariam a se separar. Ele não conseguiu endossar uma teoria que abandonava a existência de uma realidade objetiva bem-definida, em que objetos têm propriedades determinadas, como posição e velocidade. Ele conseguia engolir a ideia de que as propriedades de um átomo pudessem ser explicadas por uma teoria provisória, que não fizesse referência à órbita do átomo. Mas uma teoria fundamental proclamando que essas órbitas não existiam? Isso ele não podia endossar. Como escreveria mais tarde: "Estou inclinado a acreditar que os físicos não se sentirão permanentemente satisfeitos com ... uma descrição indireta da realidade."[15]

O próprio Heisenberg não sabia bem o que havia criado. Mais tarde ele relatou quanto se sentiu estupefato numa noite em que estava no limiar da descoberta, trabalhando até as três da madrugada, e depois como ficou tão agitado com seus novos achados que não conseguia dormir. Todavia, enquanto trabalhava no manuscrito do primeiro texto em que propunha suas ideias, ele escreveu para o pai: "Meus trabalhos não vão muito bem no momento. Não estou produzindo muito e não sei se algum outro [texto] se originará deste."[16]

Entrementes, Born continuava remoendo a estranha matemática de Heisenberg. Até que um dia teve uma revelação: já tinha visto um esquema como o de Heisenberg em algum lugar. Os conjuntos, lembrou, eram parecidos com o que os matemáticos chamavam de "matriz".

A álgebra matricial na época era um tema enigmático e obscuro, e parecia que Heisenberg a reinventara. Born pediu ajuda a Pauli a fim de traduzir o ensaio para a linguagem matricial dos matemáticos (até o ponto em que a linguagem permitisse, pois a de Heisenberg tinha um número infinito de linhas e colunas). Pauli, futuro ganhador do Prêmio Nobel, ficou muito agitado. Acusou Born de tentar arruinar as lindas "ideias físicas" de seu amigo introduzindo nelas "matemática fútil" e "um formalismo tedioso e complicado".[17]

A linguagem matricial se mostraria uma grande simplificação. Born encontrou outro ajudante para as matrizes, seu aluno Pascual Jordan, e em nove meses, em novembro de 1925, Heisenberg, Born e Jordan apresentaram o trabalho sobre a teoria quântica de Heisenberg que hoje é um marco na história da ciência. Não muito depois, Pauli digeriu o trabalho deles e aplicou a nova teoria para deduzir as linhas espectrais do hidrogênio, demonstrando quanto eram afetadas por campos elétricos e magnéticos, algo que até então não fora possível. Essa foi a primeira aplicação prática da nascente teoria que logo iria destronar a mecânica newtoniana.

MAIS DE 2 MIL ANOS tinham se passado desde a origem da ideia de átomo, mais de duzentos desde que Newton inventara a mecânica matemática e mais de vinte desde que Planck e Einstein introduziram o conceito de quantum. De certa forma, a teoria de Heisenberg foi a culminação de todos esses longos fios do pensamento científico.

O problema era que, quando foi totalmente desenvolvida, a teoria de Heisenberg preenchia trinta páginas para explicar os níveis energéticos dos átomos, enquanto a teoria de Bohr fazia o mesmo em poucas linhas.

Diante disso, meu pai alfaiate, sempre prático, teria dito: "Ei, e ele teve que estudar todos esses anos pra *isso*?" Mas a teoria de Heisenberg era superior, pois produzia resultados baseados em princípios fundamentais, e não nas suposições casuísticas de Bohr. Por essa razão, você pode achar que ela foi imediatamente aceita. No entanto, a maioria dos físicos não estava envolvida diretamente na busca de uma teoria do quantum e parecia pensar como meu pai. Para eles, precisar de trinta páginas, e não de três linhas, não parecia um passo adiante. Eles se mostraram indiferentes e desinteressados – com destaque para Rutherford –, considerando Heisenberg da mesma forma que você veria um mecânico de automóvel dizer que pode resolver um problema com o termostato, mas seria melhor trocar de carro.

Mas o pequeno grupo dos que estavam enfronhados na teoria do quantum teve uma reação diferente. Quase sem exceções, todos ficaram embas-

Werner Heisenberg (esquerda) e Niels Bohr (direita).

bacados. Pois a teoria de Heisenberg, embora assumidamente complicada, explicava num sentido profundo a funcional teoria provisória do átomo de hidrogênio de Bohr, além de apresentar também uma completa descrição dos dados observados.

Para Bohr, em especial, aquilo era a culminação de uma saga que ele tinha ajudado a começar. Ele sabia que seu átomo era apenas um modelo provisório e casuístico, destinado a ser explicado por uma teoria mais geral, e estava convencido de que era aquela. "Graças ao último trabalho de Heisenberg", escreveu, "foram realizados progressos só de uma tacada, o que ... há muito tem sido o centro de nossos desejos."[18]

Por um tempo, a física ficou em estado de estranheza, como um estádio de Copa do Mundo em que somente um punhado de torcedores tivesse percebido o gol da vitória. De forma irônica, o que afinal fez com que a teoria quântica deixasse de ser algo que despertava o interesse de poucos especialistas para ser reconhecida como a teoria fundamental por trás da física foi o surgimento, alguns meses depois, em janeiro ou fevereiro de 1926, de dois trabalhos descrevendo outra teoria geral do quantum, utilizando conceitos e métodos bem diferentes – aparentemente, com uma visão diferente da realidade.

A nova teoria concorrente descrevia os elétrons do átomo como uma onda – conceito que os físicos já estavam acostumados a visualizar, ainda que não no contexto dos elétrons. Estranhamente, apesar das diferenças, ela explicava o átomo de Bohr e o de Heisenberg. Desde os gregos, os cientistas tiveram de se virar sem nenhuma teoria do átomo. Agora havia duas. Elas pareciam incompatíveis: uma via a natureza consistindo em ondas de matéria e energia; outra insistia em que não fazia sentido ver a natureza consistindo em alguma coisa, prescrevendo que só considerássemos as relações matemáticas entre os dados.

A nova teoria do quantum foi elaborada pelo físico austríaco Erwin Schrödinger (1887-1961), e era tão diferente em estilo da de Heisenberg como seus dois autores e os caminhos percorridos para realizar suas descobertas. Enquanto Heisenberg tinha produzido seu trabalho sozinho, entocado numa ilha rochosa, com uma tremenda sinusite, Schrödinger fez isso enquanto passava os feriados de Natal com a amante num resort dos Alpes, na cidade de Arosa. Schrödinger "fez seu grande trabalho", disse um amigo matemático, "durante um despertar erótico tardio".[19] Por "tardio", o matemático estava se referindo à avançada idade de 38 anos.

Talvez o matemático tivesse certa razão quanto à avançada idade de Schrödinger. É muito comum ver jovens físicos aceitando novas ideias, enquanto físicos mais velhos se mantêm saudosos das formas tradicionais de fazer as coisas, como se a idade tornasse mais difícil aceitar as mudanças de um mundo em movimento. O trabalho de Schrödinger, como se viu, na verdade foi um exemplo dessa tendência – porque, ironicamente, a motivação de Schrödinger na elaboração de sua nova teoria era o desejo de ter uma teoria quântica que, ao contrário da de Heisenberg, estivesse mais próxima da física convencional. Schrödinger lutava para manter o mundo conhecido, não para virar tudo do avesso.

Em contraposição ao muito mais jovem Heisenberg, Schrödinger queria *visualizar* o movimento dos elétrons num átomo. Ainda que suas exóticas "ondas de matéria" não atribuíssem propriedades newtonianas aos elétrons como as órbitas de Bohr, sua nova "teoria ondulatória" do quantum, que a princípio ninguém soube exatamente como interpretar, oferecia a promessa de se evitar a assustadora visão da realidade exigida pela teoria de Heisenberg.

Essa foi uma alternativa que os físicos apreciaram. Antes de Schrödinger, a aceitação da mecânica quântica seguia em ritmo lento. A estranha matemática de Heisenberg, envolvendo um número infinito de equações matriciais, parecia horrendamente complexa, e os físicos não se sentiram confortáveis abandonando variáveis que podiam visualizar para adotar conjuntos simbólicos. A teoria de Schrödinger, por outro lado, era fácil de usar e baseada em equações semelhantes às que esses físicos haviam estudado na faculdade, relacionadas às ondas sonoras e aquáticas. Essa metodologia era o café com leite dos físicos clássicos, tornando a transição para a física quântica relativamente fácil. Também importante era que, ao fornecer uma forma de visualizar o átomo, embora não empregando conceitos newtonianos como órbitas, Schrödinger tornou a teoria quântica mais palatável – e a antítese do que Heisenberg tanto desejava.

Até Einstein adorou a teoria de Schrödinger – de início. Ele também havia considerado a ideia de ondas de matéria e já tinha trabalhado com o austríaco no passado. "A ideia do seu trabalho se origina de um verdadeiro gênio!", escreveu a Schrödinger em abril de 1926.[20] Dez dias depois, ele escreveu: "Estou convencido de que você fez um avanço decisivo com sua formulação da condição quântica, assim como estou convencido de que o método de Heisenberg está equivocado."[21] Em maio, voltou a elogiar por escrito o trabalho de Schrödinger.

No entanto, naquele mesmo mês, maio de 1926, Schrödinger soltou outra bomba: publicou um artigo mostrando que, para sua *própria* surpresa, a teoria dele e a de Heisenberg eram matematicamente equivalentes – as duas estavam corretas. Isto é, embora as duas teorias empregassem diferentes estruturas conceituais – diferentes visões do que acontecia "nos bastidores" da natureza (na verdade, Heisenberg se *recusava* a olhar os bastidores) –, as duas só tinham simples diferenças de linguagem. O que ambas diziam sobre *o que* nós observávamos era o mesmo.

Para complicar ainda mais as coisas (ou para torná-las ainda mais interessantes), duas décadas depois, Richard Feynman criaria uma terceira formulação da teoria quântica, bem diversa em matemática e estrutura conceitual das de Heisenberg e Schrödinger, mas também matematicamente equivalente às anteriores – implicando os mesmos princípios físicos e com previsões idênticas.

Wallace Stevens escreveu "Eu tinha três mentes,/ Como uma árvore/ Em que houvesse três melros",[22] mas essa situação parece esquisita quando traduzida para a física. Se a física é detentora da "verdade", pode haver mais de uma teoria "correta"? Sim, até na física há várias maneiras de observar as coisas. Isso é especialmente verdadeiro na física moderna, na qual o que "observamos", como átomos, elétrons ou a partícula de Higgs, não pode ser literalmente "visto", levando os físicos a criar imagens mentais a partir da matemática, e não de uma realidade palpável.

Em física, uma pessoa pode enunciar uma teoria em termos de um conjunto de conceitos, enquanto outra formula uma teoria acerca do mesmo fenômeno em termos de um conjunto diferente. O que distingue o exercício da luta "direita versus esquerda" na política é que, em física, para um ponto de vista ser considerado válido, ele deve passar por testes experimentais, e isso significa que as teorias alternativas têm de levar às mesmas conclusões – coisa que as filosofias políticas raramente fazem.

Isso nos traz de volta à questão de se as teorias são descobertas ou inventadas. Sem entrar no problema filosófico sobre a existência ou não de uma realidade objetiva externa, pode-se dizer que o processo de criação da teoria quântica foi de *descoberta*, no sentido de que os físicos tropeçaram com muitos de seus princípios enquanto exploravam a natureza; mas também foi *inventada*, pois os cientistas projetaram e criaram diferentes estruturas conceituais que cumprem a mesma função. Assim como a matéria pode se comportar como onda ou partícula, a teoria que a descreve também apresenta características contraditórias.

Quando Schrödinger publicou seu artigo mostrando a equivalência entre a teoria dele e a de Heisenberg, ninguém ainda entendia a interpretação adequada de sua formulação. Mas a demonstração deixava claro que futuros trabalhos ainda iriam revelar que seu método suscitava as mesmas questões filosóficas já evidentes na versão de Heisenberg. E assim, depois daquele artigo, Einstein nunca mais escreveria a favor da teoria quântica.

O próprio Schrödinger logo refutou a teoria quântica. Declarou que não teria publicado o artigo se soubesse das "consequências que iria desencadear".[23] Tinha criado sua teoria aparentemente inócua numa tentativa de superar a nada palatável alternativa de Heisenberg, mas a equivalência entre as duas significava que ele não tinha entendido as implicações objetáveis de seu próprio trabalho. No fim, Schrödinger só conseguiu alimentar ainda mais a fogueira e divulgar as novas ideias quânticas que preferia não aceitar.

Num pé de página estranhamente emocional no artigo sobre a equivalência, Schrödinger escreveu: "Eu me senti desanimado, para não dizer enojado", com os métodos de Heisenberg, "porque me pareceram muito difíceis e por sua falta de visualização".[24] A repulsa foi mútua. Quando leu os artigos em que Schrödinger apresentava sua teoria, Heisenberg escreveu a Pauli: "Quanto mais reflito sobre a parte física da teoria de Schrödinger, mais a considero enjoativa. ... O que Schrödinger escreveu sobre a visualização de sua teoria [é] uma bobagem."[25]

A rivalidade se mostrou unilateral, pois o método de Schrödinger logo despontou como a escolha formal da maioria dos físicos, inclusive por resolver a maior parte dos problemas. O número de cientistas trabalhando na teoria quântica cresceu rapidamente, mas caiu o número dos que empregavam a formulação de Heisenberg.

Até Born, que ajudara Heisenberg a desenvolver sua teoria, foi seduzido pelo método de Schrödinger, e mesmo o amigo Pauli se maravilhou com a facilidade na dedução do espectro do hidrogênio utilizando a equação de Schrödinger. Nada disso agradou a Heisenberg. Enquanto isso, Bohr se concentrou em entender melhor a relação entre as duas teorias. Afinal, o físico britânico Paul Dirac deu a explicação definitiva da conexão essencial entre as teorias, e até inventou um formalismo híbrido próprio – o formalismo favorito hoje –, que permite um hábil intercâmbio entre elas, dependendo das questões envolvidas. Por volta de 1960, já havia mais de 100 mil artigos baseados em aplicações da teoria quântica.[26]

Apesar dos avanços na teoria quântica, a abordagem de Heisenberg estará sempre em seu cerne, pois a inspiração dele era banir a imagem clássica de partículas com trajetórias ou órbitas pelo espaço, e em 1927 ele finalmente publicou o trabalho que garantiu sua vitória nessa batalha. Heisenberg mostrou de uma vez por todas que, não importa qual seja o formalismo empregado, tornou-se uma questão de princípio científico – que agora chamamos de princípio da incerteza – considerar fútil o movimento tal como o fez Newton. Ainda que o conceito de realidade de Newton pareça se aplicar em escalas microscópicas, no nível mais fundamental dos átomos e moléculas, que formam os objetos macroscópicos, o Universo é regido por um conjunto bem diferente de leis.

O princípio da incerteza restringe o que podemos saber a qualquer momento acerca de certo par de elementos observáveis, como a posição e a velocidade.* Não se trata de uma restrição tecnológica à mensuração nem de uma limitação da criatividade humana. Trata-se de uma restrição imposta pela própria natureza. A teoria quântica diz que os objetos *não têm propriedades precisas* como posição e velocidade, e, mais ainda, quando tentamos fazer essa medida, quanto mais precisa for a medição de uma, menos precisa será a da outra.

Na vida diária decerto conseguimos medir posição e velocidade com a precisão que quisermos. Isso parece contradizer o princípio da incerteza. Mas quando a gente entende a matemática da teoria quântica, descobre que as massas dos objetos cotidianos são tão grandes que o princípio da incerteza é irrelevante para os fenômenos do dia a dia. É por isso que a física newtoniana funcionou tão bem por tanto tempo. Só quando os físicos começaram a lidar com fenômenos na escala atômica os limites da proposta newtoniana se tornaram aparentes.

Por exemplo, vamos supor que os elétrons pesassem o mesmo que bolas de futebol. Nesse caso, se você localizar a posição de um elétron com a precisão de um milímetro, ainda seria possível medir sua velocidade com uma precisão de mais de um bilionésimo de bilionésimo de bilionésimo de quilômetro por hora. Sem dúvida isso seria suficiente para qualquer uso que quisermos fazer de um cálculo desse tipo no dia a dia. Todavia, como um elétron é muito mais leve que uma bola de futebol, a história é diferente. Se você medir a posição de um elétron com precisão mais ou menos correspondente ao tamanho de um átomo, o princípio da incerteza diz que a velocidade do elétron não pode ser determinada com precisão maior que mais ou menos mil quilômetros por hora – que é a diferença entre o elétron estar parado ou se deslocando mais rápido que um jato jumbo. E foi aí que Heisenberg acabou vencendo: as órbitas não observáveis que especificam as trajetórias exatas dos elétrons foram, afinal, banidas pela natureza.

* Tecnicamente, o princípio da incerteza restringe o nosso conhecimento de posição e momentum, que é massa vezes velocidade, mas essa diferenciação não é importante para nossos propósitos.

À medida que a teoria quântica passou a ser entendida, ficou claro que no mundo quântico não há certezas, apenas probabilidades – não existe "Sim, isso vai acontecer", somente "Claro, qualquer uma dessas coisas pode acontecer". Na visão de mundo newtoniana, o estado do Universo a qualquer dado momento, no futuro ou no passado, é considerado uma projeção do Universo no presente, e seria interpretável por qualquer pessoa inteligente o bastante para empregar as leis de Newton. Se tivéssemos mais dados sobre o centro da Terra, poderíamos prever os terremotos; se conhecêssemos todos os detalhes relevantes do clima, poderíamos, a princípio, dizer com certeza se vai chover amanhã – ou daqui a um século.

Esse "determinismo" está no cerne da ciência newtoniana: a ideia de que um evento causa o seguinte, e assim por diante, e que tudo pode ser previsto usando a matemática. Ele foi parte integrante da revelação de Newton, uma certeza meio vertiginosa que inspirou desde economistas a cientistas sociais a "querer o que a física tinha". Mas a teoria quântica nos diz que, em essência – no nível fundamental dos átomos e partículas de que tudo é formado –, o mundo não é determinístico, que o estado presente do Universo não determina eventos futuros (ou passados), mas apenas a probabilidade de ocorrer um dos muitos futuros alternativos (ou passados ocorridos). O cosmo, nos diz a teoria quântica, é como um gigantesco jogo de bingo. Foi ao reagir a essa ideia que Einstein fez seu famoso pronunciamento, numa carta a Born: "A teoria [quântica] diz muito, mas não nos traz mais para perto dos segredos do Velho. Eu, pelo menos, estou convencido de que *Ele* não joga dados."[27]

É interessante que Einstein tenha invocado o conceito de Deus na declaração "o Velho". Einstein não acreditava no Deus tradicional, digamos, da Bíblia, por exemplo. Para ele, "Deus" não era um jogador envolvido nos detalhes íntimos da nossa vida, mas representava a beleza e a simplicidade lógica das leis do cosmo. Assim, quando falou que o Velho não joga dados, Einstein quis dizer que não podia aceitar o papel do aleatório no grande esquema da natureza.

Meu pai não era nem físico nem jogador de dados, e quando vivia na Polônia não sabia nada dos grandes avanços da física acontecendo a poucas centenas de quilômetros dali. Mas quando expliquei a ele a incerteza quântica, ele se saiu melhor que Einstein da situação. Para meu pai, a busca da compreensão do Universo não se concentrava em observações feitas por telescópios e microscópios, mas na condição humana. E assim, da mesma forma que ele entendeu, a partir de sua experiência de vida, a diferença de Aristóteles entre mudança natural e mudança violenta, seu passado fazia do aleatório inerente à teoria quântica uma pílula fácil de engolir. Uma vez ele me contou que ficou numa longa fila no mercado da cidade, onde os nazistas tinham reunido milhares de judeus. Quando começaram as prisões, ele se escondeu num sanitário, com um líder da resistência foragido que lhe haviam encarregado de proteger. Mas nem ele nem o fugitivo conseguiram aguentar o fedor e tiveram de sair. O líder da resistência fugiu e nunca mais foi visto. Meu pai foi levado para o fim da fila.

A fila andava devagar, e meu pai percebeu que todo mundo era empurrado para dentro de caminhões. Quando estava chegando a sua vez, o oficial da SS interrompeu a fila nos últimos quatro integrantes, um deles meu pai. Eles requisitaram 3 mil judeus, disse o homem, e parece que a linha tinha 3.004. Fossem para onde fossem, os embarcados seguiriam sem ele. Depois meu pai ficou sabendo que o destino era o cemitério local, onde todos foram obrigados a cavar uma vala comum antes de serem fuzilados e enterrados. Meu pai tirou o número 3.004 na loteria da morte, em que a exatidão alemã superou a brutalidade nazista. Para ele, este foi um exemplo de aleatoriedade difícil de apreender. A aleatoriedade da teoria quântica, em comparação, era bem mais fácil.

Assim como nossas vidas, uma teoria científica pode se firmar na rocha ou ser erigida na areia. A ilimitada esperança de Einstein para o mundo físico era de que a teoria quântica fosse uma construção em terreno arenoso, com frágeis fundações que, no longo prazo, causariam seu colapso. Quando o princípio da incerteza surgiu, ele sugeriu que não era um princípio fundamental da natureza, mas uma limitação da mecânica quântica – uma indicação de que a teoria não estava fincada em solo firme.

Einstein acreditava que os objetos *têm* valores específicos definidores de posição e velocidade, mas a teoria quântica simplesmente não conseguia aferi-los. A mecânica quântica, dizia Einstein, deve ser a manifestação incompleta de uma teoria mais profunda, capaz de restaurar a realidade objetiva. Embora poucos partilhassem essa convicção, por muitos anos ela constituiu uma possibilidade que ninguém podia descartar, e Einstein foi para o túmulo acreditando que um dia seria reconhecido. Nas últimas décadas, porém, sofisticados experimentos baseados no trabalho muito inteligente do físico teórico irlandês John Bell (1928-1990) descartaram essa possibilidade. A incerteza quântica veio para ficar.

"O veredito de Einstein foi um duro golpe", confidenciou Born. Junto com Heisenberg, Born dera importantes contribuições para o problema da interpretação da teoria quântica e esperava uma reação positiva.[28] Ele adorava Einstein e sofreu com suas palavras, como se tivesse sido repelido por um líder reverenciado. Outros sentiram a mesma coisa, chegando a chorar por ter de refutar as ideias de Einstein. Mas logo Einstein se viu praticamente sozinho em sua oposição à teoria quântica, cantando, como ele ilustrou, "minha pequena canção solitária" e parecendo "bastante bizarro, quando visto pelo lado de fora".[29] Em 1949, cerca de vinte anos depois de sua carta inicial rejeitando o trabalho de Born, e somente seis anos antes da própria morte, Einstein escreveu a ele mais uma vez para dizer: "Sou considerado uma espécie de objeto petrificado, tornado cego e surdo pelos anos.[30] Não acho esse papel tão detestável, pois corresponde muito bem ao meu temperamento."

A TEORIA QUÂNTICA foi criada por uma concentração de potência cerebral e científica na Europa Central, superando ou, no mínimo, se comparando a qualquer constelação intelectual que encontramos em nossa jornada pelas eras passadas. A inovação começa com o ambiente certo, e não por acaso aqueles que estavam em países distantes contribuíram pouco. Apoiados em avanços técnicos que revelavam uma torrente de novos fenômenos relacionados ao átomo, físicos teóricos que tiveram a sorte de fazer parte da comunidade naquele momento e lugar trocaram conceitos e observações a respeito do Universo que estavam sendo revelados pela primeira vez na história da humanidade. Aquele foi um momento mágico na Europa, como explosões de imaginação em série iluminando o céu, até começarem a surgir os contornos de um novo aspecto da natureza.

A mecânica quântica foi fruto do suor e da genialidade de muitos cientistas trabalhando num pequeno grupo de países, trocando ideias e discutindo, todos aliados na paixão pelo mesmo objetivo e em sua dedicação a ele. Essas alianças e os embates entre essas grandes mentes, contudo, logo seriam eclipsados pelo caos e a selvageria prestes a assolar o continente europeu. As estrelas da física quântica se espalhariam como cartas de baralho escapando das mãos de um jogador inepto.

O começo do fim aconteceu em janeiro de 1933, quando o marechal de campo Paul von Hindenburg, presidente da Alemanha, nomeou Adolf Hitler chanceler do país. Naquela mesma noite, na grande cidade universitária de Göttingen – onde Heisenberg, Born e Jordan colaboraram para aprimorar a mecânica de Heisenberg –, nazistas uniformizados marcharam pelas ruas brandindo tochas e suásticas, entoando canções patrióticas e espicaçando os judeus. Meses depois, eles organizavam cerimônias de queima de livros por todo o país e proclamavam o expurgo de professores não arianos das universidades. De repente, muitos dos mais destacados intelectuais alemães foram forçados ou a abandonar suas casas ou, como meu pai alfaiate na Polônia sem tal opção, a ficar e enfrentar a crescente ameaça nazista. Estima-se que no período de cinco anos quase 2 mil renomados cientistas tiveram de fugir, por conta de seus ancestrais ou suas convicções políticas.

Sobre a ascensão de Hitler, consta que Heisenberg observou, com muita alegria: "Pelo menos agora nós temos ordem, um fim para essa agitação, e temos uma mão forte governando a Alemanha, o que será bom para a Europa."[31] Desde a adolescência, Heisenberg se via ressentido com os rumos da sociedade alemã. Fez parte ativa de um grupo de juventude nacionalista que misturava longas trilhas com acampamentos em que se debatia a decadência moral da sociedade alemã, a perda da tradição e de um propósito comum. Como cientista, Heisenberg sempre se manteve afastado da política, mas parece ter visto no punho forte de

Hitler algo que poderia restaurar a grandeza da Alemanha de antes da Primeira Guerra Mundial.

Contudo, a física que Heisenberg defendia, que ele tinha ajudado a inventar, estava destinada a contrariar Hitler. No século XIX, os físicos alemães estabeleceram seu prestígio e primazia principalmente na coleta e análise de dados. Claro que hipóteses matemáticas foram formuladas e examinadas, mas não era esse o foco geral da física. Nas primeiras décadas do século XX, a física teórica emergiu como um campo novo e, como vimos, obteve sucesso espantoso. Os nazistas, porém, descartaram essa tendência como algo especulativo e matematicamente abstruso. Assim como a arte "degenerada" que tanto odiavam, ela foi vista como algo execrável, surreal e abstrato. Pior ainda, a maior parte do trabalho fora realizada por cientistas de herança judaica (Einstein, Born, Bohr, Pauli).

Os nazistas passaram a chamar essas novas teorias – relatividade e teoria quântica – de "física judaica". Em consequência, não estava só errada, era também degenerada, e os nazistas proibiram que fosse ensinada nas universidades. Até Heisenberg foi estorvado por trabalhar na "física judaica". Esses ataques irritaram Heisenberg. Mas, apesar das inúmeras propostas de prestigiadas instituições estrangeiras, ele continuou na Alemanha, leal ao governo e fazendo tudo que o Terceiro Reich pedia.

Heisenberg tentou mitigar seus problemas apelando diretamente a Heinrich Himmler, chefe da Schutzstaffel (a SS), o homem que construiria os campos de concentração. As mães de Himmler e Heisenberg se conheciam havia anos, e o segundo usou esse relacionamento para escrever uma carta ao primeiro. Himmler reagiu com uma intensa investigação de oito meses que provocou pesadelos em Heisenberg por anos a fio e foi concluída com uma declaração: "Acredito que Heisenberg é honesto e que não podemos nos dar ao luxo de perder ou silenciar este homem, que é relativamente jovem e pode educar uma nova geração."[32] Em troca, Heisenberg concordou em repudiar os criadores judeus da física judaica e prometeu não mencionar os nomes deles em público.

Dos outros principais pioneiros do quantum, Rutherford foi para Cambridge, onde ajudou a fundar uma organização de auxílio a professores refugiados, da qual foi presidente. Morreu em 1937, aos 66 anos, por conta do adiamento de uma cirurgia de hérnia estrangulada. Dirac, que era professor lucasiano em Cambridge (cargo ocupado por Newton e Babbage, e mais tarde por Hawking), trabalhou por um tempo em importantes questões relacionadas ao projeto britânico da bomba atômica e depois foi convidado a participar do Projeto Manhattan, mas declinou por razões éticas. Passou seus últimos cinco anos na Universidade do Estado da Flórida em Tallahassee, onde morreu em 1984, aos 82 anos. Pauli, na época professor em Zurique, chefiou um projeto internacional para refugiados, assim como Rutherford. Quando a guerra eclodiu, teve a nacionalidade suíça negada e fugiu para os Estados Unidos, onde morava quando ganhou o Prêmio Nobel, pouco depois do final da guerra. Nos anos seguintes, mostrou-se cada vez mais interessado em misticismo e psicologia, especialmente em sonhos, tendo sido membro fundador do Instituto C.G. Jung, em Zurique. Morreu num hospital de Zurique em 1958, aos 58 anos, de câncer pancreático.

Como Pauli, Schrödinger era austríaco, mas vivia em Berlim quando Hitler subiu ao poder. Em relação a Hitler, como em muitos outros aspectos, Schrödinger se mostrou a antítese de Heisenberg: era antinazista declarado, e logo saiu da Alemanha para trabalhar em Oxford. Pouco depois, recebeu o Prêmio Nobel com Dirac. Heisenberg, que tentava organizar a física da Alemanha, se ressentiu com a partida de Schrödinger, "pois ele não era judeu nem estava ameaçado por qualquer outra razão".[33]

Schrödinger não ficou muito tempo em Oxford. Os problemas surgiram porque ele vivia ao mesmo tempo com a esposa e a amante – que considerava uma segunda esposa. Como escreveu seu biógrafo Walter Moore, em Oxford "as esposas eram vistas como infelizes apêndices femininos. ... Era deplorável ter uma esposa em Oxford – ter duas era indizível".[34]

Schrödinger acabaria se estabelecendo em Dublin, onde morreu tuberculoso em 1961, aos 73 anos. Ele contraiu a doença em 1918, lutando na Primeira Guerra Mundial, e os males respiratórios de que sofreu desde então eram a razão de seu apreço pelo resort em Arosa, nos Alpes, onde desenvolveu sua versão da teoria quântica.

Einstein e Born viviam na Alemanha quando Hitler subiu ao poder, e um rápido processo de emigração foi uma questão de sobrevivência, por causa da herança judaica dos dois. Na época professor em Berlim, Einstein estava em visita ao Caltech nos Estados Unidos no dia em que Hitler foi nomeado. Ele resolveu não voltar para a Alemanha, e nunca mais pôs os pés em seu país. Os nazistas confiscaram suas propriedades pessoais, queimaram seus trabalhos sobre a relatividade e anunciaram uma recompensa de 5 mil dólares por sua cabeça. Mas isso não foi uma surpresa para ele: ao partirem para a Califórnia, Einstein falou para a esposa que ela desse uma boa olhada na casa. "Você nunca mais a verá", ele disse.[35] Ela achou que era tolice.

Einstein se tornou cidadão americano em 1940, mas manteve a cidadania suíça. Ele morreu em 1955 e foi levado a um crematório, onde doze amigos íntimos se reuniram sem alarde. Depois de um breve discurso, o corpo foi cremado e as cinzas espalhadas em local não revelado, mas um patologista do Hospital de Princeton tinha retirado seu cérebro, que foi estudado esporadicamente ao longo das décadas seguintes. O que restou está abrigado no Museu Nacional de Saúde e Medicina do Exército dos Estados Unidos, em Silver Spring, Maryland.[36]

Impedido de lecionar e preocupado com os filhos, Born também tratou logo de sair da Alemanha. Heisenberg se esforçou bastante para eximir Born das proibições de trabalho para os não arianos, mas ele conseguiu sair do país com a ajuda da organização de auxílio a refugiados de Pauli e começou a trabalhar em Cambridge em julho de 1933, antes de se mudar para Edimburgo. Relegado no Prêmio Nobel outorgado a Heisenberg em 1932 – por um trabalho que tinham feito juntos –, Born recebeu seu Nobel em 1954. Morreu em 1970. Em seu túmulo está inscrito o epitáfio "$pq - qp = h/2\pi$", uma das mais famosas equações da teoria quântica, o enunciado matemático que se tornaria o alicerce do princípio da incerteza de Heisenberg – que Born e Dirac descobriram trabalhando independentemente.*

* Tenho a honra de dizer que a linhagem do meu doutorado remete a Max Born. A sequência é a seguinte: Born/J. Robert Oppenheimer (que se tornou o diretor do Projeto Manhattan)/Willis Lamb (vencedor do Nobel e um dos descobridores do laser)/Norman Kroll (que fez contribuições fundamentais à teoria da luz e dos átomos)/Eyvind Wichmann (orientador de doutorado, importante figura da física matemática).

Morando na Dinamarca, onde dirigia o que é hoje o Instituto Niels Bohr, por um tempo Bohr conseguiu se manter afastado das ações de Hitler, ajudando cientistas refugiados judeus a encontrar trabalho nos Estados Unidos, na Grã-Bretanha e na Suécia. Mas em 1940 Hitler invadiu a Dinamarca, e no outono de 1943 Bohr foi informado pelo embaixador da Suécia em Copenhague de que seria imediatamente preso como parte de um plano de deportar todos os judeus dinamarqueses. Na verdade, ele deveria ter sido preso no mês anterior, mas os nazistas preferiram esperar as primeiras prisões em massa para provocar menos reação. Esse adiamento salvou Bohr, que fugiu com a esposa para a Suécia. No dia seguinte, teve um encontro com o rei Gustavo V e o convenceu a oferecer publicamente asilo aos refugiados judeus.

Mas o próprio Bohr corria o risco de sequestro. A Suécia fervilhava de agentes alemães, e embora ele estivesse abrigado num local secreto, todos sabiam que estava em Estocolmo. Logo Winston Churchill mandou dizer a Bohr que os britânicos cuidariam de sua evacuação. Bohr foi alojado num colchão, no compartimento de bombas de um Mosquito De Havilland, bombardeiro desarmado e veloz que voava bem alto, evitando os caças alemães. Na viagem, Bohr desmaiou por falta de oxigênio, mas conseguiu chegar bem, ainda com as roupas que usava quando saiu da Dinamarca. Sua família partiu logo depois. Da Inglaterra, Bohr foi para os Estados Unidos, onde se tornou assessor do Projeto Manhattan. Depois da guerra, ele voltou a Copenhague, onde morreu em 1962 aos 77 anos.

Dos grandes teóricos do quantum, só Planck, Heisenberg e Jordan continuaram na Alemanha. Jordan, assim como o grande experimentalista Geiger, era um nazista entusiasmado. Tornou-se um dos 3 milhões de milicianos da Alemanha, envergando orgulhosamente seu uniforme marrom, botas e braçadeira com a suástica.[37] Tentou interessar o Partido Nazista em vários esquemas de armas avançadas, mas, por ironia pelo seu envolvimento com a "física judaica", foi ignorado. Depois da guerra, Geiger entrou para a política e assumiu uma cadeira no Bundestag, o Parlamento alemão. Morreu em 1980, aos 77 anos, o único desses pioneiros a não ganhar um Prêmio Nobel.

Pioneiros da teoria quântica na V Conferência Internacional de Solvay sobre Elétrons e Prótons, em Bruxelas, em 1927. Na última fila: Schrödinger (sexto a partir da esquerda), Pauli (oitavo), Heisenberg (nono). Na fila do meio: Dirac (quinto), Born (oitavo), Bohr (nono). Primeira fila: Planck (segundo), Einstein (quinto).

Planck não simpatizava com os nazistas, mas não fez muito para resistir, nem de forma dissimulada. Assim como Heisenberg, parece que sua prioridade foi preservar o máximo possível a ciência alemã, mantendo-se obediente a todas as leis e regras nazistas.[38] Teve uma reunião com Hitler em maio de 1933, tentando dissuadi-lo do expurgo de judeus na Academia, mas claro que o encontro deu em nada. Anos depois, o filho mais novo de Planck, de quem ele era próximo, tentou mudar o Partido Nazista de maneira ousada – fez parte do plano para assassinar Hitler em 20 de julho de 1944. Preso junto com os outros, foi torturado e executado pela Gestapo. Para Planck, essa foi a culminação de uma vida pontuada por tragédias. De seus cinco filhos, três morreram ainda jovens – o filho mais velho foi morto em ação na Segunda Guerra Mundial, duas filhas morreram de parto. Dizem que a execução desse filho finalmente tirou a vontade de viver de Planck. Ele morreu dois anos depois, aos 89 anos.

Apesar de seu entusiasmo inicial, Heisenberg acabou azedando com os nazistas. Mesmo assim, manteve altos cargos científicos durante o Terceiro Reich e cumpriu seus deveres sem reclamar. Quando os judeus foram expulsos das universidades, ele fez o possível para preservar a física alemã atraindo os melhores substitutos disponíveis. Nunca foi membro do Partido Nazista, mas manteve seu cargo e jamais rompeu com o regime.

Quando teve início o projeto da bomba atômica alemã, em 1939, Heisenberg aderiu com força e enorme energia.[39] Logo completou cálculos mostrando que uma reação em cadeia de fissão nuclear poderia ser possível, e que o urânio puro 235, um isótopo raro, daria um bom explosivo. Uma das muitas ironias da história é que os sucessos iniciais da Alemanha na guerra levaram à sua derrota final: no começo o regime não alocou muitos recursos para o projeto da bomba porque a guerra estava indo muito bem. Quando a maré começou a mudar, já era tarde demais – os nazistas foram derrotados antes de conseguir construir uma bomba.

Depois da guerra, Heisenberg foi detido durante pouco tempo pelos Aliados, junto com outros importantes cientistas alemães. Quando foi libertado, voltou a trabalhar em questões fundamentais da física, na reconstrução da ciência alemã e na reabilitação de seu prestígio entre cientistas de outros países. Morreu em sua casa em Munique, em 1º de fevereiro de 1976, sem jamais ter recuperado a estatura anterior.

A reação conflituosa da comunidade da física a Heisenberg depois da guerra talvez possa ser exemplificada em minha atitude. Em 1973, quando eu era estudante, tive a oportunidade de ir a uma palestra de Heisenberg em Harvard sobre o desenvolvimento da teoria quântica, mas não fui. Anos depois, quando eu era membro da Alexander von Humboldt no instituto em que ele fora diretor, muitas vezes fiquei do lado de fora do escritório que ele ocupava, conjecturando sobre o espírito que havia ajudado a inventar a mecânica quântica.

EMBORA A TEORIA quântica desenvolvida pelos grandes pioneiros do quantum não altere a descrição da física rudimentar do nosso mundo macroscópico, ela foi uma revolução na nossa maneira de viver, criando uma mudança na sociedade humana tão gigantesca quanto a Revolução Industrial. As leis da teoria quântica estão subjacentes a todas as tecnologias de informação e comunicação que reformularam a sociedade moderna: o computador, a internet, satélites, telefones celulares e todos os aparelhos eletrônicos. Tão importante quanto suas aplicações práticas, contudo, é o fato de a teoria quântica nos ensinar tanto sobre a natureza e a ciência.

O triunfalismo da visão de mundo newtoniana prometia que, com os cálculos matemáticos apropriados, a humanidade poderia prever e explicar todos os fenômenos naturais, e por isso inspirou cientistas de todas as áreas a "newtonizar" suas disciplinas. A física quântica da primeira metade do século XX eliminou essas aspirações, revelando uma verdade que ao mesmo tempo produz uma sensação de poder e de humildade. Poder porque a teoria quântica demonstra que é possível compreender e manipular um mundo invisível além da nossa experiência. Humildade porque, durante milênios, os progressos realizados por cientistas e filósofos sugeriam que nossa capacidade de compreensão era infinita, mas agora a natureza, falando por intermédio das grandes descobertas dos físicos quânticos, nos diz que há limites para o que podemos saber e controlar. Ademais, o quantum nos lembra que talvez haja outros mundos invisíveis, que o Universo é um lugar de extraordinários mistérios e que, adejando atrás do horizonte, existem outros fenômenos inexplicáveis a exigir novas revoluções no pensamento e na teoria.

Nestas páginas, fizemos uma viagem de milhões de anos, começando com as primeiras espécies humanas, muito diferentes de nós física e mentalmente. Nessa nossa jornada de 4 milhões de anos, foi só no último piscar de olhos que entramos na presente era, na qual aprendemos as leis que regem a natureza. Contudo, há mais leis como as que vivemos na nossa existência cotidiana – mais coisas entre o céu e a terra, como disse Hamlet a Horácio, do que sonha a nossa filosofia.

Nosso conhecimento continuará aumentando no futuro previsível, e, em vista do crescimento exponencial do número de praticantes de ciência, parece razoável acreditar que os próximos cem anos trarão avanços tão grandes quanto os últimos mil anos. Se você está lendo este livro, sabe que há mais que o aspecto técnico nas perguntas que as pessoas formulam sobre o que nos rodeia – os seres humanos enxergam o belo na natureza, buscam nela um sentido. Não queremos apenas saber como funciona o Universo; queremos entender onde nos encaixamos nele. Queremos dar um contexto às nossas vidas e à nossa existência finita, nos sentirmos relacionados com outros seres, às suas alegrias e tristezas, e ao vasto cosmo em que essas alegrias e tristezas desempenham um minúsculo papel.

Parece difícil aceitar e entender o nosso papel no Universo. No entanto, desde o início, este tem sido um dos objetivos dos que estudam a natureza – desde os gregos antigos –, dos que consideravam ciência, metafísica, ética e estética um ramo da filosofia – até pioneiros como Boyle e Newton, que viam o estudo da natureza como uma maneira de entender a natureza de Deus. Para mim, a relação entre as revelações do mundo físico e do mundo humano surgiram cruamente num dia em que eu estava em Vancouver, no estúdio de filmagem da série de TV *MacGyver*. Eu escrevera o episódio que eles estavam filmando, dava instruções aos contrarregras e cenógrafos sobre a aparência de um laboratório de física de baixas temperaturas. De repente, em meio àquelas discussões técnicas, pela primeira vez encarei o fato de que os homens não estão acima da natureza, nós nascemos e morremos como as flores ou os tentilhões de Darwin.

Tudo começou com a transferência de uma ligação telefônica do Departamento de Produção para mim, no estúdio. Naqueles dias, antes de qualquer garoto de doze anos dispor de um telefone celular, não era comum receber uma ligação no estúdio, e normalmente os recados telefônicos chegavam horas depois, garatujados em pedaços de papel. Recados do tipo: "Leonard: [ilegível] pede para você [ilegível]. Disse que é urgente! Ligue pra ele em [ilegível]." Daquela vez foi diferente. Daquela vez, um assistente de produção me trouxe um telefone.

Do outro lado da linha, um médico do hospital da Universidade de Chicago me informou que meu pai tivera um derrame e estava em coma – sequela de uma cirurgia realizada meses antes para reparar a aorta. No final da tarde eu estava no hospital, olhando para meu pai deitado de costas, olhos fechados, tranquilo. Sentei a seu lado e acariciei seus cabelos. Ele parecia cálido e vivo, como se estivesse dormindo, como se pudesse acordar a qualquer momento, sorrir ao me ver, estender o braço para me tocar e perguntar se eu não queria dividir um pão de centeio com arenque defumado no desjejum.

Conversei com meu pai, disse que o amava – mais ou menos o mesmo que eu diria, muitos anos depois, aos meus filhos adormecidos. Contudo, o médico enfatizou que meu pai não estava dormindo. Não podia ouvir minha voz, avisou o médico. Ele falou que a imagem do cérebro de meu pai indicava que ele estava quase morto. Parecia que seu corpo tépido era só uma fachada, como o laboratório de física de *MacGyver*, em boa forma no exterior, mas apenas um invólucro, incapaz de qualquer função significativa. O médico me advertiu que a pressão sanguínea de meu pai iria cair gradualmente, a respiração iria diminuir até ele morrer.

Naquele momento eu detestei a ciência. Queria que aquilo estivesse errado. Quem eram esses médicos e cientistas para saber o destino de um ser humano? Teria dado qualquer coisa, tudo, para ter meu pai de volta, ou para ter meu pai de volta só mais um dia, por uma hora, ou até por um minuto, para dizer que o amava, para me despedir. Mas o fim aconteceu exatamente como o médico disse que aconteceria.

Estávamos em 1988, e meu pai tinha 76 anos. Depois de sua morte, nossa família "sentou a shivá", o que significa que aderimos ao tradicional período de sete dias de luto durante o qual você reza três vezes por dia e não sai de casa. Toda a minha vida nós tínhamos conversado na nossa sala de estar, mas agora eu estava lá, e ele era apenas uma lembrança. Eu sabia que nunca mais conversaria com ele. Graças à nossa jornada intelectual, eu sabia que os átomos dele continuavam a existir, sempre existiriam; mas também sabia que, ainda que não tivessem morrido com ele, seus átomos agora estavam dispersos. A organização do ser que conheci como meu pai não existia e nunca mais existiria, a não ser como uma sombra na minha lembrança e na lembrança de outros que o amaram. E eu sabia que, em mais algumas décadas, o mesmo aconteceria comigo.

Para minha surpresa, eu agora sabia que o que havia aprendido com minha batalha humana para entender o mundo físico não me deixara insensível, mas me dava força. Ajudou-me a superar minha dor, a me sentir menos sozinho, por ser parte de alguma coisa maior. Abriu meus olhos para a insondável beleza da nossa existência, sejam quantos forem os nossos anos de vida. Apesar de nunca ter tido oportunidade de cursar o ensino médio, meu pai também tinha muita curiosidade e admiração pela natureza do mundo físico. Uma vez eu lhe disse, durante uma de nossas conversas na sala de estar, quando eu era jovem, que um dia escreveria um livro sobre isso. Finalmente, décadas depois, aqui está ele.

Meu pai, na noite em que pediu minha mãe em casamento. Nova York, 1951.

Epílogo

EXISTE UMA ANTIGA CHARADA sobre um monge que um dia sai de seu mosteiro ao nascer do sol para subir até um templo no alto de uma montanha.[1] A montanha só tem um caminho, estreito e sinuoso, e o monge às vezes sobe devagar, quando o trecho é mais inclinado, mas chega ao templo pouco antes do pôr do sol. Na manhã seguinte ele desce pelo mesmo caminho, mais uma vez começando ao nascer do sol e chegando ao mosteiro ao pôr do sol. A pergunta é: existe um ponto no caminho em que o monge vai passar exatamente na mesma hora do dia? A questão não é identificar o ponto, é só responder se esse ponto existe ou não.

Não se trata de um daqueles enigmas que dependem de um truque ou de alguma informação camuflada, nem de uma interpretação diferente de alguma palavra. Não existe um altar no caminho onde o monge reze todos os dias ao meio-dia, nada que se precise saber sobre a velocidade da subida ou da descida, não falta nenhum detalhe a ser adivinhado para resolver o enigma. Nem se trata de uma daquelas charadas do tipo "O que é que tem asas mas não voa, tem bico mas não bica? O bule." Não, a situação nesse enigma está bem aparente, e o mais provável é que você entenda numa rápida leitura tudo o que precisa saber para responder.

Pense a respeito um instante, pois a solução desse enigma, como muitas questões que os cientistas vêm tentando responder durante milênios, depende de sua obstinação e paciência. Mais que isso: como todos os bons cientistas sabem, vai depender de sua capacidade de fazer a pergunta do jeito certo, de dar um passo atrás e enxergar o problema de um ângulo um pouquinho diferente. Quando você fizer isso, a resposta fica fácil. Difícil é encontrar esse ponto de vista. É por isso que a física de Newton, a tabela periódica de Mendeleiev e a relatividade de Einstein exigiram pessoas de grande intelecto e originalidade para sua criação. Mas agora podem ser compreendidas, se bem explicadas, por qualquer aluno de faculdade ou estudante de física e química. É por isso que aquilo que atormenta as mentes de uma geração se torna conhecimento comum para os que vêm depois, permitindo que os cientistas alcancem alturas cada vez maiores.

Para chegar à solução do enigma do monge, em vez de repassar na cabeça a imagem dele subindo a montanha e descendo no dia seguinte, vamos fazer um experimento mental e visualizar o problema de forma diferente. Imagine que haja dois monges – um sobe, o outro desce, os dois partindo ao pôr do sol, *no mesmo dia*. Claro que eles vão se encontrar no caminho. O ponto em que passam um pelo outro é onde o monge do enigma vai estar na mesma hora em dois dias. Assim, a resposta para a charada é "sim".

Pode parecer uma improvável coincidência que o monge chegue a um ponto específico do caminho no mesmo horário, tanto na subida quanto na descida. Mas quando soltamos o pensamento e fantasiamos dois monges subindo e descendo no mesmo dia, percebemos que não é uma coincidência, é uma inevitabilidade.

De certa forma, o avanço do conhecimento humano foi possível com uma sucessão de fantasias desse tipo, todas imaginadas por alguém capaz de olhar o mundo de um jeito diferente. Galileu imaginou objetos caindo num mundo teórico sem a resistência do ar. Dalton imaginou como os elementos poderiam reagir para formar compostos se fossem feitos de átomos invisíveis. Heisenberg imaginou que o átomo é regido por leis bizarras sem relação com as que vivenciamos no dia a dia. Uma ponta do espectro do pensamento fantástico é rotulada de "maluquice", a outra, de "visionária". Foi graças a determinados esforços de um longo cortejo de pensadores, cujas ideias se originaram em vários pontos entre esses dois extremos, que nossa compreensão do cosmo chegou até onde se encontra.

Se meu objetivo foi realizado, as páginas deste livro examinaram as raízes do pensamento humano sobre o mundo físico, as questões com que se preocuparam aqueles que as estudaram, a natureza das teorias e pesquisas, as formas com que a cultura e os sistemas de valores afetam a pesquisa humana. Isso é importante para entender muitos dos problemas sociais, profissionais e morais de nossa época. Mas boa parte deste livro também tratou da maneira como pensam os cientistas e outros inovadores.

Dois mil e quinhentos anos atrás, Sócrates comparou uma pessoa que passa pela vida sem pensar de forma crítica e sistemática a um artesão, como o oleiro, que exerce sua prática sem seguir os procedimentos corretos.[2] Fazer vasos de cerâmica parece simples, mas não é. Na época de Sócrates, envolvia procurar o barro em um poço ao sul de Atenas, colocar a argila numa roda especialmente construída, girá-la na velocidade certa para o diâmetro do objeto a ser confeccionado e depois enxugar, raspar, escovar, polir, secar e levar ao forno duas vezes, sempre com a temperatura e umidade apropriadas. A não conformidade com qualquer desses procedimentos resulta num vaso disforme, quebradiço, desbotado ou simplesmente feio. O poder do pensamento, argumentava Sócrates, também é uma aptidão, e vale a pena saber pensar bem. Afinal, todos nós conhecemos alguém que levou uma vida grotesca, cheia de deficiências resultantes da falta de dedicação e de cuidado.

Poucos de nós estudamos os átomos e a natureza do espaço e do tempo, mas todos formulamos teorias sobre o mundo em que vivemos, e usamos essas teorias para nos orientar no trabalho e na diversão, nas nossas decisões de investimento, no que é mais saudável comer e até no que nos torna felizes. Também como os cientistas, todos temos de inovar na vida. Isso pode ser algo como imaginar o que fazer para o jantar quando temos pouco tempo ou energia, improvisar uma apresentação quando perdemos as anotações e todos os computadores estão fora do sistema – ou às vezes tão transformador quanto saber quando abandonar a bagagem mental do passado ou se ater às tradições que nos sustentam.

A vida, principalmente a vida moderna, nos apresenta desafios intelectuais análogos aos enfrentados por aqueles cientistas, mesmo que não os vejamos como tal. E assim, de todas as lições que podem ser aprendidas dessa aventura, talvez as mais importantes sejam as que expuseram a personalidade de cientistas de sucesso, o pensamento flexível e anticonvencional, a paciência na abordagem, a falta de fidelidade àquilo em que os outros acreditam, o valor de mudar a própria perspectiva e a fé de que há respostas e é possível encontrá-las.

Como está a nossa compreensão do Universo no momento? O século XX presenciou enormes avanços em todos os campos. Quando os cientistas resolveram o enigma do átomo e inventaram a teoria quântica, esses avanços tornaram possíveis outros progressos, fazendo com que o ritmo das descobertas científicas se tornasse cada vez mais frenético.

Auxiliados por novas tecnologias quânticas como microscópio eletrônico, laser e computador, os químicos entenderam a natureza das ligações químicas, o papel do formato das moléculas nas reações químicas. Nesse meio-tempo, a tecnologia que criou e dominou essas reações também disparou. Em meados do século, o mundo tinha sido reformulado. Não mais dependentes de substâncias da natureza, aprendemos a criar novos materiais e a alterar antigos materiais para novos usos. Plásticos, náilon, poliéster, aço galvanizado, borracha vulcanizada, petróleo refinado, fertilizantes químicos, desinfetantes, antissépticos, água clorada – a lista é imensa, e, por conseguinte, também aumentou a produção de alimentos, caiu a taxa de mortalidade e ampliou-se vertiginosamente o nosso ciclo de vida.

Os biólogos fizeram grandes progressos detalhando como a célula funciona tal qual uma máquina molecular, decifraram como a informação genética é passada entre as gerações e definiram a matriz da nossa espécie. Hoje podemos analisar fragmentos de DNA retirados de fluidos corporais para identificar misteriosos agentes infecciosos. É possível dividir seções de DNA existentes em organismos para criar novos organismos. Podemos inserir fibras óticas no cérebro de ratos e controlá-los como se fossem robôs. E podemos nos sentar diante de um computador e observar o cérebro das pessoas formulando pensamentos ou experimentando sentimentos. Em alguns casos, podemos até ler os pensamentos.

Embora tenhamos chegado longe, não devemos acreditar que estamos próximos das respostas finais. Pensar dessa forma é um equívoco que vem sendo cometido ao longo da história. Na Antiguidade, os babilônicos tinham certeza de que a Terra fora criada pelo cadáver da deusa do mar, Tiamat. Milhares de anos depois, com os incríveis avanços dos gregos na compreensão da natureza, a maioria tinha igual certeza de que todos os objetos no mundo terrestre eram feitos de uma combinação de terra, ar, fogo e água. Depois de se passarem outros dois milênios, os newtonianos acreditavam que tudo que tinha acontecido ou que iria acontecer, do movimento dos átomos às órbitas dos planetas, poderia ser explicado e previsto empregando-se as leis do movimento de Newton. Todos se mostravam ardorosamente convencidos, mas estavam errados.

Seja qual for a época em que vivemos, os seres humanos tendem a acreditar que nos encontramos no ápice do conhecimento – que, apesar de as convicções dos que vieram antes estarem equivocadas, *nossas* respostas estão corretas e jamais serão superadas como as deles. Cientistas – mesmo os grandes cientistas – também padecem desse tipo de *hybris*, como qualquer um. Considerem o pronunciamento de Stephen Hawking nos anos 1980, de que os físicos chegariam à sua "teoria de tudo" no final do século.

Será que, como sugeriu Hawking décadas atrás, nós estamos a ponto de responder a todas as questões fundamentais acerca da natureza? Ou estamos numa situação como a da virada do século XIX, quando as teorias que considerávamos verdadeiras logo seriam substituídas por alguma coisa completamente diferente?

Há muitas nuvens no horizonte da ciência indicando que podemos estar neste cenário. Os biólogos ainda não sabem como e quando a vida surgiu na Terra, nem qual a probabilidade de haver vida em outros planetas semelhantes à Terra. Não conhecem as vantagens seletivas que levaram ao desenvolvimento evolutivo da reprodução sexual. E talvez o mais importante: não sabem como o cérebro produz as experiências da mente.

A química também tem muitas perguntas sem resposta, desde o mistério de como as moléculas da água formam ligações de hidrogênio com suas vizinhas, criando as propriedades mágicas desse líquido vital, até o comprimento das cadeias de aminoácidos, que se desdobram como espaguete para formar as proteínas essenciais à vida. Mas é na física que residem as questões com maior potencial de explosão. Nela, as perguntas em aberto têm o potencial de nos fazer revisar tudo o que pensamos que sabemos hoje sobre os aspectos mais fundamentais da natureza.

Por exemplo, apesar de termos elaborado um "modelo-padrão" muito bem-sucedido das forças e da matéria que unifica o eletromagnetismo e as duas forças nucleares, quase ninguém acredita que esse modelo é aceitável como palavra final. A principal deficiência é que ele exclui a gravidade. Outra é que apresenta muitos parâmetros ajustáveis – "fatores de correção" – fixados na base de medições experimentais, mas que não podem ser relacionados a uma teoria abrangente. Os progressos na teoria das cordas e na teoria M, que pareciam uma promessa para vencer esses dois desafios, estão estagnados, questionando as grandes esperanças que muitos físicos nelas depositavam.

Ao mesmo tempo, agora vislumbramos que o Universo que conseguimos ver com nossos mais poderosos instrumentos é apenas uma minúscula fração do que existe lá fora, como se a maior parte da Criação fosse um submundo fantasmagórico destinado a permanecer um mistério, ao menos por enquanto. Mais precisamente, a matéria normal e a energia luminosa que detectamos com nossos sentidos e em nossos laboratórios parecem compor somente 5% da matéria e da energia do Universo, enquanto um tipo de matéria invisível e jamais detectada, chamada "matéria escura", e uma forma de energia jamais detectada, chamada "energia escura", compõem o restante.

Os físicos postularam a existência da matéria escura porque a matéria que podemos *ver* no céu sofre a força de uma gravidade de origem desconhecida. A energia escura também é misteriosa. A popularidade dessa ideia remonta à descoberta, em 1998, de que o Universo está se expandindo num ritmo cada vez mais acelerado. O fenômeno pode ser explicado pela teoria da gravidade de Einstein – a relatividade geral –, que dá margem à possibilidade de o Universo estar penetrado por uma forma exótica de energia capaz de exercer um efeito "antigravitacional". Mas a origem e a natureza da "energia escura" ainda não foram descobertas.

Será que a matéria escura e a energia escura fornecerão explicações que se encaixam em nossas teorias correntes – o modelo-padrão e a relatividade de Einstein? Ou, como a constante de Planck, acabarão nos levando a uma visão completamente nova do Universo? Será que a teoria das cordas se mostrará verdadeira; se não, será que chegaremos a descobrir uma teoria unificada de todas as forças da natureza, uma teoria isenta de "fatores de correção"? Ninguém sabe. De todas as razões pelas quais eu gostaria de viver para sempre, saber as respostas dessas questões está no topo da lista. Acho que é isso que faz de mim um cientista.

Notas

1. Nossa vontade de saber (p.11-8)

1. Alvin Toffler, *Future Shock* (Nova York, Random House, 1970), p.26.
2. "Chronology: Reuters, from pigeons to multimedia merger", *Reuters*, 19 fev 2008; disponível em: http://www.reuters.com/article/2008/02/19/us-reuters-thomson-chronology-idUSL1849100620080219; acesso em 27 out 2014.
3. Toffler, op.cit., p.13.
4. Albert Einstein, *Einstein's Essays in Science* (Nova York, Wisdom Library, 1934), p.112.

2. Curiosidade (p.19-35)

1. Maureen A. O'Leary et al., "The placental mammal ancestor and the post-K-Pg radiation of placentals", *Science*, n.339, 8 fev 2013, p.662-7.
2. Julian Jaynes, *The Origin of Consciousness in the Breakdown of the Bicameral Mind* (Boston, Houghton Mifflin, 1976), p.9.
3. Para a história de Lucy e seu significado, ver Donald C. Johanson, *Lucy's Legacy* (Nova York, Three Rivers Press, 2009). Ver também Douglas S. Massey, "A brief history of human society: the origin and role of emotion in social life", *American Sociological Review*, n.67, 2002, p.1-29.
4. B.A. Wood, "Evolution of australopithecines", in Stephen Jones, Robert D. Martin e David R. Pilbeam (orgs.), *The Cambridge Encyclopedia of Human Evolution*, (Cambridge, Cambridge University Press, 1994), p.239.
5. Carol. V. Ward et al., "Complete fourth metatarsal and arches in the foot of *Australopithecus afarensis*", *Science*, n.331, 11 fev 2011, p.750-3.
6. Isto é: 4×10^6 anos atrás $= 2 \times 10^5$ gerações; 2×10^5 casas $\times$ um terreno de 30 metros de largura para cada casa $\div$ 1.500 metros $=$ 6.000 quilômetros.
7. James E. McClellan III e Harold Dorn, *Science and Technology in World History*, 2ª ed. (Baltimore, Johns Hopkins University Press, 2006), p.6-7.
8. Javier DeFelipe, "The evolution of the brain, the human nature of cortical circuits, and intellectual creativity", *Frontiers in Neuroanatomy*, n.5, mai 2011, p.1-17.
9. Stanley H. Ambrose, "Paleolothic technology and human evolution", *Science*, n.291, 2 mar 2001, p.1748-53.
10. "What does it mean to be human?", Smithsonian Museum of Natural History; disponível em: www.humanorigins.si.edu; acesso em 27 out 2014.
11. Johann De Smedt et al., "Why the human brain is not an enlarged chimpanzee brain", in H. Høgh-Olesen, J. Tønnesvang e P. Bertelsen (orgs.), *Human Characteristics:*

Evolutionary Perspectives on Human Mind and Kind (Newcastle upon Tyne, Cambridge Scholars, 2009), p.168-81.

12. Ambrose, Paleolothic technology and human evolution", p.1748-53.
13. R. Peeters et al., "The representation of tool use in humans and monkeys: common and uniquely human features", *Journal of Neuroscience*, n.29, 16 set 2009, p.11523-39; Scott H. Johnson-Frey, "The neural bases of complex tool use in humans", *Trends in Cognitive Sciences*, n.8, fev 2004, p.71-8.
14. Richard P. Cooper, "Tool use and related errors in ideational apraxia: the quantitative simulation of patient error profiles", *Cortex*, n.43, 2007, p.319; Johnson-Frey, "The neural bases", p.71-8.
15. Johanson, *Lucy's Legacy*, p.192-3.
16. Ibid., p.267.
17. András Takács-Sánta, "The major transitions in the history of human transformation of the biosphere", *Human Ecology Review*, n.11, 2004, p. 51-77. Alguns pesquisadores acreditam que o ser humano moderno surgiu originalmente na África e depois foi levado para a Europa numa "segunda migração vinda da África". Ver, por exemplo, David Lewis-Williams e David Pearce, *Inside the Neolithic Mind* (Londres, Thames and Hudson, 2005), p.18; Johanson, *Lucy's Legacy*, p.257-62.
18. Robin I.M. Dunbar e Suzanne Shultz, "Evolution in the social brain", *Science*, n.317, 7 set 2007, p.1344-7.
19. Christopher Boesch e Michael Tomasello, "Chimpanzee and human cultures", *Current Anthropology*, n.39, 1998, p.591-614.
20. Lewis Wolpert, "Causal belief and the origins of technology", *Philosophical Transactions of the Royal Society A*, n.361, 2003, p.1709-19.
21. Daniel J. Povinelli e Sarah Dunphy-Lelii, "Do chimpanzees seek explanations? Preliminary comparative investigations", *Canadian Journal of Experimental Psychology*, n.55, 2001, p.185-93.
22. Frank Lorimer, *The Growth of Reason* (Londres, K. Paul, 1929); apud Arthur Koestler, *The Act of Creation* (Londres, Penguin, 1964), p.616.
23. Dwight L. Bolinger (org.), *Intonation: Selected Readings* (Harmondsworth, UK, Penguin, 1972), p.314; Alan Cruttenden, *Intonation* (Cambridge, Cambridge University Press, 1986), p.169.
24. Laura Kotovsky e Renee Baillargeon, "The development of calibration-based reasoning about collision events in young infants", *Cognition*, n.67, 1998, p.313-51.

3. Cultura (p.36-53)

1. James E. McClellan III e Harold Dorn, *Science and Technology in World History*, 2ª ed. (Baltimore, Johns Hopkins University Press, 2006), p.9-12.
2. Muitos desses progressos tiveram precursores entre grupos nômades mais antigos, mas a tecnologia não prosperou, pois os produtos não se adaptavam ao estilo de vida errante. Ver McClellan e Dorn, *Science and Technology*, p.20-1.

3. Jacob L. Weisdorf, "From foraging to farming: explaining the Neolithic Revolution", *Journal of Economic Surveys*, n.19, 2005, p.562-86; Elif Batuman, "The sanctuary", *The New Yorker*, 19 dez 2011, p.72-83.
4. Marshall Sahlins, *Stone Age Economics* (Nova York, Aldine Atherton, 1972), p.1-39.
5. Ibid., p.21-2.
6. Andrew Curry, "Seeking the roots of ritual", *Science*, n.319, 18 jan 2008, p.278-80; Andrew Curry, "Gobekli Tepe: the world's first temple?", *Smithsonian Magazine*, nov 2008; disponível em: http://www.smithsonianmag.com/history-archaeology/gobekli-tepe.html, acesso em 7 nov 2014; Charles C. Mann, "The birth of religion", *National Geographic*, jun 2011, p.34-59; Batuman, "The sanctuary".
7. Batuman, "The sanctuary".
8. Michael Balter, "Why Settle Down? The Mystery of Communities", *Science* n.20 (nov 1998), p.1442-6.
9. Curry, "Gobekli Tepe".
10. McClellan e Dorn, *Science and Technology*, p.17-22.
11. Balter, "Why settle down?", p.1442-6.
12. Marc Van De Mieroop, *A History of the Ancient Near East* (Malden, Mass., Blackwell, 2007), p.21; ver também Balter, "Why settle down?", p.1442-6.
13. Balter, "Why settle down?", p.1442-6; David Lewis-Williams e David Pearce, *Inside the Neolithic Mind* (Londres, Thames and Hudson, 2005), p.77-8.
14. Ian Hodder, "Women and men at Çatalhöyük", *Scientific American*, jan 2004, p.81.
15. Ian Hodder, "Çatalhöyük in the context of the Middle Eastern Neolithic", *Annual Review of Anthropology*, n.36. 2007, p.105-20.
16. Anil K. Gupta, "Origin of agriculture and domestication of plants and animals linked to Early Holocene climate amelioration", *Current Science*, n.87, 10 jul 2004; Van De Mieroop, *History of the Ancient Near East*, p.11.
17. L.D. Mlodinow e N. Papanicolaou, "SO (2, 1) Algebra and the large N expansion in Quantum Mechanics", *Annals of Physics*, n.128, 1980, p.314-34; L.D. Mlodinow e N. Papanicolaou, "Pseudo-spin structure and large N expansion for a class of generalized helium hamiltonians", *Annals of Physics*, n.131, 1981, p.1-35; Carl Bender, L.D. Mlodinow e N. Papanicolaou, "Semiclassical perturbation theory for the hydrogen atom in a uniform magnetic field", *Physical Review A*, n.25, 1982, p.1305-14.
18. Jean Durup, "On the 1986 Nobel Prize in Chemistry", *Laser Chemistry*, n.7, 1987, p.239-59; ver também D.J. Doren e D.R. Herschbach, "Accurate semiclassical electronic structure from dimensional singularities", *Chemical Physics Letters*, n.118, 1985, p.115-9; J.G. Loeser e D.R. Herschbach, "Dimensional interpolation of correlation energy for two-electron atoms", *Journal of Physical Chemistry*, n.89, 1985, p.3444-7.
19. Andrew Carnegie, *James Watt* (Nova York, Doubleday, 1933), p.45-64.
20. T.S. Eliot, *The Sacred Wood and Major Early Essays* (Nova York, Dover Publications, 1997 [1920]), p.72.
21. Gergely Csibra e György Gergely, "Social learning and cognition: the case for pedagogy", in Y. Munakata e M.H. Johnson (orgs.), *Processes in Brain and Cognitive Development* (Oxford, Oxford University Press, 2006), p.249-74.

22. Christophe Boesch, "From material to symbolic cultures: culture in primates", in Juan Valsiner (org.), *The Oxford Handbook of Culture and Psychology* (Oxford, Oxford University Press, 2012), p.677-92. Ver também Sharon Begley, "Culture club", *Newsweek*, 26 mar 2001, p.48-50.
23. Boesch, "From material to symbolic cultures"; ver também Begley, "Culture club"; Bennett G. Galef Jr., "Tradition in animals: field observations and laboratory analyses", in Marc Bekoff e Dale Jamieson (orgs.), *Interpretation and Explanation in the Study of Animal Behavior* (Oxford, Westview Press, 1990).
24. Boesch, "From material to symbolic cultures"; ver também Begley, "Culture club".
25. Heather Pringle, "The origins of creativity", *Scientific American*, mar 2013, p.37-43.
26. Michael Tomasello, *The Cultural Origins of Human Cognition* (Cambridge, Mass., Harvard University Press, 2001), p.5-6, 36-41.
27. Fiona Coward e Matt Grove, "Beyond the tools: social innovation and hominin evolution", *PaleoAnthropology*, edição especial, 2011, p.111-29.
28. Jon Gertner, *The Idea Factory: Bell Labs and the Great Age of American Knowledge* (Nova York, Penguin, 2012), p.41-2.
29. Pringle, "Origins of creativity", p.37-43.

4. Civilização (p.54-79)

1. Robert Burton, in *The Anatomy of Melancholy* (1621); George Herbert, in *Jacula Prudentum* (1651); William Hicks, in *Revelation Revealed* (1659); Shnayer Z. Leiman, "Dwarfs on the shoulders of giants", *Tradition*, primavera 1993. Na verdade, parece que o uso da expressão remete ao século XII.
2. Marc Van De Mieroop, *A History of the Ancient Near East* (Malden, Mass., Blackwell, 2007), p.21-3.
3. Ibid., p.12-3, 23.
4. Alguns estudiosos estimam uma população de até 200 mil. Por exemplo, ver James E. McClellan III e Harold Dorn, *Science and Technology in World History*, 2ª ed. (Baltimore, Johns Hopkins University Press, 2006), p.33.
5. Van De Mieroop, op.cit., p.24-9.
6. McClellan e Dorn, *Science and Technology in World History*, p.41-2.
7. David W. Anthony, *The Horse, the Wheel, and Language: How Bronze-Age Riders from the Eurasian Steppes Shaped the Modern World* (Princeton, NJ, Princeton University Press, 2010), p.61.
8. Van De Mieroop, op.cit., p.26.
9. Marc Van De Mieroop, *The Ancient Mesopotamian City* (Oxford, Oxford University Press, 1997), p.46-8.
10. Van De Mieroop, *History of the Ancient Near East*, p.24, 27.
11. Elizabeth Hess, *Nim Chimpsky* (Nova York, Bantam Books, 2008), p.240-1.
12. Susana Duncan, "Nim chimpsky and how he grew", *New York*, 3 dez 1979, p.84. Ver também Hess, *Nim Chimpsky*, p.22.

13. T.K. Derry e Trevor I. Williams, *A Short History of Technology* (Oxford, Oxford University Press, 1961), p.214-5.
14. Steven Pinker, *The Language Instinct: How the Mind Creates Language* (Nova York, Harper Perennial, 1995), p.26.
15. Georges Jean, *Writing: the Story of Alphabets and Scripts* (Nova York, Henry N. Abrams, 1992), p.69.
16. Jared Diamond, *Guns, Germs and Steel* (Nova York, W.W. Norton, 1997), p.60, 218. Em relação ao Novo Mundo, ver María del Carmen Rodríguez Martinez et al., "Oldest writing in the New World", *Science*, n.313, 15 set 2006, p.1610-4; John Noble Wilford, "Writing may be oldest in Western Hemisphere", *The New York Times*, 15 set 2006, que descreve um bloco com sistema de escrita até então desconhecido encontrado recentemente na região de Olmeca, em Veracruz, México. Datações estilísticas e outras situam o bloco no início do primeiro milênio a.C., sendo a escrita mais antiga do Novo Mundo, com aspectos que atribuem esse importante desenvolvimento à civilização olmeca da América Central.
17. Patrick Feaster, "Speech acoustics and the keyboard telephone: rethinking Edison's discovery of the phonograph principle", *ARSC Journal*, v.38, n.1, primavera 2007, p.10-43; Diamond, *Guns, Germs and Steel*, p.243.
18. Jean, *Writing: the Story of Alphabets*, p.12-3.
19. Van De Mieroop, *History of the Ancient Near East*, p.30-1.
20. Van De Mieroop, *History of the Ancient Near East*, p.30; McClellan e Dorn, *Science and Technology in World History*, p.49.
21. Jean, *Writing: the Story of Alphabets*, p.14.
22. Derry e Williams, *A Short History of Technology*, p.215.
23. Stephen Bertman, *Handbook to Life in Ancient Mesopotamia* (Nova York: Facts on File, 2003), p.148, 301.
24. McClellan e Dorn, *Science and Technology in World History*, p.47; Albertine Gaur, *A History of Writing* (Nova York, Charles Scribner's Sons, 1984), p.150.
25. Sebnem Arsu, "The oldest line in the world", *The New York Times*, 14 fev 2006, p.1.
26. Andrew Robinson, *The Story of Writing* (Londres, Thames and Hudson, 1995), p.162-7.
27. Derry e Williams, *A Short History of Technology*, p.216.
28. Santo Agostinho, *De Genesi ad Litteram*, concluído em 415 d.C.
29. Morris Kline, *Mathematics in Western Culture* (Oxford, Oxford University Press, 1952), p.11.
30. Ann Wakeley et al., "Can young infants add and subtract?", *Child Development*, n.71, nov-dez 2000, p.1525-34.
31. Morris Kline, *Mathematical Thought from the Ancient to Modern Times*, v.1 (Oxford, Oxford University Press, 1972), p.184-6, 259-60.
32. Kline, *Mathematical Thought*, p.19-21.
33. Roger Newton, *From Clockwork to Crapshoot* (Cambridge, Mass., Belknap Press of the Harvard University Press, 2007), p.6.

34. Edgar Zilsel, "The genesis of the concept of physical law", *The Philosophical Review*, v.3, n.51, mai 1942, p.247.
35. Robert Wright, *The Evolution of God* (Nova York, Little, Brown, 2009), p.71-89.
36. Joseph Needham, "Human laws and the laws of Nature in China and the West, Part I", *Journal of the History of Ideas*, n.12, jan 1951, p.18.
37. Wright, *Evolution of God*, p.87-8.
38. "Code of Hammurabi, c.1780 BCE", Internet Ancient History Sourcebook, Fordham University, mar 1998; disponível em: http://www.fordham.edu/halsall/ancient/hamcode.asp; "Law Code of Hammurabi, King of Babylon", Department of Near Eastern Antiquities: Mesopotamia, the Louvre; acesso em 27 out 2014; http://www.louvre.fr/en/oeuvre-notices/law-code-hammurabi-king-babylon; acesso em 27 out 2014; Mary Warner Marien e William Fleming, *Fleming's Arts and Ideas* (Belmont, Calif., Thomson Wadsworth, 2005), p.8.
39. Needham, "Human laws and the laws of Nature", p.3-30.
40. Zilsel, "The genesis of the concept of physical law", p.249.
41. Ibid., p.249.
42. Ibid., p.265-7.
43. Ibid., p.279.
44. Albert Einstein, *Autobiographical Notes* (Chicago, Open Court Publishing, 1979), p.3-5.

5. Razão (p.80-103)

1. Daniel C. Snell, *Life in the Ancient Near East* (New Haven, Conn., Yale University Press, 1997), p.140-1.
2. A.A. Long, "The scope of early Greek philosophy", in A.A. Long (org.), *The Cambridge Companion to Early Greek Philosophy* (Cambridge, UK: Cambridge University Press, 1999).
3. Albert Einstein a Maurice Solovine, 30 mar 1952, *Letters to Solovine* (Nova York, Philosophical Library, 1987), p.117.
4. Albert Einstein, "Physics and reality", in *Ideas and Opinions* (Nova York, Bonanza, 1954), p.292.
5. Will Durant, *The Life of Greece* (Nova York, Simon and Schuster, 1939), p.134-40; James E. McClellan III e Harold Dorn, *Science and Technology in World History*, 2ª ed. (Baltimore, Johns Hopkins University Press, 2006), p.56-9.
6. Adelaide Glynn Dunham, *The History of Miletus: Down to the Anabasis of Alexander* (Londres, University of London Press, 1915).
7. Durant, *The Life of Greece*, p.136-7.
8. Rainer Maria Rilke, *Letters to a Young Poet* (Nova York, Dover, 2002 [1929]), p.21.
9. Durant, *The Life of Greece*, p.161-6; Peter Gorman, *Pythagoras: A Life* (Londres, Routledge and Kegan Paul, 1979).

10. Carl Huffman, "Pythagoras", *Stanford Encyclopedia of Philosophy*, outono 2011; disponível em: http://plato.stanford.edu/entries/pythagoras; acesso em 28 out 2014.
11. McClellan e Dorn, *Science and Technology*, p.73-6.
12. Daniel Boorstin, *The Seekers* (Nova York, Vintage, 1998), p.54.
13. Ibid., p.316.
14. Ibid., p.55.
15. Ibid., p.55.
16. Ibid., p.48.
17. Ver George J. Romanes, "Aristotle as a naturalist", *Science*, n.17, 6 mar 1891, p.128-33.
18. Boorstin, *The Seekers*, p.47.
19. "Aristotle", *The Internet Encyclopedia of Philosophy*; disponível em: http://www.iep.utm.edu; acesso em 7 nov 2014.

6. Uma nova maneira de pensar (p.107-40)

1. Morris Kline, *Mathematical Thought from Ancient to Modern Times*, v.1 (Oxford, Oxford University Press, 1972), p.179.
2. Kline, *Mathematical Thought*, p.204; J.D. Bernal, *Science in History*, v.1 (Cambridge, Mass., MIT Press, 1971), p.254.
3. Kline, *Mathematical Thought*, p.211.
4. David C. Lindberg, *The Beginnings of Western Science: The European Scientific Tradition in Philosophical, Religious, and Institutional Context, 600 B.C. to A.D. 1450* (Chicago, University of Chicago Press, 1992), p.180-1.
5. Toby E. Huff, *The Rise of Early Modern Science: Islam, China, and the West* (Cambridge, Cambridge University Press, 1993), p.74.
6. Huff, *Rise of Early Modern Science*, p.77, 89. Huff e George Saliba discordam sobre a origem e a natureza da ciência islâmica, em especial o papel da astronomia, que gerou um debate produtivo e estimulante na disciplina. Para saber mais sobre os argumentos de Saliba, ver *Islamic Science and the Making of the European Renaissance* (Cambridge, Mass., MIT Press, 2007).
7. Para mais informações sobre a situação, ver Huff, *Rise of Early Modern Science*, p.276-8.
8. Bernal, *Science in History*, p.334.
9. Lindberg, *Beginnings of Western Science*, p.203-5.
10. J.H. Parry, *Age of Reconnaissance: Discovery, Exploration, and Settlement, 1450-1650* (Berkeley, University of California Press, 1982). Ver em especial a Parte I.
11. Huff, *Rise of Early Modern Science*, p.187.
12. Lindberg, *Beginnings of Western Science*, p.206-8.
13. Huff, *Rise of Early Modern Science*, p.92.
14. John Searle, *Mind, language, and Society: Philosophy in the Real World* (Nova York, Basic Books, 1999), p.35.

15. Para mais informações sobre as condições do século XIV, ver Robert S. Gottfried, *The Black Death* (Nova York, Free Press, 1985), p.29.
16. Para uma análise abrangente e compreensível da história do conceito de tempo, ver David Landes, *Revolution in Time: Clocks and the Making of the Modern World* (Cambridge, Mass., Belknap Press of the Harvard University Press, 1983).
17. Lindberg, *Beginnings of Western Science*, p.303-4.
18. Clifford Truesdell, *Essays in the History of Mechanics* (Nova York, Springer-Verlag, 1968).
19. Albert Einstein, carta de 7 jan 1943, apud Helen Dukas e Banesh Hoffman, *Albert Einstein: the Human Side, New Glimpses from His Archives* (Princeton, NJ, Princeton University Press, 1979), p.8.
20. Galileu Galilei, *Discoveries and Opinions of Galileo* (Nova York, Doubleday, 1957), p.237-8.
21. Henry Petroski, *The Evolution of Useful Things* (Nova York, Knopf, 1992), p.84-6.
22. James E. McClellan III e Harold Dorn, *Science and Technology in World History*, 2ª ed. (Baltimore, Johns Hopkins University Press, 2006), p.180-2.
23. Elizabeth Eisenstein, *The Printing Press as an Agent of Change* (Cambridge, Cambridge University Press, 1980), p.46.
24. Louis Karpinski, *The History of Arithmetic* (Nova York, Russell and Russell, 1965), p.68-71; Philip Gaskell, *A New Introduction to Bibliography* (Oxford, Clarendon Press, 1972), p.251-65.
25. Bernal, *Science in History*, p.334-5.
26. Minha discussão sobre a vida de Galileu tem como base principal J.L. Heilbron, *Galileo* (Oxford, Oxford University Press, 2010) e Stillman Drake, *Galileo at Work* (Chicago, University of Chicago Press, 1978).
27. Heilbron, *Galileo*, p.61.
28. Galileu poderia estar sofrendo de múltiplos desencantos. William A. Wallace argumenta em *Galileo, the Jesuits, and the Medieval Aristotle* (Burlington, Vt., Variorum, 1991) que, ao se preparar para sua cadeira em Pisa, Galileu na verdade se apropriou do material de aulas ministradas por jesuítas no Colégio Romano entre 1588 e 1590. Wallace também escreveu um capítulo intitulado "Galileo's jesuit connections and their influence on his science" para a coletânea de Mordechai Feingold, *Jesuit Science and the Republic of Letters* (Cambridge, Mass., MIT Press, 2002).
29. Bernal, *Science in History*, p.429.
30. G.B. Riccioli, *Almagestum novum astronomiam* (1652), v.2, p.384; Christopher Graney, "Anatomy of a fall: Giovanni Battista Riccioli and the story of G", *Physics Today*, set 2012, p.36.
31. Laura Fermi e Gilberto Bernardini, *Galileo and the Scientific Revolution* (Nova York, Basic Books, 1961), p.125.
32. Richard Westfall, *Force in Newton's Physics* (Nova York, MacDonald, 1971), p.1-4. Na verdade, Jean Buridan, que foi professor de Oresme em Paris, formulou uma lei semelhante nos parâmetros dos acadêmicos de Merton, mas não tão clara-

mente quanto Galileu. Ver John Freely, *Before Galileo: The Birth of Modern Science in Medieval Europe* (Nova York, Overlook Duckworth, 2012), p.162-3.
33. Richard Westfall, *Force in Newton's Physics* (Nova York, MacDonald, 1971), p.41-2.
34. Bernal, *Science in History*, p.406-10; McClellan e Dorn, *Science and Technology*, p.208-14.
35. Bernal, *Science in History*, p.408.
36. Daniel Boorstin, *The Discoverers* (Nova York, Vintage, 1983), p.314.
37. John Freely, *Before Galileo: The Birth of Modern Science in Medieval Europe* (Nova York, Overlook Duckworth, 2012), p.272.
38. Heilbron, *Galileo*, p.217-20; Drake, *Galileo at Work*, p.252-6.
39. Heilbron, *Galileo*, p.311.
40. William A. Wallace, "Galileo's jesuit connections and their influence on his science", in Mordechai Feingold (org.), *Jesuit Science and the Republic of Letters* (Cambridge, Mass., MIT Press, 2002), p.99-112.
41. Károly Simonyi, *A Cultural History of Physics* (Boca Raton, Fl., CRC Press, 2012), p.198-9.
42. Heilbron, *Galileo*, p.356.
43. Ibid., p.356.
44. Drake, *Galileo at Work*, p.436.

7. O Universo mecânico (p.141-80)

1. Pierre Simon Laplace, *Théorie Analytique des Probabilities* (Paris, Ve. Courcier, 1812).
2. Para entender sir Isaac Newton no contexto turbulento da Inglaterra do século XVII, ver Christopher Hill, *The World Turned Upside Down: Radical Ideas During the English Revolution* (Nova York, Penguin History, 1984), p.290-7.
3. Richard S. Westfall, *Never at Rest* (Cambridge, Cambridge University Press, 1980), p.863. Esta é a biografia *definitiva* de Newton, e foi nela que me baseei.
4. Ming-Te Wang et al., "Not lack of ability but more choice: individual and gender differences in choice of careers in science, technology, engineering, and mathematics", *Psychological Science*, n.24, mai 2013, p.770-5.
5. Albert Einstein, "Principles of research", documento para Physical Society, Berlim, in Albert Einstein, *Essays in Science* (Nova York, Philosophical Library, 1934), p.2.
6. Westfall, *Never at Rest*, p.ix.
7. W.H. Newton-Smith, "Science, rationality, and Newton", in Marcia Sweet Stayer (org.), *Newton's Dream* (Montreal, McGill University Press, 1988), p.31.
8. Westfall, *Never at Rest*, p.53.
9. Ibid., p.65.
10. Ibid., p.155.
11. William H. Cropper, *Great Physicists: The Life and Times of Leading Physicists from Galileo to Hawking* (Nova York, Oxford University Press, 2004), p.252.
12. Westfall, *Never at Rest*, p.70-1, 176-9.

13. Richard Westfall, *The Life of Isaac Newton* (Cambridge, Cambridge University Press, 1993), p.71, 77-81.
14. Ver o capítulo "A private scholar & public servant", in *Footprints of the Lion: Isaac Newton at Work* (Cambridge University Library-Newton Exhibition; disponível em: www.lib.cam.ac.uk/exhibitions/Footprints_of_the_Lion/private_scholar.html; acesso em 28 out 2014.
15. W.H. Newton-Smith, "Science, rationality, and Newton", in Marcia Sweet Stayer (org.), *Newton's Dream*, p.31-3.
16. Richard S. Westfall, *Never at Rest*, p.321-4, 816-7.
17. Paul Strathern, *Mendeleev's Dream* (Nova York, Berkley Books, 2000), p.32 (trad. bras., *O sonho de Mendeleiev*, Rio de Janeiro, Zahar, 2002).
18. Westfall, *Never at Rest*, p.368.
19. Escrevi um relato sobre esse período da minha vida; ver Leonard Mlodinow, *Feynman's Rainbow: A Search for Beauty in Physics and in Life* (Nova York, Vintage, 2011).
20. Newton-Smith, "Science, rationality, and Newton", p.32-3.
21. Westfall, *Never at Rest*, p.407.
22. Ibid., p.405.
23. Richard Westfall, *Force in Newton's Physics* (Nova York, MacDonald, 1971), p.463.
24. Como medida pelo "pé parisiense", equivalente a 1,0568 pé normal.
25. Robert S. Westfall, "Newton and the fudge factor", *Science*, n.179, 23 fev 1973, p.751-8.
26. Murray Allen et al., "The accelerations of daily living", *Spine*, nov 1994, p.1285-90.
27. Francis Bacon, *The New Organon: The First Book*, in James Spedding e Robert Leslie Ellis (orgs.), *The Works of Francis Bacon* (Londres, Longman, 1857-1870); disponível em: http://www.bartleby.com/242/; acesso em 7 nov 2014.
28. R.J. Boscovich, *Theiria Philosophiae Naturalis* (Veneza, 1763); reed. *A Theory of Natural Philosophy* (Chicago, Open Court Publishing Company, 1922), p.281.
29. Westfall, *Life of Isaac Newton*, p.193.
30. Michael White, *Rivals: Conflict as the Fuel of Science* (Londres, Vintage, 2002), p.40-5.
31. Idem.
32. Westfall, *Never at Rest*, p.645.
33. Daniel Boorstin, *The Discoverers* (Nova York, Vintage, 1983), p.411.
34. Westfall, *Never at Rest*, p.870.
35. John Emsley, *The Elements of Murder: A History of Poison* (Oxford, Oxford University Press, 2006), p.14.
36. J.L. Heilbron, *Galileo* (Oxford, Oxford University Press, 2010), p.360.
37. "Sir Isaac Newton", Westminster Abbey; disponível em: www.westminster-abbey.org/our-history/people/sir-isaac-newton; acesso em 28 out 2014.

8. De que são feitas as coisas (p.181-220)

1. Joseph Tenenbaum, *The Story of a People* (Nova York, Philosophical Library, 1952), p.195.
2. Paul Strathern, *Mendeleev's Dream*, op.cit., p.195-8.
3. De uma entrevista que gravei com meu pai, por volta de 1980. Tenho muitas horas dessas entrevistas e as usei como fonte para as histórias que conto aqui.
4. J.R. Partington, *A Short History of Chemistry*, 3ª ed. (Londres, Macmillan, 1957), p.14.
5. Rick Curkeet, "Wood combustion basics", EPA Workshop, 2 mar 2011; disponível em: www.epa.gov/burnwise/workshop2011/WoodCombustion-Curkeet.pdf; acesso em 28 out 2014.
6. Robert Barnes, "Cloistered bookworms in the chicken-coop of the Muses: the ancient Library of Alexandria", in Roy MacLeod (org.), *The Library at Alexandria: Centre of Learning in the Ancient World* (Nova York, I.B. Tauris & Co. Ltd. 2005), p.73.
7. Henry M. Pachter, *Magic into Science: The Story of Paracelsus* (Nova York, Henry Schuman, 1951), p.167.
8. A biografia definitiva de Robert Boyle é de Louis Trenchard More, *The Life and Works of the Honorable Robert Boyle* (Londres, Oxford University Press, 1944); ver também William H. Brock, *The Norton History of Chemistry* (Nova York, W.W. Norton, 1992), p.54-74.
9. More, *Life and Works*, p.45, 48.
10. Brock, *Norton History of Chemistry*, p.56-8.
11. J.D. Bernal, *Science in History*, v.2 (Cambridge, Mass., MIT Press, 1971), p.462.
12. T.V. Venkateswaran, "Discovery of oxygen: birth of modern Chemistry", *Science Reporter*, n.48, abr 2011, p.34-9.
13. Isabel Rivers e David L. Wykes (orgs.), *Joseph Priestley, Scientist, Philosopher, and Theologian* (Oxford, Oxford University Press, 2008), p.33.
14. Charles W.J. Withers, *Placing the Enlightenment: Thinking Geographically about the Age of Reason* (Chicago, University of Chicago Press, 2007), p.2-6.
15. J. Priestley, "Observations on different kinds of air", *Philosophical Transactions of the Royal Society*, n.62, 1772, p.147-264.
16. Para a vida de Lavoisier, ver Arthur Donovan, *Antoine Lavoisier* (Oxford, Blackwell, 1993).
17. Isaac Newton, *Opticks* (Londres, 1730; Nova York, Dover, 1952), p.394. Newton publicou *Opticks* em 1704, mas suas considerações finais sobre a matéria estão mais bem representadas na quarta edição, a última revisada pelo próprio Newton, publicada em 1730.
18. Donovan, *Antoine Lavoisier*, p.47-9.
19. Ibid., p.139; ver também Strathern, *Mendeleev's Dream*, p.225-41.
20. Douglas McKie, *Antoine Lavoisier* (Philadelphia, J.J. Lippincott, 1935), p.297-8.
21. J.E. Gilpin, "Lavoisier statue in Paris", *American Chemical Journal*, n.25, 1901, p.435.
22. William D. Williams, "Gustavus Hinrichs and the Lavoisier monument", *Bulletin of the History of Chemistry*, n.23, 1999, p.47-9; R. Oesper, "Once the reputed statue of

Lavoisier", *Journal of Chemistry Education*, n.22, 1945, October frontispiece; Brock, *Norton History of Chemistry*, 123-4.
23. "Error in Famous Bust Undiscovered for 100 Years", *Bulletin of Photography*, n.13, 1913, p.759; Marco Beretta, *Imaging a Career in Science: The Iconography of Antoine Laurent Lavoisier* (Sagamore Beach, Mass., Science Histories Publications, 2001), p.18-24.
24. Joe Jackson, *A World on Fire* (Nova York, Viking, 2007), p.335; "Lavoisier statue in Paris", *Nature*, n.153, mar 1944, p.311.
25. Frank Greenaway, *John Dalton and the Atom* (Ithaca, NY, Cornell University Press, 1966); Brock, *Norton History of Chemistry*, p.128-60.
26. A.L. Duckworth et al., "Grit: perseverance and passion for long-term goals", *Journal of Personality and Social Psychology*, n.92, 2007, p.1087-101; Lauren Eskreis-Winkler et al., "The grit effect: predicting retention in the military, the workplace, school and marriage", *Frontiers in Psychology*, n.5, fev 2014, p.1-12.
27. Ver Strathern, *Mendeleev's Dream*; Brock, *Norton History of Chemistry*, p.311-54.
28. Kenneth N. Gilpin, "Luther Simjian is dead; held more than 92 patents", *New York Times*, 2 nov 1997; "Machine accepts bank deposits" *The New York Times*, 12 abr 1961, p.57.
29. Dmitri Mendeleiev, "Ueber die beziehungen der eigenschaften zu den atom gewichten der elemente", *Zeitschrift für Chemie*, n.12, 1869, p.405-6.

9. O mundo animado (p.221-55)

1. Anthony Serafini, *The Epic History of Biology* (Cambridge, Mass., Perseus, 1993), p.126.
2. E. Bianconi et al., "An estimation of the number of cells in the human body", *Annals of Human Biology*, n.40, nov-dez 2013, p.463-71.
3. Lee Sweetlove, "Number of species on Earth tagged at 8.7 million", *Nature*, 23 ago 2011.
4. "The Food Defect Action levels", Defect Levels Handbook, U.S. Food and Drug Administration; disponível em: http://www.fda.gov/food/guidanceregulation/guidancedocumentsregulatoryinformation/ucm056174.htm; acesso em 28 out 2014.
5. Idem.
6. "Microbiome: your body houses 10x more bacteria than cells", *Discover*; disponível em: http://discovermagazine.com/galleries/zen-photo/m/microbiome; acesso em 28 out 2014.
7. Para o trabalho de Aristóteles em biologia, ver Joseph Singer, *A History of Biology to About the Year 1900* (Nova York, Abelard-Schuman, 1959); Lois Magner, *A History of the Life Sciences*, 3ª ed. (Nova York, Marcel Dekker, 2002).
8. Paulin J. Hountondji, *African Philosophy*, 2ª ed. (Bloomington, Indiana University Press, 1996), p.16.
9. Daniel, Boorstin, *The Discoverers* (Nova York, Vintage, 1983), p.327.

10. Magner, *History of the Life Sciences*, p.144.
11. Ruth Moore, *The Coil of Life* (Nova York, Knopf, 1961), p.77.
12. Tita Chico, "Gimcrack's legacy: sex, wealth, and the theater of experimental philosophy", *Comparative Drama*, n.42, primavera, 2008, p.29-49.
13. Para o trabalho de Leeuwenhoek no microscópio, ver Moore, *Coil of Life*.
14. Boorstin, *The Discoverers*, p.329-30.
15. Moore, *Coil of Life*, p.79.
16. Boorstin, *The Discoverers*, p.330-1.
17. Moore, *Coil of Life*, p.81.
18. Adriana Stuijt, "World's first microscope auctioned off for 312,000 pounds", *Digital Journal*, 8 abr 2009; disponível em: http://www.digitaljournal.com/article/270683; acesso em 7 nov 2014; Gary J. Laughlin, "Editorial: rare Leeuwenhoek bids for History", *The Microscope*, n.57, 2009, p.ii.
19. Moore, *Coil of Life*, p.87.
20. "Antony van Leeuwenhoek (1632-1723)", University of California Museum of Paleontology; disponível em: http://www.ucmp.berkeley.edu/history/leeuwenhoek.html; acesso em 28 out 2014.
21. Para a vida de Darwin, me baseei principalmente em Ronald W. Clark, *The Survival of Charles Darwin: A Biography of a Man and an Idea* (Nova York, Random House, 1984); Adrian Desmond, James Moore e Janet Browne, *Charles Darwin* (Oxford, Oxford University Press, 2007); e Peter J. Bowler, *Charles Darwin: The Man and His Influence* (Cambridge, Cambridge University Press, 1990).
22. "Charles Darwin", Westminster Abbey; disponível em: http://www.westminster-abbey.org/our-history/people/charles-darwin; acesso em 28 out 2014.
23. Clark, *Survival of Charles Darwin*, p.115.
24. Ibid., p.119.
25. Ibid., p.15.
26. Ibid., p.8.
27. Charles Darwin para W.D. Fox, out 1852, Darwin Correspondence Project, carta 1489; http://www.darwinproject.ac.uk/letter/entry-1489; acesso em 28 out 2014.
28. Clark, *Survival of Charles Darwin*, p.10.
29. Ibid., p.15.
30. Ibid., p.27.
31. Bowler, *Charles Darwin: The Man*, n.50, p.53-5.
32. Charles Darwin para W.D. Fox, 9-12 ago 1835, Darwin Correspondence Project, carta 282; disponível em: http://www.darwinproject.ac.uk/letter/entry-282; acesso em 28 out 2014.
33. Desmond, Moore e Browne, *Charles Darwin*, p.25, 32-4.
34. Ibid., p.42.
35. Bowler, *Charles Darwin: The Man*, p.73.
36. Adrian J. Desmond, *Darwin* (Nova York, W.W. Norton, 1994), p.375-85.

37. Memorial de Charles Darwin a Anne Elizabeth Darwin, "The death of Anne Elizabeth Darwin"; disponível em: http://www.darwinproject.ac.uk/death-of-anne-darwin; acesso em 28 out 2014.
38. Desmond, Moore e Browne, *Charles Darwin*, p.44.
39. Ibid., p.47.
40. Ibid., p.48.
41. Ibid., p.49.
42. Anônimo [David Brewster], "Review of *Vestiges of the Natural History of Creation*", *North British Review*, n.3, mai-ago 1845, p.471.
43. Evelleen Richards, "'Metaphorical mystifications': the romantic gestation of nature in british Biology", in Andrew Cunningham e Nicholas Ardine (orgs.), *Romanticism and the Sciences* (Cambridge, Cambridge University Press, 1990), p.137.
44. "Darwin to Lyell, June 18, 1858", in Francis Darwin (org.), *The Life and Letters of Charles Darwin, Including an Autobiographical Chapter* (Londres, John Murray, 1887), disponível em http://darwin-online.org.uk/converted/published/1887_Letters_F1452/1887_Letters_F1452.2.html; acesso em 28 out 2014.
45. Desmond, *Darwin*, p.470.
46. Desmond, Moore e Browne, *Charles Darwin*, p.65.
47. Bowler, *Charles Darwin: The Man*, p.124-5.
48. Clark, *Survival of Charles Darwin*, p.138-9.
49. Desmond, Moore e Browne, *Charles Darwin*, p.107.
50. Ver Magner, *History of the Life Sciences*, p.376-95.
51. Darwin para Alfred Russel Wallace, jul 1881, apud Bowler, *Charles Darwin: The Man*, p.207.

10. Os limites da experiência humana (p.259-94)

1. Em 2013, os cientistas finalmente conseguiram dar um passo à frente e "enxergar" moléculas individuais reagindo. Ver Dimas G. de Oteyza et al., "Direct imaging of covalent bond structure in single-molecule chemical reactions", *Science*, n.340, 21 jun 2013, p.1434-7.
2. Niels Blaedel, *Harmony and Unity: The Life of Niels Bohr* (Nova York, Springer Verlag, 1988), p.37.
3. John Dewey, "What is thought?", in *How We Think* (Lexington, Mass., Heath, 1910), p.13.
4. Barbara Lovett Cline, *The Men Who Made a New Physics* (Chicago, University of Chicago Press, 1965), p.34. Ver também J.L. Heilbron, *The Dilemmas of an Upright Man* (Cambridge, Mass., Harvard University Press, 1996), p.10.
5. Boa parte do material sobre Planck vem de Heilbron, *Dilemmas of an Upright Man*. Ver também Cline, *The Men Who Made a New Physics*, p.31-64.
6. Heilbron, *Dilemmas of an Upright Man*, p.3.

7. Ibid., p.10.
8. Ibid., p.5.
9. Leonard Mlodinow e Todd A. Brun, "Relation between the psychological and thermodynamic arrows of time", *Physical Review E*, n.89, 2014, p.52102-10.
10. Heilbron, *Dilemmas of an Upright Man*, p.14.
11. Ibid., p.12; Cline, *The Men Who Made a New Physics*, p.36.
12. Richard S. Westfall, *Never at Rest* (Cambridge, Cambridge University Press, 1980), p.462.
13. Idem.
14. A frase original, em geral mal formulada, é: "Eine neue wissenschaftliche Wahrheit pflegt sich nicht in der Weise durchzusetzen, daß ihre Gegner überzeugt werden und sich als belehrt erklären, sondern vielmehr dadurch, daß ihre Gegner allmählich aussterben und daß die heranwachsende Generation von vornherein mit der Wahrheit vertraut gemacht ist." Apareceu em *Wissenschaftliche Selbstbiographie: Mit einem Bildnis und der von Max von Laue gehaltenen Traueransprache* (Leipzig, Johann Ambrosius Barth Verlag, 1948), p.22. A tradução está em *Max Planck, Scientific Autobiography and Other Papers* (Nova York, Philosophical Library, 1949), p.33-4.
15. John D. McGervey, *Introduction to Modern Physics* (Nova York, Academic Press, 1971), p.70.
16. Robert Frost, "The black cottage", in *North of Boston* (Nova York, Henry Holt, 1914), p.54.
17. Albert Einstein, *Autobiographical Notes* (Nova York, Open Court, 1999 [1949]), p.43.
18. Carl Sagan, *Broca's Brain* (Nova York, Random House, 1974), p.25.
19. Abraham Pais, *Subtle Is the Lord: The Science and Life of Albert Einstein* (Oxford, Oxford University Press, 1982), p.45.
20. Ibid., p.17-8.
21. Ibid., p.31.
22. Ibid., p.30-1.
23. Ronald Clark, *Einstein: The Life and Times* (Nova York, World Publishing, 1971), p.52.
24. Pais, *Subtle Is the Lord*, p.382-6.
25. Ibid., p.386.
26. Ibid., p.386.
27. Jeremy Bernstein, *Albert Einstein and the Frontiers of Physics* (Oxford, Oxford University Press, 1996), p.83.

11. O reino invisível (p.295-313)

1. Leonard Mlodinow, *Feynman's Rainbow: A Search for Beauty in Physics and in Life* (Nova York, Vintage, 2011), p.94-5.
2. Abraham Pais, *Subtle Is the Lord: The Science and Life of Albert Einstein* (Oxford: Oxford University Press, 1982), p.383.

3. Mais informações sobre a vida e a ciência de Bohr e seu relacionamento com Ernest Rutherford, ver Niels Blaedel, *Harmony and Unity: The Life of Niels Bohr* (Nova York, Springer Verlag, 1988); e Barbara Lovett Cline, *The Men Who Made a New Physics* (Chicago, University of Chicago Press, 1965), p.1-30, 88-126.
4. "Corpuscles to electrons", American Institute of Physics; disponível em: http://www.aip.org/history/electron/jjelectr.htm; acesso em 28 out 2014.
5. R. Sherr, K.T. Bainbridge e H.H. Anderson, "Transmutation of mercury by fast neutrons", *Physical Review*, n.60, 1941, p.473-9.
6. John L. Heilbron e Thomas A. Kuhn, "The genesis of the Bohr atom", in Russell McCormmach, *Historical Studies in the Physical Sciences*, v.1 (Filadélfia, University of Pennsylvania Press, 1969), p.226.
7. William H. Cropper, *Great Physicists: The Life and Times of Leading Physicists from Galileo to Hawking* (Oxford, Oxford University Press, 2001), p.317.
8. Para mais informações sobre Geiger, ver Jeremy Bernstein, *Nuclear Weapons: What You Need to Know* (Cambridge, Cambridge University Press, 2008), p.19-20; e Diana Preston, *Before the Fallout: From Marie Curie to Hiroshima* (Nova York, Bloomsbury, 2009), p.157-8.
9. Na verdade, seriam 100 bilhões de toneladas, pois o Everest pesa cerca de 1 bilhão de toneladas. Ver "Neutron stars", *Nasa Mission News*, 23 ago 2007; disponível em: http://www.nasa.gov/mission_pages/GLAST/science/neutron_stars_prt.htm; acesso em 27 out 2014.
10. John D. McGervey, *Introduction to Modern Physics* (Nova York, Academic Press, 1971), p.76.
11. Stanley Jaki, *The Relevance of Physics* (Chicago, University of Chicago Press, 1966), p.95.
12. Blaedel, *Harmony and Unity*, p.60.
13. Jaki, *Relevance of Physics*, p.95.
14. Ibid., p.95.
15. Ibid., p.96.
16. Blaedel, *Harmony and Unity*, p.78-80; Jagdish Mehra e Helmut Rechenberg, *The Historical Development of Quantum Theory*, vol. 1 (Nova York, Springer Verlag, 1982), p.196, 355.
17. Blaedel, *Harmony and Unity*, p.79-80.

12. A revolução quântica (p.314-46)

1. William H. Cropper, *Great Physicists: The Life and Times of Leading Physicists from Galileo to Hawking* (Oxford, Oxford University Press, 2001), p.252.
2. Idem.
3. A biografia definitiva de Heisenberg é: David C. Cassidy, *Uncertainty: The Life and Times of Werner Heisenberg* (Nova York, W.H. Freeman, 1992).

4. Ibid., p.99-100.
5. Ibid., p.100.
6. Olivier Darrigol, *From c-Numbers to q-Numbers: The Classical Analogy in the History of Quantum Theory* (Berkeley, University of California Press, 1992), p.218-24, 257, 259; Cassidy, *Uncertainty*, p.184-90.
7. "Failure", comercial de TV, 1997; disponível em: https://www.youtube.com/watch?v=45mMioJ5szc; acesso em 27 out 2014.
8. Debate entre Lincoln e Douglas em Charleston, Illinois, 18 set 1858; disponível em: http://www.nps. gov/liho/historyculture/debate4.htm; acesso em 7 nov 2014.
9. Abraham Lincoln, discurso em Peoria, Illinois, 16 out 1854; ver Roy P. Basler (org.), *The Collected Works of Abraham Lincoln*, v.2 (New Brunswick, NJ, Rutgers University Press, 1953-1955), p.256, 266.
10. William A. Fedak e Jeffrey J. Prentis, "The 1925 Born and Jordan paper 'On quantum mechanics'", *American Journal of Physics*, n.77, fev 2009, p.128-39.
11. Niels Blaedel, *Harmony and Unity: The Life of Niels Bohr* (Nova York, Springer Verlag, 1988), p.111.
12. Max Born, *My Life and Views* (Nova York, Charles Scribner's Sons, 1968), p.48.
13. Mara Beller, *Quantum Dialogue: The Making of a Revolution* (Chicago, University of Chicago Press, 1999), p.22.
14. Cassidy, *Uncertainty*, p.198.
15. Abraham Pais, *Subtle Is the Lord*, p.463.
16. Cassidy, *Uncertainty*, p.203.
17. Charles P. Enz, *No Time to Be Brief* (Oxford, Oxford University Press, 2010), p.134.
18. Blaedel, *Harmony and Unity*, p.111-2.
19. Walter Moore, *A Life of Erwin Schrödinger* (Cambridge, UK, Cambridge University Press, 1994), p.138.
20. Ibid., p.149.
21. Ibid.
22. Wallace Stevens, "Thirteen ways of looking at a Blackbird", *Collected Poems* (Nova York, Vintage, 1982 [1954]), p.92.
23. Pais, *Subtle Is the Lord*, p.442.
24. Cassidy, *Uncertainty*, p.215.
25. Ibid.
26. Moore, *Life of Erwin Schrödinger*, p.145.
27. Albert Einstein para Max Born, 4 dez 1926, in M. Born (org.), *The Born-Einstein Letters* (Nova York, Walker, 1971), p.90.
28. Pais, *Subtle Is the Lord*, p.443.
29. Ibid., p.31.
30. Ibid., p.462.
31. Graham Farmelo, *The Strangest Man: The Hidden Life of Paul Dirac, Mystic of the Atom* (Nova York, Basic Books, 2009), p.219-20.
32. Cassidy, *Uncertainty*, p.393.

33. Ibid., p.310.
34. Moore, *Life of Erwin Schrödinger*, p.213-4.
35. Philipp Frank, *Einstein: His Life and Times* (Cambridge, Mass., Da Capo Press, 2002), p.226.
36. Michael Balter, "Einstein's brain was unusual in several respects, rarely seen photos show", *The Washington Post*, 26 nov 2012.
37. Farmelo, *The Strangest Man*, p.219.
38. Cassidy, *Uncertainty*, p.306.
39. Ibid., p.421-9.

Epílogo (p.347-52)

1. Martin Gardner, "Mathematical games", *Scientific American*, jun 1961, p.168-70.
2. Alain de Botton, *The Consolations of Philosophy* (Nova York, Vintage, 2000), p.20-3.

Créditos das figuras

p.21 De Maureen A. O'Leary et al.,"The placental mammal ancestor and the Post–K-Pg radiation of placentals", *Science*, n.339 (8 fev 2013), p.662-7.

p.26 Cortesia de Nachosen/WikimediaCommons.

p.42 Cortesia de Teomancimit/WikimediaCommons.

p.44 Criação de Derya Kadipasaoglu.

p.70 Foto da Marinha dos Estados Unidos, do fotógrafo marujo de primeira classe Arlo K. Abrahamson. Imagem lançada pela Marinha dos Estados Unidos com o ID 030529-N-5362A-001.

p.92 © Web Gallery of Art, criada por Emil Krén e Daniel Marx, cortesia de WikimediaCommons.

p.115 Imagem do interior da Biblioteca do Merton College, de *The Charm of Oxford*, de J. Wells (Londres: Simpkin, Marshall, Hamilton, Kent & Co., 1920).

p.121 Criação de Derya Kadipasaoglu.

p.126 Cortesia de PD-art/WikimediaCommons.

p.152 Criação de Derya Kadipasaoglu.

p.167 Criação de Derya Kadipasaoglu.

p.173 Cortesia de Zhaladshar/WikimediaCommons.

p.179 (Esq.) Cortesia de Science Source®, marca registrada de PhotoResearchers, Inc., copyright © 2014 PhotoResearchers, Inc. Direitos reservados. (Dir.) Cortesia de English School/WikimediaCommons.

p.190 Cortesia de Science Source®, marca registrada de PhotoResearchers, Inc., copyright © 2014 PhotoResearchers, Inc. Direitos reservados.

p.207 Cortesia de *Popular Science Monthly*, v.58/WikimediaCommons.

p.212 Cortesia de Science Source®, marca registrada de PhotoResearchers, Inc., copyright © 2014 PhotoResearchers, Inc. Direitos reservados.

p.219 Cortesia de WikimediaCommons.

p.228 Lister E 7, Pl. XXXIV, cortesia de The Bodleian Libraries, Universidade de Oxford.

p.243 Cortesia de Duncharris/WikimediaCommons.

p.254 (Alto) Cortesia de Richard Leakey e Roger Lewin/WikimediaCommons. (Centro) Cortesia de Maull e Polyblank/WikimediaCommons. (Abaixo) Cortesia de Robert Ashby Collection/WikimediaCommons.

p.262 (Acima) Cortesia do Science Museum, Londres/WikimediaCommons. (Abaixo) Cortesia de Maximilien Brice (Cern)/WikimediaCommons.

p.269 Cortesia de WikimediaCommons.

p. 277 Cortesia de The Dibner Library Portrait Collection – Smithsonian Institution/ Wikimedia Commons.

p.281 Cortesia de Canton of Aargau, Suíça/Wikimedia Commons.
p.293 Cortesia de F. Schmutzer/WikimediaCommons.
p.299 Cortesia de Science Source®, marca registrada de Photo Researchers, Inc., copyright © 2014 Photo Researchers, Inc. Direitos reservados.
p303 Criação de Derya Kadipasaoglu.
p.305 Criação de Derya Kadipasaoglu.
p.322 Criação de Derya Kadipasaoglu.
p.326 Fotografia de Paul Ehrenfest, Jr., cortesia de AIP Emilio Segre Visual Archives, Weisskopf Collection.
p.341 Cortesia de Benjamin Couprie, Institut International de Physique de Solvay/ WikimediaCommons.

Agradecimentos

Durante os anos em que finalmente consegui colocar estas ideias no papel, tive o privilégio de me beneficiar da colaboração de muitos amigos estudiosos de vários aspectos da ciência e de sua história, e de outros que leram partes de diversos esboços do manuscrito e fizeram críticas construtivas. Sou especialmente grato a Ralph Adolphs, Todd Brun, Jed Buchwald, Peter Graham, Cynthia Harrington, Stephen Hawking, Mark Hillery, Michelle Jaffe, Tom Lyon, Stanley Oropesa, Alexei Mlodinow, Nicolai Mlodinow, Olivia Mlodinow, Sandy Perliss, Markus Pössel, Beth Rashbaum, Randy Rogel, Fred Rose, Pilar Ryan, Erhard Seiler, Michael Shermer, Cynthia Taylor. Agradeço também a minha agente e amiga Susan Ginsburg por suas orientações a respeito do conteúdo deste livro e em todos os aspectos da publicação – e, igualmente importante, pelos fabulosos jantares regados a vinho durante os quais essa orientação foi prestada. Outra pessoa que me ajudou muito foi meu paciente editor, Edward Kastenmeier, que forneceu valiosas críticas e sugestões durante a elaboração do livro. Meus agradecimentos também a Dan Frank, Emily Giglierano e Annie Nichol, da Penguin Random House, e a Stacy Testa, da Writer's House, pela ajuda e assessoria. Finalmente, um agradecimento enorme a minha outra editora, a que ficou de plantão 24 horas por dia todos os dias, minha esposa, Donna Scott. Incansável, Donna leu esboços e mais esboços do livro, esmiuçando cada parágrafo e oferecendo sugestões e ideias profundas e valiosas, bem como muito estímulo, também quase sempre acompanhados de vinho, mas (quase) nunca por impaciência. Este livro foi gerado em minha cabeça desde que, ainda criança, comecei a conversar sobre ciência com meu pai. Ele sempre se interessou pelo que eu tinha a dizer e retribuiu respondendo com sua experiência de vida. Gosto de pensar que, se estivesse vivo para ver este livro, ele o apreciaria muito.

Índice remissivo

FSC
www.fsc.org
MISTO
Papel produzido a partir de fontes responsáveis
FSC® C019498

A marca FSC é a garantia de que a madeira utilizada na fabricação do papel deste livro provém de florestas de origem controlada e que foram gerenciadas de maneira ambientalmente correta, socialmente justa e economicamente viável.

Este livro foi composto por Mari Taboada em Dante Pro 11,5/16 e impresso em papel offwhite 80g/m² e cartão triplex 250g/m² por Geográfica Editora em julho de 2015.